国家出版基金项目
NATIONAL PUBLICATION FOUNDATION

液态金属物质科学与技术研究丛书

液态金属物质科学基础
现象与效应

刘 静 编著

LIQUID METAL

上海科学技术出版社

图书在版编目(CIP)数据

液态金属物质科学基础现象与效应 / 刘静编著. —
上海:上海科学技术出版社,2019.1
(液态金属物质科学与技术研究丛书)
ISBN 978 - 7 - 5478 - 4207 - 2

Ⅰ.①液… Ⅱ.①刘… Ⅲ.①新材料应用—研究 Ⅳ.①TB3

中国版本图书馆 CIP 数据核字(2018)第 222199 号

液态金属物质科学基础现象与效应
刘　静　编著

上海世纪出版(集团)有限公司
上海 科 学 技 术 出 版 社　出版、发行
(上海钦州南路 71 号　邮政编码 200235　www.sstp.cn)
上海中华商务联合印刷有限公司印刷
开本 787×1092　1/16　印张 26.25　插页 4
字数 330 千字
2019 年 1 月第 1 版　2019 年 1 月第 1 次印刷
ISBN 978 - 7 - 5478 - 4207 - 2/O·64
定价:248.00 元

本书如有缺页、错装或坏损等严重质量问题,请向工厂联系调换

序

　　液态金属如镓基、铋基合金等是一大类物理化学性质十分独特的新兴功能材料,常温下呈液态,具有沸点高、导电性强、热导率高、安全无毒等属性,并具备常规高熔点金属材料所没有的低熔点特性,其熔融状态下的塑形能力更为快捷打造不同形态的功能电子器件创造了条件。然而,由于国内外学术界以往在此方面研究的缺失,致使液态金属蕴藏着的诸多新奇的物理、化学乃至生物学特性长期鲜为人知,应用更无从谈起。这种境况直到近年才逐步得到改观,相应突破为众多新兴学科前沿的发展提供了十分重要的启示和极为丰富的研究空间,正在催生出一系列战略性新兴产业,将有助于推动国家尖端科技水平的提高乃至人类社会物质文明的进步。

　　早在 2001 年前后,时任中国科学院理化技术研究所研究员的刘静博士就敏锐地意识到液态金属研究的重大价值,他带领团队围绕当时在国内外均尚未触及的液态金属芯片冷却展开基础与应用探索,以后又开辟出系列新的研究方向,他在清华大学创建的实验室随后也取得众多可喜成果。这些工作涉及液态金属芯片冷却、先进能源、印刷电子与 3D 打印、生命健康以及柔性智能机器等十分宽广的领域。经过十多年坚持不懈的努力,由刘静教授带领的中国科学院理化技术研究所与清华大学联合实验室在世界上率先发现了液态金属诸多有着重要科学意义的基础现象和效应,发明了一系列底层核心技术和装备,建立了相应学科的理论与技术体系,系列工作成为领域发展开端,成果在国内外业界产生了持续广泛的影响。

　　当前,随着国内外众多实验室和工业界研发机构的纷纷介入,液态金属研究已从最初的冷门发展成当前备受国际瞩目的战略性新兴科技前沿和热点,科学及产业价值日益显著。可以说,一场研究与技术应用的大幕已然拉开。毫无疑问,液态金属自身蕴藏着十分丰富的物质科学属性,是一个基础探索与实际应用交相辉映、极具发展前景的重大科学领域。然而,遗憾的是,国内外学术界迄今在此领域却缺乏相应的系统性著述,这在很大程度上制约了研究与应用的开展。

　　为此,作为国际常温液态金属物质科学领域的先行者和开拓者,刘静教授及其合作者基于实验室十七八年来的研究积淀和第一手资料,从液态金属学科发展的角度出发,系统而深入地提炼和总结了液态金属物质科学前沿涌现出的代表性基础发现和重要进展,形成了本套丛书,这是十分及时而富有现实意义的。

　　《液态金属物质科学与技术研究丛书》的每一本著作均系国内外该领域内的首次尝试,学术内容崭新独到,所涉及的学科领域跨度大,基本涵盖了液态金属近年来衍生出来的代表性科学与应用技术主题,具有十分重要的科学意义和实际参考价值。丛书的出版填补了国内外相应著作的空白,将有助于学术界和工业界快速了解液态金属前沿研究概况,为进一步工作的开展和有关技术成果的普及应用打下基础。为此,我很乐意向读者推荐这套丛书。

周　远

中国科学院院士

中国科学院理化技术研究所研究员

前　　言

　　液态金属是种类众多的单质、合金或其衍生金属材料,在常温下呈液态,具有沸点高、导电性强、热导率高等特点,制造过程无需高温冶炼,环保无毒。以往,由于此类材料的科学与应用价值未被充分认识到,致使相应研究在国际上长期处于沉寂。近年来的大量突破性发现深刻表明,作为珍宝般的新兴物质科学,液态金属蕴藏着诸多令人匪夷所思的新奇特性,打开了无比广阔的应用领域。也正因如此,液态金属有关成果被认为是人类利用金属的第二次革命。

　　在当前国际上业已变得相当热门的液态金属诸多科学研究与技术探索上,中国可以说幸运地成为了先行者和开拓者。早在2000年伊始,笔者以中国科学院"百人计划"学者的身份在中国科学院理化技术研究所工作期间,在写作一本有着浓厚芯片散热背景的学术著作《微米/纳米尺度传热学》时,脑海中就不时闪现出采用液态金属冷却高热流密度芯片的设想,这实际上促成了以后的一系列基础和应用探索的展开。经过十多年持续不断的工作,笔者在中国科学院理化技术研究所带领的研究小组,包括后来在清华大学创建的实验室,有幸于世界上率先发现了液态金属一系列全新的科学现象、基础效应和变革性应用途径,开辟了多个当前业已变得相当重要的领域,在此基础上笔者团队提出了创建液态金属谷以及发展全新工业的构想,并将其付诸实践。然而,作为在液态金属黑夜中摸索过来的科技工作者,笔者和团队的一个深切体会是,液态金属物质科学在漫长的发展过程中可以说基本上无人问津,更不用说有喝彩了,原因主要还在于世人长期以来对其知之甚少。不过,令人欣慰的是,这种状况正随着研究的逐步拓展得以大大改观。近年来,我们欣喜地看到,世界范围内众多团队纷纷介入液态金属的研究和应用,成果迭出。毋庸置疑的是,液态金属已从最初的冷门发展成全球热点,正迅速崛起为引领物质科学发展的革命性领域之一,亟待人们去探究。

　　读者要问,液态金属为何能引发如此广泛热烈的兴趣呢?实际上,仅从材料的属性而言就不难看出,液态金属可以说以一种物质形式将诸多尖端功能材料的优势集于一体,其性能易于按照人们的需要而灵活展现。像这样可以在常温下于液相、固相之间随意切换,具有高导电性、导热性甚至半导体特性的材料,在传统的材料体系中是十分罕见的。而且,满足这些特性的潜在液态金属或其衍生材料的种类成千上万,并处于快速增长中。因此,液态金属已渗透到几乎所有的自然科学和工程技术领域甚至文化创意行业,影响范围甚广,正为能源、电子信息、先进制造、国防军事、柔性智能机器人,以及生物医疗健康等领域的发展带来颠覆性变革,已催生出一系列战略性新兴产业,将有助于推动国家尖端科技水平的提高、全新工业体系的形成和发展,乃至人类物质文明的进步。"一类材料,一个时代",液态金属时代实际上已朝着人类走来。

当前,世界科技正处于革命性变革之中,以物质、能量、生物和信息为特征的液态金属前沿学科,堪称催生突破性发现和引领技术变革的科技航母。作为一大类物理化学行为十分独特的新兴功能物质,液态金属正为大量科学与技术探索带来前所未有的观念性启示,可望为有关科技领域的变革性发展乃至开辟全新工业创造巨大机遇,社会价值和科学意义十分深远。

显然,在液态金属几乎所有的研究和应用中,对其基本属性的认识无疑是最为根本的环节。然而,遗憾的是,学术界迄今在此领域的论述存在大量空白,制约了进一步研究与应用的深入。本书正是在这样的背景下总结汇编而成。当然,由于液态金属涉及领域众多,要在一本书中全面系统介绍其内容是不可能的,因此许多基础现象和效应的内在机理在此并不过多触及,留待专题著作集中阐述。

本书是笔者带领的中国科学院理化技术研究所、清华大学联合团队的集体贡献,部分发现来自云南中国液态金属谷科研机构的工作。实验室师生们都曾记得,在液态金属研究远未像今天如此热门的早些年,笔者曾多次在内部会议上强调,对尚处于早期阶段的液态金属科学,实验室应努力争取于未来发现至少 5 个重要的基础现象和科学效应。幸运的是,这一愿望很快得以实现,有关发现在国际上引发一系列重大反响。也因如此,笔者自己变得有些"得寸进尺",继而提出实验室新的努力愿景,直接将最初定下的目标扩展成发现 50 个以上基础现象和效应。笔者内心深处的愿望是,希望团队能够不断开拓创新,去发现各种可能的秘密。原因很简单,探索液态金属实在是件美妙之事,而这一领域确实盛开着无数绚丽的科学之花。对于如此丰富多彩的液态金属物质世界,有着无尽的科学前沿,值得人类永无止境地去追求。

鉴于液态金属物质科学研究显而易见的意义,笔者深感有必要将这一领域的基本效应、现象和基础知识及时传达给世人,以期有效引导和集合各方力量,来共同促成科学进步,从而更好地服务于社会,这也是出版本书的初衷。本书不求穷尽液态金属全貌,主要汇集了其中的一些典型现象与效应,以及部分由此引发的重要应用问题。限于时间和精力,本书主要以笔者实验室近十六七年来的研究成果为代表对液态金属予以解读,也包括国内外同行的部分典型工作,旨在能为读者提供基本素材,以助其快速了解液态金属领域概况,从而为今后工作的开展打下基础。

　　本书的整理、写作开始于 2016 年夏,初步材料完成后却搁置多时。这期间,由于实验室研究工作开展的如火如荼,笔者大多时候只能边完成手头工作,边组织实验室讨论,同时断断续续对本书加以修订、撰写和补充。本书得以最终出版,真是要感谢上海科学技术出版社包惠芳老师的敦促和鼓励,使得笔者终于下定决心将本书及时呈现出来。

　　在本书持续近两年的整理、写作过程中,可以说,笔者实验室几乎全体师生均投入相应内容的讨论、整理和撰写,不完全列举如下:王倩、盛磊、饶伟、何志祝、桂林、高猛、邓中山等;博士后:梁书婷、汤剑波、王磊(大)、马荣超、王磊(小)、于永泽、衣丽婷、路金蓉、胡靓、崔云涛、刘福军、杨利香等;博士生:杨小虎、袁彬、谭思聪、丁玉杰、赵曦、徐硕、张伦嘉、叶子、周旭艳、王荣航、陈森、汪鸿章、王雪林、国瑞、袁博、田露、王荣航、孙旭阳、郭藏燃等;硕士生:张仁昌、王康、梅生福、桂晗、赵正男等。本书部分研究得到中国科学院院长基金、中国科学院前沿计划及国家自然科学重点基金资助(No. 91748206)。在此谨一并致谢!

　　限于时间,加之作者水平有限,本书不足和挂一漏万之处,恳请读者批评指正。

刘　静

2018 年 6 月

目录
Contents

第9章　液态金属电学效应 ·········· 229

第10章　液态金属磁学效应 ·········· 254

第1章
概　述

1.1　引言

　　液态金属(liquid metal,LM)是正在日益兴起的一大类物理化学行为十分独特的新型功能材料,典型代表如镓基合金、铋基合金等,这些材料和物质在常温下处于液态,且易于实现在液相与固相之间的相互转换,具有沸点高、导电性强、热导率高等属性。液态金属物质中蕴藏着诸多以往从未被认识的新奇物理化学特性,正在为大量新兴的科学与技术前沿提供重大启示和极为丰富的研究空间。

　　近年来,国内外学者特别是中国团队的大量开创性工作显示,液态金属的基础及应用研究已从最初的冷门发展成当前备受国际广泛瞩目的重大科技前沿和热点,影响范围甚广,正为能源、电子信息、先进制造、国防军事、柔性智能机器人,以及生物医疗健康等领域的发展带来颠覆性变革,并将催生出一系列战略性新兴产业,有助于推动国家尖端科技水平的提高、全新工业体系的形成和发展乃至社会物质文明的进步。本书旨在阐述前期研究中揭示出的一系列基础科学现象与效应,以期推动相关研究进展。作为全书开篇,本章概略介绍液态金属物质科学发展中的几个代表性侧面,以便为读者进一步阅读全书各章内容打下一定基础。

1.2　常温液态金属

　　在自然界,有一类奇妙的金属(如水银,也称汞),它们在常温下是液体,可以像水一样自由流动,但拥有金属的特性,当温度降低时,它们可以从液态转变为固态,从而展现出更为典型的金属特性,这就是液态金属留给世人的常规印象。然而,本书重点介绍的并非汞,而更多是指镓基、铋基金属及其合金,乃至更多的衍生金属材料等,这类金属材料在常温附近或更高一些的温度下呈液态,被称作低熔点金属(图1.1)。此类材料因安全无毒,性能卓越、独特,正成为异军突起的革命性材料;其他金属材料,如汞、铯、钠钾合金等,虽在常温下也处于液态,但因毒性、放射性等危险性因素,在应用上受到很大限制。与低熔点金属形成对应的是,熔点在数百摄氏度以上的金属或其合金,被称为高熔点金属,系经典冶金材料内容,一百多年来已被广泛研究。与此不同的是,常温液态金属在世界范围内很长一段时间被严重忽略了。近年来取得的一系列颠覆性发现和技术突破,更多体现在对常温液态金属诸多科学现象、基本效应和重大应用途径的揭示上,可以说液态金属已从以往鲜为人知发展成今天全球广泛瞩目的科技前沿和热门领域。

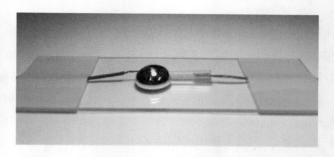

图1.1 常温下的液态金属

从应用角度看,镓基合金等液态金属在常温下可流动,导电性强,热学特性优异,易于实现固液转换,且沸点高,在高达2 000℃的温度时仍处于液相,不会像水那样沸腾乃至爆炸,可以说仅用单项材料就能将诸多尖端功能材料的优势集于一体,突破了许多领域传统技术的应用瓶颈,由此打开了极为广阔的应用空间,在国防安全领域也颇具重大战略价值,可望大大助推许多颠覆性技术与装备的发展。液态金属在常温下导热能力和吸纳热量的能力均远大于传统的甲醇、水等导热剂,是新一代散热器的理想传热介质;固态下具有与金属一样坚硬而柔韧的特性,在工业上的应用极其广泛;液态金属进入生物医学领域,带来了疾病诊断与治疗的颠覆性变革;液态金属的导电特性则使其在印刷电子技术领域体现出重大应用价值,由此促成了液态金属印刷电子学的兴起。液态金属在各领域的应用将在后续章节逐一展开。

由于液态金属展现出的众多优势和重大应用价值,业界普遍将液态金属的诸多发现和技术突破赞誉为"人类利用金属的第二次革命"。

1.3 液态金属丰富的物质属性开启科学发现之旅

液态金属蕴藏着极为丰富的物质科学属性,是基础探索与应用研究交相辉映、极具发展前景的科技蓝海(图 1.2),涌现了许多科学发现与技术突破。在基础探索方面,近年来学术界在液态金属上的大量科学发现革新了人们对于传统物质的理解;这些发现和认识反过来又促成一系列全新应用技术的创建。迄今,液态金属已在信息(如芯片冷却)、能源、先进制造、生命健康以及柔性智能机器等领域取得大量底层突破,不少进展在世界范围内得到广泛重视和认同,系列成果一经发布,就在业界引发震动,许多研究频繁地被国际上著名的科学杂志、专业网站和新闻媒体报道,如 *New Scientist*、*MIT Technology Review*、*Nature*、*Nature Materials*、*Science News*、*IEEE Spectrum*、*Phys.org*、*Chemistry World*、*National Geographic*、*News Week*、*Daily Mail*、*Reuters*、*Fox News*、CCTV 等。

图 1.2　液态金属海洋生物造型寓意该领域像大海一样蕴藏着丰富的科学

为帮助读者理解液态金属自身的独特性,以下仅以笔者实验室近十六七年在这一领域的尝试和开展的部分工作为例予以概括介绍,更多基础效应与现象则在本书后续章节陆续展开。这些成果的探索过程表明,对液态金属物质科学属性的充分把握,是创造未来各种应用的基础保障。

液态金属令人颇为惊讶的特性是,在外场调控下会体现出普适变形效应[1]。笔者实验室首次发现,处于溶液中的液态金属,可在电场控制下于不同形态和运动模式之间发生转换，如大尺度变形、自旋、定向运动、融合与分离、射流、逆重力爬行等，这些工作改变了人们对传统材料学、复杂流体、软物质以及刚体机器的固有认识，为变革传统机器乃至研制未来全新概念的高级柔性智能机器奠定了理论与技术基础，研究在世界范围引起重要反响和热议，被认为是观念性突破和重大发现，"预示着柔性机器人新时代"。进一步，我们还发现了电学与化学协同调控下的液态金属可逆变形机制[2]，电磁耦合诱发的液态金属褶皱波效应[3]，金属液滴融合触发的动态液体弹簧与弹射效应[4]，以及由机械注射产生的液态金属自剪切现象[5]等。这些工作促使研究者进一步思考，能否将驱动液态金属运动的外场去除，实现液态金属的完全独立运动，这为后来的发现证实。

在自驱动可变形液态金属机器效应的问题上，笔者实验室于世界首次揭开了一大类异常独特的现象和机制[6,7]，即处于溶液中的液态金属可在"吞食"其他金属（如铝）后以可变形机器形态长时间高速运动，实现无需外部电力的自主运动，这为研制智能马达、血管机器人、流体泵送系统、柔性执行器乃至更为复杂的液态金属机器人奠定了理论和技术基础，也为制造人工生命打开了全新视野，对于发展超越传统的柔性电源和动力系统也具有较大价值。在此基础上取得的发现还包括：采用注射方式快速规模化制造液态金属微型马达，其呈宏观布朗运动形式[8]，受电场作用时会出现强烈加速效应[9]；外界磁场对液态金属马达起到磁阱效应作用[10]；液态金属马达之间体现出极为丰富的碰撞、吸引、融合、反弹等行为和现象，借助这些机制，可引申出液态金属过渡态机器形式[11]。

无疑，液态金属在制造柔性机器的道路上，还需借助更多其他材料特别是固体材料来构建相应功能系统。在液态金属固液组合机器效应方面，笔者实验室首次发现液态金属固液组合机器的自激振荡效应[12]，观察到十分独特的现象，即经处理的铜丝触及含铝液态金属时，会被其迅速吞入并在液态金属基座上做长时间往复运动，其振荡频率和幅度可通过不锈钢丝触碰液态金属来加以灵活调控。这一突破性发现革新了传统的界面科学知识，也为柔性复合机器的研制打开了新思路，还可用作流体、电学、机械、光学系统的控制开关。笔者实验室发现的其他固液组合机器效应还包括：金属颗粒触发型液态金属跳跃现象[13]，以及可实现运动起停、转向和加速的磁性固液组合机器[14]；采用电控，实现"液态金属车轮"的可变形旋转，还可驱动 3D 打印的微型车辆[15]实现行进、加速及更多复杂运动,美国 *Chemistry World* 杂志为此撰文《小机器,大进展》。此前,液态金属机器均以纯液态方式出现,固液组合机器效应的发现和技术突破,使得液态金属机器有了功能性内外骨骼,将提速柔性机器的研制进程。

以上液态金属展示出的丰富物质属性,彰显了这一领域的科学魅力。事实上,液态金属在大量应用领域的引入,打破了不少传统技术面临的关键瓶颈,促成了系列颠覆性技术的创建。

1.4　液态金属优异的热流体特性为先进冷却与能源利用提供全新机遇

在先进芯片冷却领域,高集成度高功率密度芯片在应用中常常伴有极端的发热问题,面临的核心技术瓶颈之一是学术界通常所说的"热障",这长期以来被公认为世界性难题。早在 2002 年前后,笔者实验室首次提出具有领域突破性意义的液态金属芯片冷却方法[16,17],申报了国内外这一领域的首项专利,由此开启了颠覆传统的散热解决途径,并通过多年努力建立了该领域理论与应用技术体系,成果被誉为第四代先进热管理技术乃至终极冷却方法,目前该方向渐成世界范围内学科热点。作为高热导率流动工质(液态金属热导率为水的 60 倍左右),液态金属具有优异的换热能力,相应技术在高热流密度电子芯片、光电器件以及国防安全领域的极端散热上(如激光、微波、雷达、卫星、导弹、预警系统、航空航天等)已显示关键价值[18],并被拓展到消费电子、废热发电、能量捕获与储存、智能电网、低成本制氢、光伏发电、高性能电池及热电转换等广阔领域。大量基础效应的揭示促成了若干典型成果的建立(图 1.3),如:常温液态金属强化传热、相变与流动理论,电磁、热电或虹吸驱动式液态金属芯片冷却与热量捕获技术,微通道液态金属散热技术,刀片散热技术,混合流体散热与能量捕获技术,低熔点金属固液相变吸热技术,以及自然界导热率最高的液态物质——纳米金属流体及热界面材料的发明等。笔者实验室还提出并积极倡导发展全球无水换热器工业[19],将液态金属冷却推进到十分广阔的领域,如 CPU、LED、IGBT、移动电子、太阳能聚焦光伏发电、低品位热量捕获、大功率变压器、激光、微小卫星等的高效热管理。有关研究[20]获得 *ASME Journal of Electronic Packaging* 杂志 2010—2011 年度唯一最佳论文奖、中国国际工业博览会创新奖、北京市技术市场金桥奖项目一等奖等。值得一提的是,液态金属冷却技术因其显著的科学前瞻性和变革性,美国国家航空航天局(NASA)于 2014 年将其列为"面向未来的前沿技术",而相应工作在中国已开展了十余年。

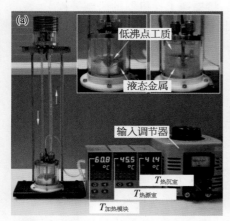

图 1.3 液态金属散热器

a. 由温差驱动;b. 由电磁驱动。

1.5 液态金属天然的机电特性催生变革性电子增材制造理论与应用技术

增材制造(additive manufacturing,AM)是一种基于"离散-叠加"成型机理,以计算机辅助设计/计算机辅助制造为加工环境,通过控制喷头的运动轨迹使打印材料在指定位置逐层堆积,实现复杂二维、三维结构的增量成型技术,当前人们普遍所知的 3D 打印就是其中的典型代表。增材制造被普遍认为是"第三次工业革命"的重要引擎和核心推动力,相应研发近年来密集引起世界各国工业界和政府的广泛重视,如美国启动了旨在打造全球竞争新优势的增材制造国家计划,欧洲则力求通过实施工业 4.0 确保对新一轮工业革命的掌控,中国也已提出"中国制造 2025"的宏伟蓝图,这些均为波及全球的国家战略。我们从有别于国内外的学术思想出发,提出了一系列变革性液态金属先进制造技术,建立了有关理论与应用技术体系。

制造模式探索方面 笔者实验室创建了有变革传统工业意义的液态金属印刷电子学新领域,提出了系列快速制造电子电路及功能器件的学术思想[21]、技术发明以及旨在发现新型电子墨水的液态金属材料基因组策略[22],被认为有望改变传统电子及集成电路制造规则。液态金属印刷电子学改变了传统电子工程学的制造理念,其所见即所得的电子直写模式为发展普惠型电子制造技术、重塑个性化电子提供了变革性途径,且具有快速、绿色、低成本等优点。

核心装备发明方面 笔者实验室研发出世界首台液态金属桌面电子电路打印机[23,24],攻克了相应仪器在通向实用化道路中的一系列关键科学与技术问题,建立了全新原理的常温液态金属打印方法,通过集合上下敲击式进墨、旋转及平动输运、转印乃至压印黏附到基底等复合过程在内的流体输运方式,解决了金属墨水表面张力高,难以通过常规方法平稳驱动的难题。该成果入围"两院院士评选 2014 年中国十大科技进展新闻"(全国总计 20 项),2015 年入围素有全球科技创新奥斯卡之称的 R&D 100 Award Finalist,荣获 2015 年中国国际高新技术成果交易会"优秀产品奖",2016 年入选美国《大众科学》(*Popular Science*)中文版评选的 2016 年度全球 100 项最佳科技创新等。

上述成果的取得基于对液态金属大量物质科学特性的认识和揭示。比如,笔者实验室通过揭示金属流体与不同基底间润湿特性的调控机制,首次提出并证实了可在任意固体表面和材质上直接制造电子电路的打印技术[25],并研制出具有普适意义的液态金属喷墨打印机,从而使得"树叶也可变身电路板"(图 1.4)。美国 *MIT Technology Review* 专门就此撰写专题文章,指出:"该技术如此快捷,没有理由怀疑其将很快进入市场",此研究也入选"Top IT Story",业界对此的评论是,"围绕在不同表面打印电路的竞赛可以终结了"。

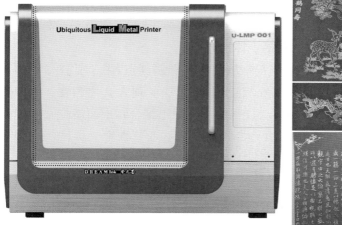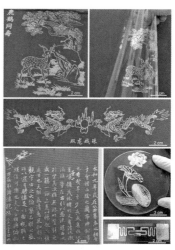

图 1.4 可适应任意材质和表面的液态金属喷墨电子打印机原型及喷印而成的导电图案

以上工作打破了个人电子制造技术瓶颈和壁垒,使得在低成本下快速、随意地制作电子电路特别是柔性电子器件成为现实,这预示着电子制造正逐步走向平民化。未来,人类社会可能面临一个全新的电子世界。

在增材制造领域,笔者实验室首次提出并证实了液态金属 3D 打印的技术思想,并研制出原型装备[26]。与此同时,针对传统 3D 打印难以兼顾金属及普通墨水在熔点上的巨大差异,因而难以实现耦合打印并组装,笔者实验室探索了不同功能材料的相容性和可同时打印性,由此发展出旨在直接制造终端功能器件的 3D 机电混合打印技术,首次证实了采用低熔点金属墨水(用作制造电子部件)和非金属墨水(用作制造支撑或绝缘封装基底)交替打印和组装功能器件的可行性[27]。上述工作开启了一条混合打印的新方向,让终端功能器件的全程自动制造和组装成为可能。

迄今,传统 3D 打印中的导电金属与非导体墨水(如聚合物),由于在熔点上相差数百甚至近千摄氏度,难以适时混合打印,这长期成为业界的重大挑战,因此混合打印技术的建立具有关键意义。此外,从全球范围看,一些也颇具新意和突破性价值的 3D 打印技术还包括:液相 3D 打印[28]、柔性电子悬浮 3D 打印[29]等,在此不一而足。

以上系列液态金属增材制造设备曾多次应邀参加重要展会,有关产品获推荐进入政府采购目录,而当前国际上在该领域的进展基本处于原理探索和论文发表阶段。值得指出的是,美国国防部在 2015 年 9 月启动了一项名为"混合柔性电子"的庞大研发计划,并为此投入高达 1.7 亿美元的资金。作为代表团队之一,其空军研发机构还展示了采用镓铟锡合金制成的柔性天线。与之相比,笔者实验室的工作在时间上超前了许多,且较早实现了在商品化方面的成功应用,推动了新兴工业的发展。

金属 3D 打印是当今增材制造领域的难点和制高点,由于受技术瓶颈及成本限制,现有装备一般限于工业级应用,尚无法实现大众化和普及化。液态金属 3D 打印技术改变了传统 3D 打印主要限于聚合物或高熔点金属的格局。在"大众创业、万众创新"的巨大需求下,这些变革性电子器件快速制造技术可望提供极具个性化的制造工具和手段,为充分发挥大众智力提供有效平台。

以上系列研究的原创性和领先性得到了世界范围的广泛重视和认可,诸多工作先后被国际上众多知名科学杂志、新闻媒体和专业网站报道,如 *MIT Technology Review*、*IEEE Spectrum*、*ASME Today*、*Phys. org*、*Chemistry*

World、*National Geographic*、*Geek*、*Fox News*、CCTV 等，在业界引发震动。业界评论："找到常温下直接制造电子器件的方法，就意味着打开了极为广阔的应用领域乃至通过家用打印机制造电子器件的大门"。液态金属电子及功能器件制造领域的未来发展前景十分广阔。

1.6 液态金属独特的材料属性促成颠覆性生物医学理论与技术体系的构建

"天生我材必有用"，液态金属是理想的生物材料(图 1.5)，在生物医学与健康技术领域，独特的液态金属带来了观念性变革。针对若干世界性医学难题和技术挑战，笔者实验室提出并构建了液态金属生物材料学全新领域[30]，改变了传统医学理念，开辟了崭新的医疗技术体系。以下仅举数例。

笔者实验室首次报道的一种全新原理的液态金属神经连接与修复方法[31]，可通过迅速建立损伤神经之间的信号通路及生长空间，大幅提高神经再生能力并显著降低肌肉功能丧失的风险。先期性实验证实了以液态金属作为高传导性神经信号通路的可行性。通过建立牛蛙腓肠肌模型，采用液态金属连接剪断的神经组织，借助微弱电刺激试验探明了液态金属神经传导的优势。与此同时，由于液态金属在 X 射线下具有很强的显影性，因而在完成神经修复之后很容易通过注射器取出体外，可避免复杂的二次手术。这一方法为神经连接与修复这一世界性医学难题的解决开辟了全新方向，相应工作迅速被国际上诸多科学杂志和专业媒体专题报道和评介，如 *New Scientist*、*MIT Technology Review*、*IEEE Spectrum*、*Physics Today*、*Newsweek*、*Daily Mail*、*Discovery*、*Geek*、*Reuters*、*Fox News*、CCTV 等，被认为是"令人震惊的医学突破"。论文公布不久，通过 Google 搜索"liquid metal，nerve，China"，有超出 1 200 万条直接或间接的报道信息，表明其在世界范围内具有很强影响力。

在发展医学影像技术方面，笔者实验室首创的室温液态金属高分辨血管造影术[32]，使得极细微的毛细血管在 X 光或 CT 下能以高清晰方式显现。国际业界认为，新技术提供了"前所未有的细节"、"采用相对简捷的方法解决了无比复杂的问题"、"革新了我们对于自身的认识"。与此同时，笔者实验室还建立了借助液态金属的阻塞血管肿瘤诊疗一体化技术，开辟了肿瘤医学新途径。

利用液态金属的流体特性和液固相变、电子特性，可以发展出独特的内外骨骼技术与注射电子学技术。比如,我们提出全新概念的可注射型液态合金骨水泥技术[33],可实现高度微创的骨骼原位加固和修复,打破了传统骨水泥范畴。而基于金属液-固相转换机制,实验室还建立了刚柔相济型"液态金属外骨骼技术"[34]。从液态金属电学特性出发,提出了注射电子学思想及植入式医疗器械在体 3D 打印技术。

此外,通过解决黏附性问题,笔者实验室发展出了液态金属皮肤电子技术[35]。皮肤电子学是正在兴起的柔性电子[36]应用领域,但已有方法通常无法直接在皮肤上制作电子器件。笔者实验室首创的液态金属模板喷印技术[37],可在皮肤上快速构建用以检测生理信号的元件。该技术还被证实可用于皮肤黑色素瘤的低频低压电学治疗[38]。特殊设计的液态金属皮肤涂层还可结合更多外场,如近红外激光(图 1.5),来实现皮肤肿瘤的高效消融治疗[39]。

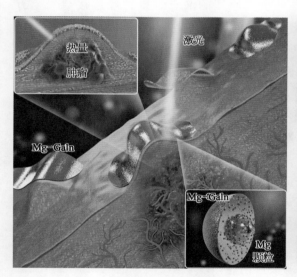

图 1.5 利用液态金属皮肤涂层实施肿瘤近红外激光消融治疗的原理及应用

需要指出的是,一些液态金属具有强烈的化学反应活性,这些特性也可充分加以应用。比如,笔者实验室提出了一种非传统的碱金属流体肿瘤消融治疗技术[40,41],利用碱金属流体制剂与水接触时发生的强烈放热反应实现肿瘤高温消融治疗,可确保高强度热量只在目标部位释放。这种类似于传统打针吃药的医学模式,使得肿瘤高温热化学消融治疗真正实现了微创,业界将其誉为"一个化学常识引发的颠覆性肿瘤治疗方法"。

1.7　液态金属罕见的多能性促成全新柔性机器理论与应用技术的构建

为研制未来高级的柔性智能机器,笔者实验室基于在液态金属机器领域取得的一系列核心基础发现[1-15],提出并推动了 SMILE 研究计划(soft machine based on intelligence, liquid metal and electronics,即基于智能、液态金属和电子的柔性机器)。对于实验室率先发现并创建的液态金属机器(图 1.6),业界普遍认为,这一"液体机器预示着柔性机器人的新时代"、"这些先驱性工作或让液态金属'终结者'成真",有关网站还以"中国正在测试自我打印机器人"为题进行了报道。

图 1.6　利用外场控制的可变形液态金属机器人(a)和借助吞食其他物质实现自主运动的液态金属软体动物效果图(b)

笔者实验室关于自驱动液态金属软体机器的首创性文章[6]发表后,短时间内即引起世界范围内众多科学杂志、专业网站和新闻媒体的高度重视。*New Scientist* 在第一时间以文章和精心制作的视频进行了报道:"液态金属朝可变形机器人迈进一步",指出其"将成为今后电影中人工生命的种子";*Nature* 在其"研究亮点"栏目以"液态金属马达靠自身运动"为题进行了报道;*Science* 网站发布观察文章和视频:"可变形金属马达拥有一系列用途";路透社、*Discovery* 记者专程到实验室进行实地拍摄。有关此项工作的专业报道还有："可在液体中自行驱动的可变形液态金属"（*Phys. org* 网站），"旋转的液态金属马达"（美国化学会 *C&EN* 网站），"世界首个液态金属机器人"（*Uncover California*），"首个终结者型液态马达问世，具无限潜力"（*Silicon Republic*），"真实的终结者 1000 液态金属马达"（*Mirror*），"终结者智能液态金属或为新一轮军备竞赛的第一步"（*Popular Science*），"液态金属机器人几乎已在这儿，并且他们由中国制造"（*Space Daily*），"终结者 1000 机器人或许就由这种自主行走的液态金属制成"（*Popular Mechanics*）。更多网站则纷纷展望了这一开创性技术在机器人、药物递送、血管和环境监测等方面的应用前景，认为"机器人工业正迈向不可思议的突破"，"显然是巨大的第一步"，"这是许多潜在商业用途的源泉，世界各国的工业界和政府对此会有巨大的兴趣"。

迄今，机器人大多仍是以刚体机器的形式发挥作用，这与自然界中人或动物有着平滑柔软的外表以及无缝连接方式完全不同。液态金属机器的问世引申出全新的可变形机器概念，将显著提速柔性智能机器的研制进程。笔者实验室的系列发现证实，部分应用已趋现实，如制造柔性执行器，控制目标流体或传感器的定向运动，金属液体回收，以及用作微流体阀、泵或更多人工机器等。若采用空间架构的电极控制，还可望将这种智能液态金属单元扩展到三维，以组装出具有特殊造型和可编程能力的仿生物或人形机器[1, 2]；甚至，在外太空探索中的微重力或无重力环境下，也可发展机器来执行相应任务。当前，全球围绕先进机器人的研发活动正处于如火如荼的阶段，若能充分发挥液态金属所展示出的各种巨大潜力，并结合相关技术，将引发诸多超越传统的机器变革。今后，围绕可变形机器这一战略需求，可融合液态金属材料、生物学、机器人、流体力学、电子学、传感器以及计算机等学科的知识，系统发展可变形液态金属机器的理论与技术体系，最终促成颠覆性应用技术的突破和现实应用。

1.8　小结与展望

常温液态金属具有罕见的多功能属性[42]，一方面为许多物质科学的基础探索提供了新的机会，也为大量工业技术的变革创造了条件。这一领域具有显著的多学科交叉特点，可以说已渗透到几乎所有自然科学与工程技术领域[43, 44]。随着液态金属大量物质特性不断被揭示，诸多科学研究与应用的大门将被一一开启。

当前,世界科技正处于革命性变革的前夜,以物质、能量、生物和信息为特征的液态金属学科堪称催生突破性发现和技术变革的科技航母。"一类材料,一个时代",液态金属作为一大类特殊物质,已展示出引领和开拓未来科技的特质,可望为有关领域的变革创造机遇。

常温液态金属是近年来崛起的新兴学科,也系中国在开创性基础研究与应用方面均具有显著优势的高新科技领域。为此,宜充分把握这一领域所赋予人类的历史机遇,建设世界性的液态金属研发中心,开创全新的工业应用技术体系,并培育和带动相关科技的发展。

必须指出的是,从全球范围来看,液态金属物质科学的研究和应用仍处于早期,创新的大幕才刚刚拉开,这一领域蕴藏着无限的可能!

参 考 文 献

［1］Sheng L，Zhang J，Liu J. Diverse transformations of liquid metals between different morphologies. Adv Mater，2014，26：6036 - 6042.

［2］Zhang J，Sheng L，Liu J. Synthetically chemical-electrical mechanism for controlling large scale reversible deformation of liquid metal objects. Sci Rep，2014，4：7116.

［3］Wang L，Liu J. Liquid metal patterns induced by electric capillary force. Applied Physics Letters，2016，108：161602.

［4］Yuan B，He Z，Fang W，Bao X，and Liu J. Liquid metal spring：Oscillating coalescence and ejection of contacting liquid metal droplets. Science Bulletin，2015，60：648 - 653.

［5］Yu Y，Wang Q，Yi L，Liu J. Channelless fabrication for large-scale preparation of room temperature liquid metal droplets. Advanced Engineering Materials，2014，16：255 - 262.

［6］Zhang J，Yao Y，Sheng L，Liu J. Self-fueled biomimetic liquid metal mollusk. Adv Mater，2015，27：2648 - 2655.

［7］Zhang J，Yao Y，and Liu J. Autonomous convergence and divergence of the self-powered soft liquid metal vehicles. Sci Bull，2015，60：943 - 951.

［8］Yuan B，Tan S，Zhou Y X，and Liu J. Self-powered macroscopic Brownian motion of spontaneously running liquid metal motors. Sci Bull，2015，60：1203 - 1210.

［9］Tan S C，Yuan B，Liu J. Electrical method to control the running direction and speed of self-powered tiny liquid metal motors. Proc The Roy Soc A，2015，471：20150297.

［10］Tan S C，Gui H，Yuan B，Liu J. Magnetic trap effect to restrict motion of self-powered tiny liquid metal motors. App Phys Lett，2015，107：071904.

［11］Sheng L，He Z，Yao Y，Liu J. Transient state machine enabled from the colliding and coalescence of a swarm of autonomously running liquid metal motors. Small, 2015, 11: 5253 - 5261.

[12] Yuan B, Wang L, Yang X, Ding Y, Tan S, He Z, Liu J. Liquid metal machine triggered violin-like wire oscillator. Adv Sci, 2016, 3: 1600212.

[13] Tang J B, Wang J, Liu J, Zhou Y. Jumping liquid metal droplet in electrolyte triggered by solid metal particles. App Phys Lett, 2016, 108: 223901.

[14] Zhang J, Guo R, Liu J. Self-propelled liquid metal motors steered by magnetic or electrical field for drug delivery. J Mater Chem B, 2016, 4: 5349.

[15] Yao Y, Liu J. Liquid metal wheeled small vehicle for cargo delivery. RSC Adv, 2016, 6: 56482 - 56488.

[16] Liu J. Development of new generation miniaturized chip-cooling device using metal with low melting point or its alloy as the cooling fluid. Proceedings of the International Conference on Micro Energy Systems, 2005: 89 - 97.

[17] Liu J, Zhou Y, Lv Y, et al. Liquid metal based miniaturized chip-cooling device driven by electromagnetic pump. ASME 2005 International Mechanical Engineering Congress and Exposition, 2005: 501 - 510.

[18] Ma K, and Liu J. Liquid metal cooling in thermal management of computer chip. Frontiers of Energy and Power Engineering in China, 2007, 1: 384 - 402.

[19] Li H, Liu J. Revolutionizing heat transport enhancement with liquid metals: Proposal of a new industry of water-free heat exchangers. Frontiers in Energy, 2011, 5: 20 - 42.

[20] Deng Y, Liu Y. Design of a practical liquid metal cooling device for heat dissipation of high performance CPUs. ASME Journal of Electronic Packaging, 2010, 132(3): 31009 - 31014.

[21] Zhang Q, Zheng Y, Liu J. Direct writing of electronics based on alloy and metal ink (DREAM Ink): A newly emerging area and its impact on energy, environment and health sciences. Frontiers in Energy, 2012, 6(4): 311 - 340.

[22] Wang L, Liu J. Liquid metal material genome: Initiation of a new research track towards discovery of advanced energy materials. Frontiers in Energy, 2013, 7(3): 317 - 332.

[23] Zheng Y, He Z Z, Yang J, Liu J. Personal electronics printing via tapping mode composite liquid metal ink delivery and adhesion mechanism. Scientific Reports, 2014, 4: 4588.

[24] Yang J, Yang Y, He Z Z, Chen B W, Liu J. Desktop personal liquid metal printer as pervasive electronics manufacture tool for the coming society. Engineering, 2015, 1(4): 506 - 512.

[25] Zhang Q, Gao Y, Liu J. Atomized spraying of liquid metal droplets on desired substrate surfaces as a generalized way for ubiquitous printed electronics. Applied Physics A, 2014, 116: 1091 - 1097.

［26］Zheng Y, He Z, Gao Y, et al. Direct desktop printed-circuits-on-paper flexible electronics. Scientific Reports, 2013, 3: 1786.

［27］Wang L, Liu J. Compatible hybrid 3D printing of metal and nonmetal inks for direct manufacture of end functional devices. Science China Technological Sciences, 2014, 57 (11): 2089 – 2095.

［28］Wang L, Liu J. Liquid phase 3D printing for quickly manufacturing conductive metal objects with low melting point alloy ink. Science China Technological Sciences, 2014, 57(9): 1721 – 1728.

［29］Yu Y, Liu F, Zhang R, et al. Suspension 3D Printing of Liquid Metal into Self-Healing Hydrogel. Advanced Materials Technologies, 2017, 2(11): 1700173.

［30］Yi L, Liu J. Liquid metal biomaterials: A newly emerging area to tackle modern biomedical challenges. International Materials Reviews, 2017, 62: 415 – 440.

［31］Zhang J, Sheng L, Jin C, et al. Liquid metal as connecting or functional recovery channel for the transected sciatic nerve. arXiv: 1404.5931, 2014.

［32］Wang Q, Yu Y, Pan K, and Liu J. Liquid metal angiography for mega contrast X-ray visualization of vascular network in reconstructing in-vitro organ anatomy. IEEE Transactions on Biomedical Engineering, 2014, 61(7): 2161 – 2166.

［33］Yi L, Jin C, Wang L, Liu J. Liquid-solid phase transition alloy as reversible and rapid molding bone cement. Biomaterials, 2014, 35(37): 9789 – 9801.

［34］Deng Y and Liu J. Flexible mechanical joint as human exoskeleton using low-melting-point alloy. ASME Journal of Medical Devices, 2014, 8: 044506.

［35］Yu Y, Zhang J, Liu J. Biomedical implementation of liquid metal ink as drawable ECG electrode and skin circuit. PLoS One, 2013, 8(3): e58771.

［36］Gao Y, Li H, Liu J. Direct writing of flexible electronics through room temperature liquid metal ink. PLoS One, 2012, 7(9): e45485.

［37］Guo C, Yu Y and Liu J. Rapidly patterning conductive components on skin substrates as physiological testing devices via liquid metal spraying and pre-designed mask. Journal of Materials Chemistry B, 2014, 2: 5739 – 5745.

［38］Li J, Guo C, Wang Z, et al. Electrical stimulation towards melanoma therapy via liquid metal printed electronics on skin. Clinical and translational medicine, 2016, 5(1): 21.

［39］Wang X, Yao W, Guo R, et al. Soft and Moldable Mg-Doped Liquid Metal for Conformable Skin Tumor Photothermal Therapy. Advanced healthcare materials, 2018, 7(14): 1800318.

［40］Rao W, Liu J. Injectable liquid alkali alloy based tumor thermal ablation therapy. Minimally Invasive Therapy and Allied Technologies, 2009, 18(1): 30 – 35.

［41］Rao W, Liu J. Tumor thermal ablation therapy using alkali metals as powerful self heating seeds. Minimally Invasive Therapy and Allied Technologies, 2008, 17: 43 – 49.

[42] Wang Q, Yu Y, Liu J. Preparations, characteristics and applications of the functional liquid metal materials. Advanced Engineering Materials, 2018, 20(5): 1700781.

[43] Wang X, Liu J. Recent advancements in liquid metal flexible printed electronics: Properties, technologies, and applications. Micromachines, 2016, 7(12): 206.

[44] Zhao X, Xu S, Liu J. Surface tension of liquid metal: Role, mechanism and application. Frontiers in Energy, 2017, 11(4): 535 - 567.

第2章
液态金属材料物质基本属性

2.1　引言

　　液态金属材料的物质属性涉及方方面面,并不易归纳总结到某个单一主题中,本章内容的出发点在于为后续各个专门章节做铺垫。为帮助读者获得对液态金属这类特殊物质的初步印象,我们首先从经典液态金属即水银温度计的测温原理展开,介绍其中的热膨胀效应,继而阐述同样基于水银的血压计测量原理中的流体压力效应。接下来,介绍人类在认识某些低熔点金属低温脆断效应方面的一些历史和科学典故。众所周知,液态金属应用中的一个基础效应就是与各类物质之间的黏附性,为此,本章以液态金属与特殊液体如硅油以及各类典型固体基底的相互作用规律为典型案例,对此进行了介绍。其他的一些有别于传统非金属材料的有趣问题还包括:防辐射特性、含湿液态金属材料的大尺度膨胀效应、多孔液态金属轻量化效应、金属颗粒驱动液态金属流动效应,以及利用液态金属焊接金属颗粒效应等,这些现象和机理均在本章一一阐述。实际上,以上问题并未考虑到微重力因素的影响,为促成读者对液态金属物质规律有一定相对完整性的思考,本章也简要介绍了微重力条件下的液态金属变形效应,以及是否可以由液态金属出发解释某些外太空流体现象的问题。此外,人们通常探讨的液态金属一般处于宏观尺度,如果液态金属或由其组成器件的某些特定尺寸进入到量子尺度,必然会在其间引申出许多超越传统的物质规律,这种发生于液态可变形金属中的量子现象和规律以往很少被学术界意识到,可能会成为未来凝聚态物理学相关领域关注的重大问题,为此,本章也特别对此类前瞻性科学问题作了扼要论述。最后,探讨了利用低温处理实现对液态金属加以改性的问题。本章内容有助于读者理解液态金属的独特性,从而为认识更多基础问题打开想象的空间。

2.2 液态金属体积热膨胀效应

液态金属作为常温液体的一种,具有体积随温度而改变的特性,即大部分物质所具有的热胀冷缩行为。液态金属最为经典的应用之一是作为膨胀式温度计,水银温度计是其中最具代表性的一种。图 2.1 所示即为通常所用的水银温度计,在金属的液态温度范围,即凝固点至沸点范围,对于水银即汞来说是 $-39℃$ 至 $357℃$,可以测量温度,简单直观,使用方便,是人们日常生活的必需品。

图 2.1　常用的水银温度计

对于大部分物质而言,物体受热后会膨胀,受冷后则缩小。不同材料在不同状态下的膨胀率有所不同。对于液态金属来说,在其液态温度范围内,是符合热胀冷缩特性的,但在液体凝固成固体的相变过程中,其密度则会减小,体积增加,产生热缩冷胀的效应;在完全凝固后又恢复热胀冷缩。因此,在液态金属的液态范围内,可以通过热体积特性来达到测量温度的目的。通常使用的温度计具有一个盛放液态金属的玻璃泡,足量的液态金属置于此处供使用;玻璃泡上方为细玻璃管,在金属体积随温度变化时会在玻璃管中表现为高度的变化;玻璃管外部制作有刻度,用以指示当前温度。在温度计使用前要进行温度标定,通常采用标准大气压下的沸水温度作为 $100℃$,冰水混合物温度作为 $0℃$,然后将水银在玻璃管中二者之间的高度差平均分为 100 等分,标明刻度,即可使用。

液态金属温度计使用简单,制作方便,有一定的稳定性。除水银温度计,根据液态金属不同的凝固点与沸点,还可以制造不同温度范围的温度计。

需要指出的是,水银温度计由于自身毒性及潜在的泄露危险,正逐步被淘汰。作为替代品,工业界发展出了用镓或其合金制成的温度计,在使用方式和方便性方面与水银温度计相似。甚至,科学家还在碳纳米管中充入液态镓,制作出了世界上最小的温度计,借助电子显微镜读取金属镓液柱的变化来获得温度值,这种纳米温度计在电子线路、毛细血管的温度检测方面有潜在应用价值。

2.3　液态金属血压计流体压力效应

液态金属血压计,最常用的是汞柱式血压计(图 2.2),也称水银血压计,常用于测量人体血压,其结构简单,使用方便,价格便宜,目前在医疗部门使用广泛。

血压计是一种测量压强的仪器,液态金属血压计利用汞柱差对压强进行测量。液态金属在常温下为液体,具有流动性,但不可压缩,因此在受到外界压力作用时,液体会产生流动,最终达到一种平衡状态。平衡状态下,只在重力作用下的静止液体等压面是一个水平面。而在同一容器中,液体内部所受到静压强的大小会随着液体深度的增加而增加,与容器截面积无关,因此液柱高度即可作为

图 2.2　常见的汞柱血压计

压强的量度。对于液态金属血压计而言,液态金属被灌注在管中,一端与大气相通,另一端连接加压气球。未加压时,两端都是大气压,液柱处于零位;当加压时,液柱的两部分液面发生移动,液面差即反映了两部分自由表面所受到的压强差。

使用液态金属血压计时,需要配合听诊器。在具体测量时,首先需要对血压计进行充气,至动脉搏动音消失;然后均匀缓慢放气,在放气的过程中,听到第一声脉搏搏动时的数值即为被测者的收缩压;继续放气,至脉搏搏动音突然减弱或消失不见,此时的数值即为被测者的舒张压。

与电子血压计相比,液态金属血压计测量准确,操作简单方便,价格低廉,以往在医疗机构与家庭中均有非常多的应用。不过,由于其中的汞存在泄漏风险,这种血压计今后会逐步减少直至被替换。目前,为实现在使用方式和方便性方面与汞柱血压计相似的设备,工业界正逐步尝试研发用镓或其合金制成的血压计,但距成熟产品和规模应用尚有一定距离。

2.4 低熔点金属的低温脆断效应

液态合金中的锡属于低熔点金属,在低温下表现出脆断特性。这需要从一个历史事件说起[1],拿破仑是一位军事天才,曾多次创造以少胜多的著名战役。然而,1812 年的一场失败改变了他的命运,令人唏嘘的结局中隐含了人类对低熔点金属低温特性的认识。这一年,远征俄罗斯的拿破仑军队,受到寒冷空气的致命打击,部队制服由于采用的都是锡制纽扣,受寒冷气候的作用而发生化学变化成为粉末,许多人因此被活活冻死。

实际上,类似锡制物品事件以后发生过多起[1]。1867 年的冬天,俄国彼得堡十分寒冷,达−38℃。海军堆在仓库内的大批锡砖,一夜之间不翼而飞,只留下一堆灰色粉末。无独有偶,数十年之后的 1912 年,一支来自英国的南极探险队,在探险途中,储藏的煤油不翼而飞,导致探险成员全部被冻死。后经科学家们反复研究发现,其中的奥妙在于盛煤油的铁桶是用锡焊的,在低温下当锡变成粉末时,煤油也就顺着缝隙流出来了。

加拿大化学家潘妮·拉古德认为,锡在低温度下发生变化的特性,正是导致此类事故频繁发生的主要原因[1]。锡是一种银白色金属,在 13.2℃ 以上比较坚硬和稳定,但其耐寒能力差,低温下锡的晶体结构会发生重新排列,原子之间的空隙加大,膨胀造成的内应力会使金属锡碎裂成粉末。通常,银白色的锡金属上首先会出现一些粉状小点,之后小点逐渐蔓延扩大,变成小孔,继而扩大到整个金属,直至全部金属分崩离析,成为煤灰状粉末。

其实,这是现今低温材料发展中最常遇到的问题,即材料的低温脆断效应,也称低温效应。已经清楚的是,温度是影响金属材料和工程结构断裂方式的重要因素之一。许多金属失效的事故均发生在低温下,需要引起重视。

2.5 液态金属与硅油基底的润湿性

润湿性(wettability)是指一种液体在一种固体表面铺展的能力或倾向性。液态金属与各种固体以及液态材料之间的润湿性,是大量应用中的基本核心问题。比如,研究液态金属微液滴与硅油之间的润湿性问题,在许多工业应用场合很有意义,相应机理有助于解释为何液态金属与硅油在空气中可以均匀混合。笔者实验室对此进行了考察[2],采用两块相同质地、相同表面的铜板作

为基底,铜板表面经过 1 000 目水砂纸进行机械打磨至光亮。在实验前,已将
两铜板浸泡在无水乙醇中,经超声设备清洗 30 min,以保证两铜板表面洁净。
在接触角测量中,采用的是常用的座滴测量法。液滴通过注射器的针头缓缓
滴落到上述铜板上,并由接触角测量仪器配套的光学 CCD 拍摄微液滴在铜板
表面上的浸润图片。

　　图 2.3 是采用 JC2000D3 接触角测试仪获得的结果,从中可以看出,当铜
板表面没有涂覆硅油时,液态金属液滴与裸露的铜板的接触角很大(约
152.8°),液态金属与铜板几乎处于不润湿的状态。然而,当在铜表面涂覆一
层硅油之后,相同的过程,结果却明显不同。当液态金属液滴接触硅油时,硅
油和液态金属表面表现得非常亲和。在液态金属与硅油接触的瞬间,硅油的
薄层迅速从四周收缩到液态金属液滴的位置。由此,可以看出,硅油与液态金
属之间有着很好的润湿性。这一良好的润湿性是硅油与液态金属能够均匀混
合的前提,也是采用液态金属为填料、硅油为基体以配制液态复合功能材料的
重要依据之一。

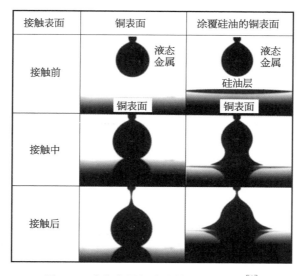

图 2.3　液态金属与硅油的润湿性特点[2]

2.6　液态金属与常见固体基底的黏附效应

　　液态金属领域近年来取得的一个重要进展是,将液态金属发展成了极具

实践优势的、非常高效的电子墨水[3]。在各种应用中,墨水与基底之间的黏附性是直接关系到印刷电子器件最终使用性能和可靠性的关键因素。如果墨水与基底的黏附性差,容易脱落,则其优良的性能将无法付诸实际应用。因此,保证墨水和相应基底的黏附性是实现印刷电子器件特定功能的基础。

墨水与基底之间的黏附性是指两种相同或不相同物质相接触时发生的界面作用,是评价墨水性能的重要指标之一。图 2.4 为液态金属在多种常见柔性基底上的直接涂覆结果[3]。其中,液态金属是纯度 99.99% 的镓和铟金属配制而成的镓铟合金,配制完成后直接用于书写。此时,可观察到其表面并不光亮,这是由已形成的一层致密的表面氧化层所致。基底材料分别为打印纸(a)、涤纶布(b)、泡沫塑料(c)、聚四氟乙烯(d)、聚苯乙烯(e)、涤棉布(f),除打印纸、涤纶布和涤棉布外,其他三种基底材料均先用无水乙醇清洗过并晾干。从图 2.4 可明显看出,镓铟合金在打印纸和涤纶布上团聚成球状,而在其他四种基底材料上虽能画出类似线形的形状,但可以明显观察到基底上的液态金属线条较粗,且较短,无法实现连续书写,说明液态金属与基底之间的黏附性很差。

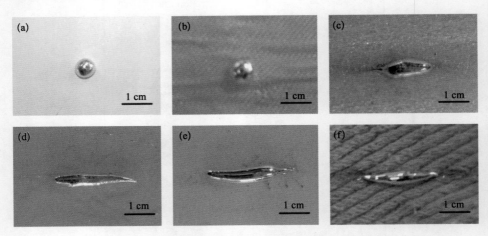

图 2.4　未作处理的液态金属在柔性基底上直接书写的情况[3]

a. 打印纸;b. 涤纶布;c. 泡沫塑料;d. 聚四氟乙烯;e. 聚苯乙烯;f. 涤棉布。

作为对比,笔者实验室通过微量氧化反应法制备了氧含量为 0.026wt.% 的镓铟合金墨水。大量重复测试发现,该墨水与包括柔性材料和刚性材料在内的大部分基底材料均可以实现良好的黏附[3]。图 2.5 给出了一些代表性结果。这里,选取的基底材料分别为:环氧树脂(a)、玻璃(b)、塑料(c)、硅胶(d)、打印纸(e)、棉纸(f)、棉布(g)、玻璃纤维布(h)。从图中很容易发现,尽管各种材料具有明显不同的表面粗糙度,但镓铟合金墨水均与其表现出了较为出色的黏附性,因而已能直接用作电子印刷墨水。

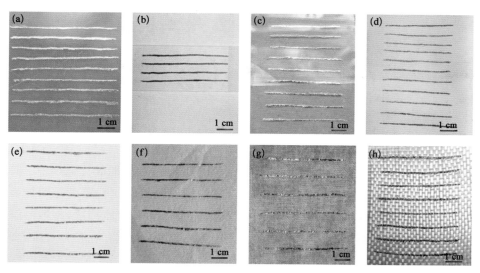

图 2.5　液态金属墨水在各种基底上直接书写的情况[3]

a. 环氧树脂;b. 玻璃;c. 塑料;d. 硅胶;e. 打印纸;f. 棉纸;g. 棉布;h. 玻璃纤维布。

2.7　液态金属防辐射特性

与常规金属一样,液态金属也对辐射具有防护特性[4]。不同于传统上由铅制成的橡胶板辐射防护材料的是,厚度较小的液态金属辐射防护膜就足以在许多方面表现出优良的特性。图 2.6 所示为直接印刷出的液态金属防护膜,膜厚为 0.3 mm,使用镓基合金制成,熔点为 8℃,在常温下呈现液态。

与传统材料相比,液态金属辐射防护膜具有更好的稳定性,具体表现在液态金属材料具有更强的屈服极限和张力极限。更强的屈服极限是因为在铅橡胶材料中,铅粒子是均匀分布在材料中的,而在液态金属辐射防护材料中,仅将液态金属固定在橡胶表面,因而自然获得了橡胶表面的高稳定性。更强的强度极限是因为,在铅橡胶防护材料中,铅粒子会降低橡胶基底的拉伸强度,而液态金属材料由于仅分散在橡胶材料表面,并不影响橡胶本身的机械强度特性,由此制成的材料会呈现更强的张力极限。

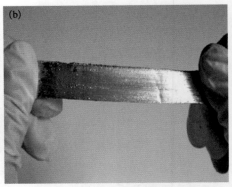

图 2.6 传统含铅橡胶(a)与超薄液态金属辐射防护材料(b)外观[4]

此外,如果将液态金属结合在硅片上,原本不能防辐射的硅片也具备了防辐射的特性。与传统铅橡胶材料一样,防辐射特性会随着材料厚度的增加而增加。防辐射特性会随着材料的拉伸而降低是因为随着拉伸持续,材料的厚度降低。与传统铅橡胶材料不同的是,液态金属防辐射材料存在拉伸极限,如果达到拉伸极限,其辐射防护特性将减弱。在相同条件下,液态金属材料的辐射防护性能要略弱于传统铅橡胶材料,这是因为现有材料的厚度很薄,只有0.3 mm;而且,当前的液态金属防护材料都是镓基合金,该材料本身的辐射防护特性略低于密度更高的铅材料。从分子层面看,提高液态金属辐射防护特性最好的途径是利用多层结构。从根本上来看,固体对 X 射线的吸收特性与厚度的关系遵循指数衰减定律(图 2.7),而某种特定材料的线性衰减系数与其

图 2.7 涂覆有清华大学校徽图案的液态金属及其 X 射线阻挡效果[4]

原子系数有关。材料的总衰减系数应该是每部分吸收材料衰减系数的贡献总和,即在液态金属辐射防护膜材料中,防护作用主要由液态金属的特性与厚度决定,而橡胶基底也有一定贡献。因此,多层结构可有效增强液态金属的辐射防护特性。

总体看来,液态金属具有良好的辐射防护特性与潜能。作为辐射防护材料,其最大的优势在于高稳定性、生物相容性与适应性,对于可穿戴的辐射防护服装、手套来说,具有较好的应用前景。

2.8　含湿液态金属材料的大尺度膨胀效应

装配器件界面通常无法确保理想的光滑,间隙中的空气由于导热性较差,会导致发热器件的热量传递障碍,这一界面上的有效传热是保证电子设备性能和可靠性的关键。热界面材料具有优良的导热性和适应性,普遍应用于两固体表面之间以降低接触热阻。目前使用的典型热界面材料包括导热液、热油脂或导热贴、焊料、导热黏合剂、相变材料等。大多数传统的热界面材料是通过加入一些高导热性粒子,如石墨、陶瓷和金属颗粒,而制备成的复合材料。这些材料的热导率在很大程度上取决于充填材料和界面条件。提高填充材料的体积分数可获得高的热导率,但会降低其润湿性,这是传统热界面材料所面临的困境[5]。

近期,低熔点合金,包括镓、铟、铋、铅、锡,得到相当程度的重视[6]。与非金属界面材料和金属箔相比,低熔点合金热界面材料具有较高的传热能力(比传统热界面材料高出一个数量级)。不过这一技术长期以来并未得到很好应用,最为关键的原因之一在于其与基底的润湿存在很大问题。Gao 和 Liu 发现和提出的氧化机制,彻底解决了液态金属热界面材料与基底之间的润湿性问题[7],近年来市场上涌现的产品多得益于该研究。值得指出的是,镓、铋、铟、锡及其合金是热界面材料的较好备选金属,而由于潜在的环境问题,铅和镉应避免应用[5]。

虽然液态金属具有诸多优点,如高导电性和易于生产,但仍然存在各种各样的可靠性问题,包括腐蚀、氧化、金属间化合物的生长、泄漏和去润湿等。这些缺点可能会导致界面材料传热能力的退化,并引发严重的电子元件故障。在镓基热界面材料的制备和应用过程中,笔者实验室 Ding 等发现了一个不同寻常的宏观大尺度体积膨胀现象[8],会导致这种界面材料出现腐蚀和变质。

通过对不同氧化程度的热界面材料在不同湿度进行的系列实验研究,该小组澄清了热界面材料出现膨胀现象的机理。

在相对湿度96%的气候室中准备的镓基热界面材料体积膨胀过程如图2.8所示[8]。样品a氧化5h并呈现糊状,样品b在相同条件下氧化2h,因此样品b包含较少的氧化物,并表现出更多的流动性。可以观察到,与样品b相比,样品a体积膨胀更快,最终体积变化较大。在膨胀时期,两个样品的表面和内部均有不同大小的孔隙。样品a孔隙数量更多,体积更大。这些孔洞显然是造成大尺度膨胀现象的主要原因。

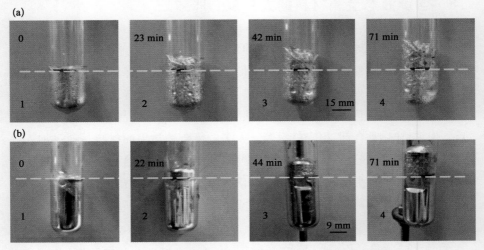

图 2.8　相对湿度 96%下镓基热界面材料体积膨胀效果[8]

a. 氧化时间 5 h;b. 氧化时间 2 h。

图 2.9a 展示了镓基热界面材料的内部形态[8]。其外表面呈银白色并有金属光泽,然而,横截面显示了其灰暗粗糙的内部。发生变质后,金属材料最终变成疏松多孔固体。不同形状和大小的孔洞在热界面材料中随机分布。图2.9b 给出了大孔之间的边界细节。可见,在边界上有许多大小不一的孔洞。对图 2.9b 中一个大孔壁放大后,可得到图 2.9c。从中可见,壁上分布着直径小于 1 μm 的小孔。图 2.10d 是图 2.9b 所选区域 2 的高分辨率图像。能谱仪(energy dispersive spectrometer, EDS)分析表明,层状氧化物由 74%镓和26%氧组成。因此,多孔材料的主要成分是氧化镓。考虑到镓氧化物与空气的热膨胀是微不足道的,这些孔可能由在膨胀过程中产生的一些气体所形成。图 2.9e 是气相色谱法测定密封玻璃管内气体的检测结果。在检测时间

0.47 min 的第一个峰代表氢。第二个峰表示空气中的氧,它被密封在玻璃管的上部。很明显,第一个峰的面积比后者的大得多。因此,可以得出的结论是,氧化镓与水反应产生了氢气。

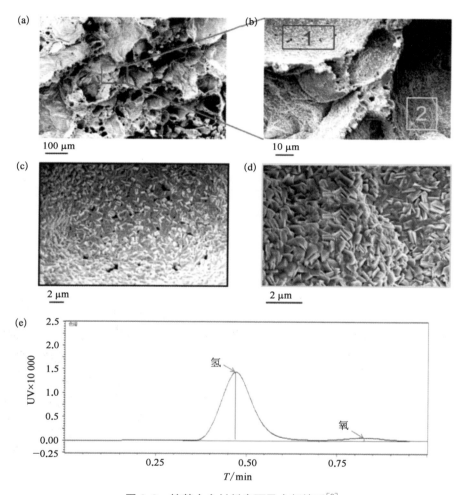

图 2.9　镓基合金材料表面及内部情形[8]

a. 腐蚀的镓基热界面材料内部;b. 边界孔洞的细节;c、d. 内壁放大图;e. 气相色谱测量结果。

2.9　轻量化电磁性多孔液态金属柔性材料

笔者实验室的 Wang 等[9],在 *Materials Horizons* 上以封面论文形式发表了一篇题为"PLUS-M：基于多孔液态金属的普适性柔性材料"的学术论文，报道了所提出并研制的一种基于液态金属镓铟合金即 EGaIn 的新型柔性多功能材料，其可以响应外界热刺激（图 2.10），具有良好的导电性和磁性，内部会产生气体生成多孔结构，极限情况下可快速膨胀至原体积的 7 倍以上，膨胀后的多孔金属甚至可携带重物漂浮于水面。此类新材料系首次被创造出来，其制备机理的发现可将液态金属智能材料与装备的研发推向新的高度。

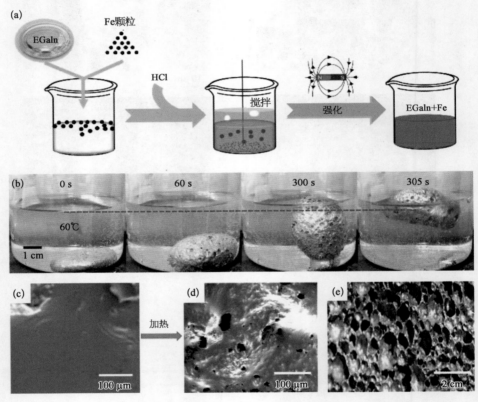

图 2.10 PLUS-M 制备过程(a)及其在水中膨胀漂浮的情形(b)与内部结构(c—e)[9]

传统的多孔金属材料如泡沫铝大多为刚体结构，因拥有低密度、高强度及良好的隔热、吸声等特性，在建筑、化工及航空等领域有着广泛用途，但经典的固体多孔金属材料不具备变形性，其内部孔隙结构一旦形成就不再能改变，这无疑限制了其在柔性技术领域的应用。Wang 等的工作揭示出[9]，通过在液态金属内部加载铁纳米颗粒并引入化学反应机制（图 2.10），可快速制造出柔性多孔金属材料，其孔径大小可灵活调控，且体积膨胀后还可再度迅速恢复成液体状态,经受加热时能够多次重复膨胀。这些特性为制造新型水下可变形机器、柔性机械臂、外骨骼以及发展柔性智能机器人技术打开了新的思路。

　　实验中,可以看到,在加热条件下,PLUS-M 可在内部迅速形成孔隙结构,在几分钟内即可膨胀至原先体积的数倍[9]。此种液态金属材料轻量化所带来的效果足以将金属块这样的重物携带至溶液表面(图 2.11)。在此过程中,材料自身还可由液体逐渐转变为膏状物,在经过 NaOH 溶液处理并烘干后,可得到异常坚硬的多孔金属材料。值得注意的是,在此固体材料上再次添加盐酸并搅拌,可使其重新恢复至液体状态。这种液固转换过程可重复 100 次以上,说明 PLUS-M 是一种性能优异的可重复使用的柔性多孔金属材料。

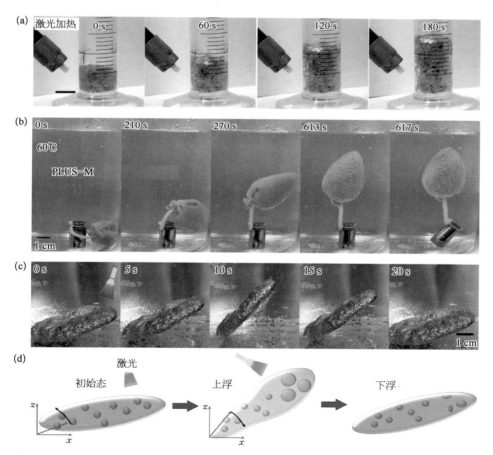

图 2.11　PLUS-M 随温度响应出现快速膨胀继而携带重物上浮的情形(a—c)及原理(d)[9]

进一步的试验与理论分析表明,PLUS-M 的成因与原电池反应及氧化物的生成有关。镓铟合金与铁颗粒构成了某种原电池,在电解质溶液中会发生反应生成氢气。加热则加快了氧化过程,生成的氧化镓增加了材料的黏度,可包裹内部不断产生的气体形成多孔结构。由于主要反应物镓是两性金属,该反应在酸、碱溶液中均可发生,大大扩展了新材料的应用范围。

PLUS-M 具有良好的适形性能和优良的导电性能,基于此材料的"自生长"特性,研究小组展示了一组可以定时连接点亮 LED 灯的电路[9]。断开的电路中间是一段不规则的管道,在管道一段置入 PLUS-M,则材料沿着管道的快速膨胀会依序触发电路的逐级连通(图 2.12)。今后,此类材料还有望用于 4D 打印电路领域。

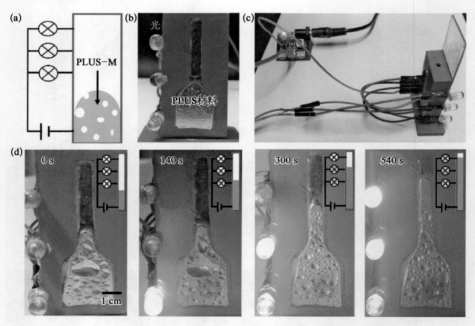

图 2.12 PLUS-M 膨胀过程中顺序联通 LED 电路的情形[9]

a. 示意图;b、c. 实物图;d. 依序联通情形。

2.10 金属颗粒驱动液态金属流动并予以示踪的效应

笔者实验室 Tang 等[10],首次发现特定金属颗粒可在润湿液态金属表面后持续诱发其发生大范围流动与变形。在偶然的实验中,研究人员观察到这

样一个基础现象,即撒落在液态金属表面的铜粉被润湿后,能够持续诱发液态
金属发生大尺度流动与变形(图 2.13),彰显"小颗粒,大作用"。该效应被证实
为一种表面张力梯度驱动的流动,而表面张力的不均匀分布来自有着不同表

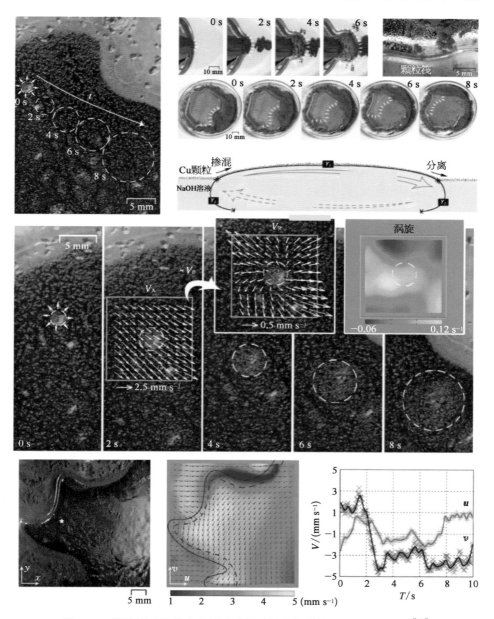

图 2.13　颗粒驱动的液态金属流动及其局部与整体流场可视化结果[10]

面电荷密度的金属颗粒与液态金属间的耦合作用。众所周知,液体表面张力是指作用在液体表面、使得液体可以保持与外界最小接触面积的力,是表征液体物理性质的重要指标,液态金属的一系列非同寻常的行为正因此而触发。

　　金属颗粒驱动液态金属流动的现象表明,对于液态金属这一独特的流体物质而言,即便只与很小的金属颗粒接触,其自身状态也极易发生改变。有意思的是,黏附于液态金属表面且随其流动的金属颗粒在实验观测中清晰可视,研究人员为此创造性地将颗粒引入作为液态金属流动状态的天然示踪粒子,由此获得了对液态金属流场的可视化和定量化测定[10],从而揭示了其中的独特对流模式。此前,液态金属由于自身不透明,表面极为光滑,光反射率高,已有实验技术难以获得其流场信息甚至不能对液态金属内部是否存在流动做出判断,相应问题的研究始终处于停滞状态。此项发现为此建立了一种重要的影像研究工具;同时,利用微小颗粒驱动大尺度流体也为构筑液体表面泵和智能流体系统提供了一种自驱动方案。

2.11　液态金属-溶液界面对金属颗粒的电化学焊接效应

　　来自笔者实验室的 Tang 等[11]发现,将包裹有金属纳米颗粒(如铜纳米颗粒)的液态金属(镓铟合金)小球置于碱性溶液(如 NaOH 溶液)中时,原本分散的颗粒能够被连接成连续的网状结构。该过程的实现方式如图 2.14a 所示:将液态金属液滴在铺有铜纳米颗粒的基底上来回滚动,小球表面便会包裹上一层颗粒构成的外壳;随后将小球转移到水中并加入 NaOH 溶液,可观测到包裹颗粒的液态金属小球由非球形逐渐变化成球形,其表面的颗粒也由暗灰色逐渐转变成红褐色。图 2.14b 展示了形状和颜色的变化过程。进一步的发现表明,经过上述步骤后,液态金属表面的颗粒已经形成了网状结构,可以用探针将其从液态金属表面剥离,如图 2.15 所示。后续实验测得这种方法获得的颗粒网具有纳米多孔结构[11],颗粒网的厚度为几个微米。

　　上述结果表明,液态金属界面上的颗粒之间已形成了物理性的连接,从而使得原本分开的纳米颗粒结合在了一起。究其原因[11],是由于在碱性溶液中,液态金属的界面会呈现还原性,而铜纳米颗粒由于氧化会在表面形成具有氧化性的氧化物(这也是纳米颗粒看起来是暗灰色而不是红铜色的原因),两者在溶液中化学电势不同,在体系中会发生电化学反应,其结果是纳米颗粒表面的氧化物被还原。这一表面电化学反应导致新生成的金属铜将相邻的铜颗粒

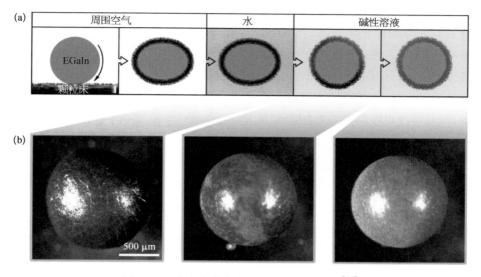

图 2.14　溶液内液态金属焊金属颗粒实验[11]

a. 实验方法和过程示意；b. 电化学焊接过程中，包裹在液态金属小球表面的铜纳米颗粒发生的颜色变化过程，以及小球从非球状向球状转变的过程。

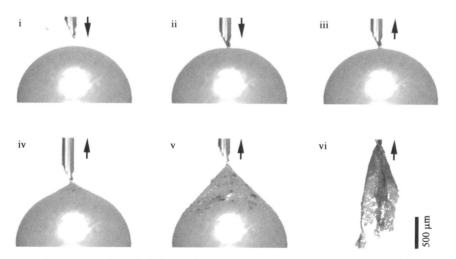

图 2.15　用探针将液态金属表面形成的颗粒网剥离过程的不同阶段[11]

黏合到了一起。这一电化学反应过程与通常熟知的金属焊接过程很类似，因此我们将这一效应类比为"电化学焊接"[11]。

　　颗粒网状物所具有的良好机械强度使得我们能够将其从液态金属表面剥离并转移到其他基底上[11]。通过测量这一类特殊的由金属颗粒组成的薄膜多孔材料的导电性,可以发现与普通金属导电材料不同,该体系存在一种电场导致的电阻降低特性。如图 2.16a 所示,当将颗粒网转移到预先制作好测试电路的基底上,并施以一定的外加电压时,测得的电压-电流曲线的斜率表现出动态的变化。如图 2.16b 所示,经过多次但相同的线性扫描(电压最大值固定为 4 V),电压-电流曲线的斜率逐渐变大。这一结果表明在相同的外加电势下,颗粒网的电阻随着不断扫描而逐渐降低。图 2.16c 展示了样品电阻与最大扫描电压以及扫描次数的关系。可以看出,样品电阻变化与外加电压的强度有关,只有当电压强度足够高时,才能够引起电阻的改变,并且不同大小的外加电压所获得的最低电阻也有差异。另外,实验还发现,当电压过高时,测试电阻会突然增大数个数量级,这说明过大的电压会导致颗粒网的导电性失效。

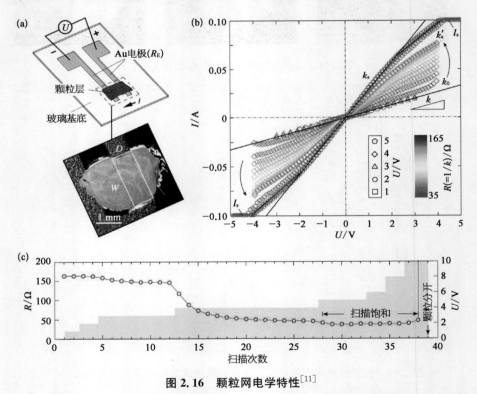

图 2.16　颗粒网电学特性[11]

　　a. 用于测试颗粒网导电特性的电极和电路;b. 颗粒网样品的特征 U-I 特性曲线;c. 图 b 样品的电阻在不同外加电压下随测试次数的变化情况。

基于实验规律,推测造成电阻降低的原因在于,外加电场下,静电作用使得部分分开的颗粒网连接到一起增加了导电通路;而电阻骤升的原因是大电流下电迁移作用增强,使得颗粒连接断开而失去导电能力。

以上结果展示了一种使用液态金属制作微米厚度多孔导电颗粒网的新方法。同时,通过这种方法获得的新材料也具有良好的机械强度和独特的电学特性。

2.12　微重力条件下的液态金属变形效应

由中国科学院理化技术研究所等单位组成的联合研究团队,在地处中国云南宣威境内的尼珠河大峡谷上的世界第一高桥—北盘江大桥上(图 2.17),完成了一系列液态金属自由落体试验,直接观察到了溶液中液态金属随重力消失而呈现出的自发变形与电控变形现象[12]。

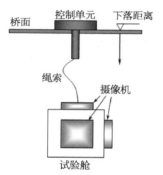

a. 自由落体试验原理

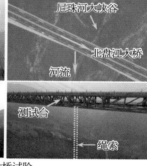

b. 北盘江大桥试验

c. 试验舱设计

d. 典型试验舱

e. 下落试验准备中

图 2.17　同步观察液态金属变形效应的自由落体试验
(云南宣威境内北盘江大桥)

北盘江大桥试验内容涉及:处于空气或溶液中的液态金属随重力减弱过程中的自发响应行为、微重力环境中液态金属在电场作用下的运动与变形能力、微重力环境下液态金属触发的铝水反应制氢问题等。为实时记录失重过程中液态金属与周围溶液的相互作用及动态变形过程,研究小组在试验箱体上特别设置了可从 x、y、z 多个空间角度同步观察金属流体行为的微型图像记录仪,并配置了加速度记录仪以实时监测下落过程中试验箱体的动态微重力水平。研究初步揭开的一些有趣现象有(图 2.18):在一定体积范围内,液态金属无论尺度大小,在失重时均会因自身极大的表面张力作用而自发形成球体;在微重力下,处于溶液中的液态金属会在电场诱发下表现出明显比地面重力情形下快捷得多的运动和变形响应能力。液态金属这些因失重而呈现出的现象丰富了人们的认识,也为今后的空间技术应用提供了有益启示,如流体控制、柔性机器驱动等。

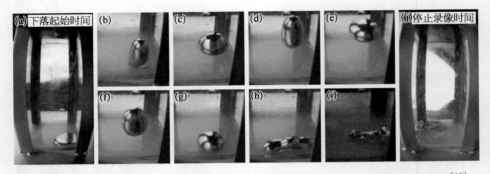

图 2.18 不同环境下短时间内液态金属因失去重力而从一滩液体自发转换为球形[12]

a. 起始状态;b—g. 金属小球形成;h—i. 金属小球破裂;j. 终止状态。

以往,微重力试验大多在空间站、人工落塔、火箭以及试验飞机上进行,成本较为高昂。已有的地面试验塔因高度有限,微重力维持时间较短,且耗资可观,使得频繁开展试验受到限制[12]。此次宣威液态金属微重力试验的一个亮点是,直接选择在垂直落差达 565 m、近 200 层楼高的地标性建筑——北盘江大桥上进行,从而以极低成本完成了世界首例常温液态金属微重力变形效应实验。首批研究目标之所以聚焦于液态金属表面张力与变形效应,一方面,这是液态金属最为基础的物理属性;同时,也考虑到预期成果对于今后发展空间柔性智能机器技术会较有借鉴意义。从理论上讲,密度较大的液态金属在消除自身重力影响后,更易发展成可控变形机器乃至高度灵活的柔性机器人。

实际上,液态金属的空间应用远不止柔性机器方面。作为一大类新兴功能物质和材料,液态金属如镓基合金等正以其诸多独特优势引发全球学术界和工业界广泛关注。此类金属可在 7~2 300℃ 范围保持液态,且安全稳定,无毒性,因而正被快速推进到芯片冷却、能量捕获、可重构柔性机器人、生物医疗、印刷电子及 3D 打印等高新科技领域。液态金属颇为独特的属性之一是，表面张力高达 700 mN/m，是水的近十倍，这使其显著区别于诸多流体物质。毫无疑问，在液态金属诸多可能发挥作用的领域中，太空应用是十分令人期待的，发展空间巨大。这是因为，在此类环境下，物体自身重力的影响大大减弱，起主要作用的是表面张力。而且，在高真空环境下，液态金属原本在空气中极易氧化的问题得以消除，此时其自身极高的表面张力效应无疑会促成一系列超常规应用。

在实现方式上，北盘江大桥提供了迄今最长的自由落体距离，使得可以在相对较长的时间范围内观察和记录液态金属微重力效应和变形规律[12]，从而为液态金属这一革命性材料潜在的空间应用创造条件，有关应用范畴涉及卫星、飞行器、空间站等及相应载荷的热控和能源系统，空间柔性机器，超常规流控系统，生物医学应用等。此项研究，也为进一步在云南当地构建更为完善精良的微重力试验环境积累了宝贵经验。

有意思的是，在科学史上的一个典故中，意大利科学家伽利略曾在其家乡比萨斜塔上完成了两个铁球的自由落体试验，澄清了长久以来的科学困惑。此次液态金属自由落体试验则从另一科学层面初步揭示了液态金属物质的部分空间属性。

2.13 外太空存在液态金属的可能性

《经济日报》曾推出一篇题为"火星液态水的发现说明了啥？"的科普报道。之后，笔者曾去信指出，火星上频繁观察到的流体状物质很有可能并非水，而是液态金属。相应观点和分析以另一篇采访文章刊登在同一报纸上，题目为"火星上流动的物质也可能是金属"[13]。分析指出，从 NASA 公布的流动物质照片的光泽、形态、反射率看，它们或许更接近液态金属一些。也就是说，火星上长期存在的从两米绵延至数百米甚至更大范围的冲刷性河谷(图 2.19)，可能由液态金属所致。液态金属表面张力很高，即使量很小，也易于在火星表面流动，更易冲刷出河谷。水的张力则低很多，量少时易于沉降入地表下，加之火星过于干燥，这种少量的水蒸发迅速，并不易存在于火星表面或保留下来。

实际上，笔者对火星流动物质乃至地外生命现象的关注并非一时兴起。几年前，在一次翻阅人类探索和寻找火星水的报道时，由于长期研究常温液态金属的习惯使然，偶然联想到这些流动物质或许更有可能是金属流体，并为此

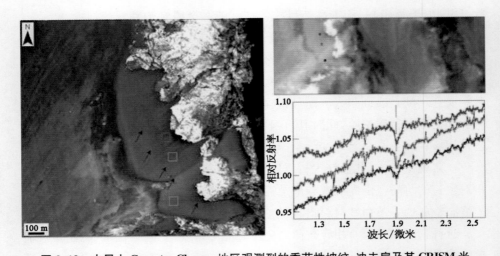

图 2.19 火星上 Coprates Chasma 地区观测到的季节性坡纹、冲击扇及其 CRISM 光

a、b. NASA 公布的流动物质照片；c. 流动物质的相对反射率。(图 a、b 类同于液态金属；图片来源于美国 NASA 网站)

与同事于 2013 年 10 月在预印本网站 arXiv 上公布了一篇文章，题名为"液态金属可能是解释火星上频繁观察到的流体状物质的一条线索"[14]，对系列现象进行了尝试性解释，提出了一些假说，相应观点立即被知名网站 Medium 报道。

近年来，随着 NASA 发现火星液态水的报道不断升级，人们一度欢呼那里存在生命，甚至演化出存在各种动物的说法。笔者认为，火星液态水若经证实，的确对人类意义重大，但人们在满怀热情的同时，更需深入探究。但是，仔细研读并分析最新资料，可以看出火星存在液态水的证据还不很充分，结论仍存疑。

火星大气稀薄干燥，保温性能差，昼夜温差大，温差在 100℃ 左右。赤道附近，白天温度可达 20℃，夜间则会骤降到 −80℃ 左右。火星两极的温度更低，最低可达 −139℃。

火星表面异常干燥，且处于近真空状态，水类物质极易蒸发殆尽，长期存在于火星表面困难极大[14]。如果是液态水，以火星的温度区间，要么冻结，要么直接蒸发，很快就会没了。但火星每年都有流体物质经过的痕迹，且呈季节性出现，这其实并未得到良好解释，从物态角度看造成这些现象的原因更有可能是低熔点液态金属。即使是水合物，在液态下也很容易蒸发。而不少液态金属在火星的温度区间内不易蒸发，只会随着温度的变化发生液相固相之间的转换,形成周期性的流动。

之前,美国的火星探测器已对火星进行过物质采样分析,表明的确存在钠、钾、镁、钙、铁、硫、铝、硅、镓等多种元素[14],这些元素可以组成多种液态金属,例如钠钾铯合金,熔点低至−78.2℃。同时这些液态金属的沸点又很高,最高可达 700℃。这样的液态金属可以在火星温度区间以液态长期存在。同时,从已有的探测结果看,火星上的氧极为稀薄,钠、钾、镓铟等低熔点金属可以保持不被显著氧化而处于流动性很好的液态。

常见的液态金属元素,在火星的元素分析里都有。当然,液态金属虽可解释一系列现象,但这无需否定水的存在。火星探测耗费巨大,若能在探测目标上更接近真实一些,无疑会加速科学研究进程。笔者更倾向于火星上只有少量水,而大量的冲刷性河谷(图 2.20)则可能部分由液态金属引起。

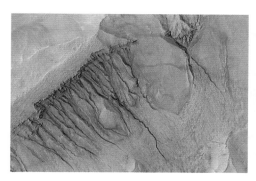

图 2.20　火星表面的冲刷性河谷

(图片来源: NASA/JPL/Malin Space Science Systems)

无独有偶,数年前美国火星探测器"凤凰号"降落火星时,NASA 曾观察到其机器腿部出现不断长大和混合的"水状液滴"(图 2.21),人们一度惊呼那就是"生命"。文献[14]将此现象归结为由液态金属腐蚀行为所致。某些液态金属会导致铝等金属腐蚀,而凤凰号机腿由钛铝合金制成。那张照片上的情景与实验室看到的金属腐蚀照片接近。或许,当时探测器就降落在一滩液态金属上。

如果火星上真的有大量液态金属,那对人类有什么好处呢? 可设想如下几种用途:

利用火星上已证实存在的钠和钾,人类探测器携带的水部分可用于就地制造氢能源,部分通过电解产生氧,满足人类存活需要;氢和氧结合后又能生

图 2.21　火星探测器"凤凰号"机器腿部出现不断长大和混合的"水状液滴"
(图片来源：NASA)

成水和热量。若物质利用和流程设计完善,此过程可在一定程度上实现循环,这样人类到达火星后,或许能增加一条简单快捷和低成本的生命保障途径。

火星上已证实存在铝,若再证实还有丰富的镓、铟、锡等金属,则同样可借助自驱动液态金属机器原理实现氢源供应,继而电解水制氧;与此同时,还可用于制造液态金属机器,为人类在火星的生产、生活提供机器帮手。

从这种意义上讲,火星或许会成为未来人类的一个特殊的金属材料和电子工业生产基地。液态金属可用于发展火星未来的工业和电子制造业,产品则向地球输送。

液态金属的元素可以提供能源,为人类从火星返回地球,或是以火星为中继站向太空做进一步探索提供新型火箭燃料。

2.14　基于液态金属的可变形全液态量子器件

众所周知,两块金属(或半导体、超导体)之间若存在真空或绝缘体,电子一般无法由金属一侧穿越到另一侧,此时的绝缘层对电子来说是一个壁垒,或称势阱。然而,当电绝缘层的厚度与德布罗意波长相当时,电子可沿隧道穿过薄的电绝缘层,这种因波动性引起的量子力学特性,就是著名的量子隧穿效应。在量子力学里,穿透过的波幅可以合理地解释为行进粒子具有波的性质,因而具有不为零的概率穿过这些"墙壁"。隧穿概率随着绝缘层增厚呈指数性衰减,一般而言,绝缘层的特征厚度是 $0.1\sim10$ nm。

　　迄今为止，几乎所有实现量子隧穿效应的器件均由三明治刚体结构组成，其中间层为一绝缘的薄层，两侧为导电介质电极。在具体实现的材料物态中，中间层通常为绝缘材料，两侧区域为金属导体或超导体。这些结构由于是固体器件，中间层厚度无法调整，整个器件的形状无法变形、分割，一旦制备出来，一般只能按其特定结构实现对应功能，在应用上会受到一定限制。显然，若能将量子隧穿效应器件的三明治刚体结构全部予以液态化，则可望实现前所未有的全液态量子器件，从而提供不同于传统固体器件的性能，有助于为新兴的量子工程提供更加灵活智能的元件级技术支撑，继而实现更广范围的量子技术应用，甚至推动量子技术产业呈现跨越式发展。

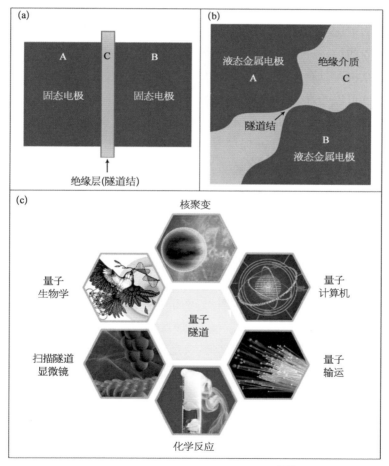

图 2.22　典型量子器件结构及应用[15]

a. 刚性量子器件；b. 基于液态金属的可变形全液态量子器件；c. 隧穿效应器件的应用。

　　常温液态金属作为一大类新兴功能材料,既具有金属材料的高导电特征,又兼具流体的柔性、任意可变形特征,因而比较适合于制造柔性的液体电极。除此以外,近年来对液态金属的基础研究发现,处于不同液体环境(酸、碱、表面活性剂、凝胶等)中的液态金属能够展现出一系列匪夷所思的界面现象和行为。其中,将液态金属置于液体中会自然形成一个液态金属电极-液膜-液态金属电极的三明治结构。这提示我们,如果能将两个液态金属之间的液膜厚度控制在量子隧穿效应的特征厚度范围内,则有望实现全液态量子隧穿效应。基于此,中国科学院理化技术研究所、清华大学与云南大学等机构的联合研究小组首次提出了一种突破传统刚性量子器件理念与技术范畴的全液态量子隧穿效应器件或柔性量子器件[15],相关研究公布于预印本网站 arXiv 上,作者们还特别指出了这一超越传统的液态柔性器件在发展未来量子智能系统与量子计算机方面的独特价值。从图 2.22 展示的传统刚性量子器件与新型量子器件的对比结构可以看出[15],由于液体的柔性和可变形性,全液态量子器件的中间液层厚度可以通过外场如力场、电场、磁场、化学场等加以调控,这就使得整个系统具有高度的灵活性、智能性和可控性。正如晶体管是现代计算机基本逻辑单元,全液态量子器件的提出对于研制未来全新一代的量子智能系统特别是量子计算机尤具价值。这是因为,量子计算机主要基于对微观量子态的操纵来实现,而量子点方案和超导约瑟夫森结方案更易于集成化和小型化。

　　实际上,在此之前的一项针对液态金属-溶液体系的研究中[11],研究小组发现,在电场作用下,处于电解液环境中的液态金属($GaIn_{24.5}$)可悬浮于同类液态金属表面(图 2.23a)。一旦撤去电场后,悬浮的液滴立刻变得不稳定,在很短的时间内就会与下部的液态金属融合在一起,同时由于表面波的传递会伴随有行星液滴的喷射现象(图 2.23b)。在由 1 的悬浮状态(液膜厚度～100 μm)过渡到 2 的融合状态(液膜厚度为 0 μm)过程中,显然存在一个液膜厚度极其小的状态,其厚度能够满足量子隧穿的特征长度(液膜厚度0.1～10 nm)。类似地,在由 2 的融合状过渡到 3 的行星液滴喷射过程中也存在一个满足量子隧穿条件的过渡态。

　　上述的液态金属冲浪效应需要流动形成的润滑力来维持一个稳定存在的液膜,在溶液环境中还存在另一种静电排斥机制能够阻止液态金属间的直接接触,从而使得液态金属-液膜-液态金属三明治结构能够稳定存在。液态金属浸没在碱性溶液中会形成的双电层[16],使得两个液态金属液滴具有相似的

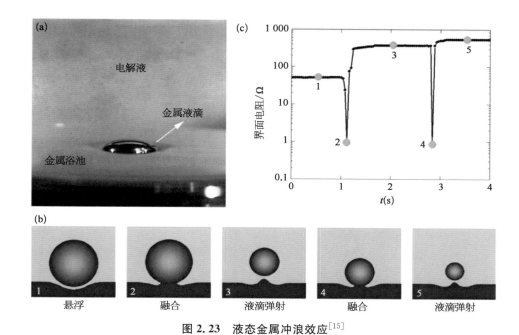

图 2.23　液态金属冲浪效应[15]

a. 悬浮在同种液态金属液池上的液态金属液滴；b. 撤去电场后液滴行为变化；c. 对应于图 b 的撤去电场后界面电阻变化。

电荷分布，当两个液态金属靠近时就会受到静电排斥力[17]。尤其当液滴间距达到纳米量级时，这个斥力的作用会变得相当显著。

　　在实际应用中，两个液态金属电极间的绝缘层种类可以不仅仅局限于液体，也可以是其他柔性介质。比如，镓基液态金属在空气中很容易形成一层氧化膜（Ga_2O_3），这层氧化膜的厚度可以通过控制环境的氧气浓度和温度来进行灵活调控，一般在 1 nm 左右[18]。由于氧化膜是非导电的，同时其厚度也符合量子隧穿的特征长度，因而这层氧化膜本身也可以作为一层天然的势阱[14]。也就是说，两个放置在一起的氧化的液态金属液滴可以自发地形成一个量子隧穿器件，这种形式的液态金属量子器件也可以置于乙醇、油或表面活性剂溶液中工作。更为普遍地，柔性的绝缘层也可以由其他材料制成，例如自组装单分子膜（self-assembled monolayers，SAMs）、通过气相沉积得到的薄膜、弹性体和凝胶材料等[19]。图 2.24 展示了分散在凝胶中的液态金属液滴，每两个液滴之间都分隔有一层凝胶薄膜[15]，薄膜厚度约为～10 μm。对于这种弹性体薄膜而言，可以通过施加外力确保其处于量子隧穿效应尺度，且范围可调。

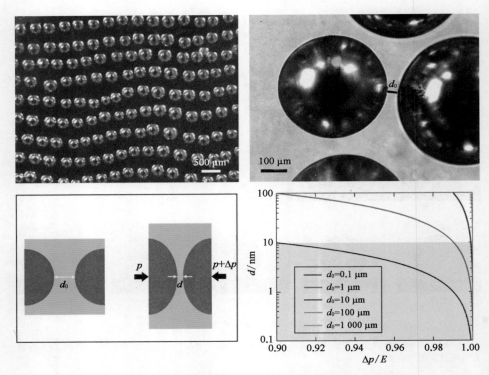

图 2.24 凝胶中的金属液滴阵列及不同外力作用下的液滴间距

(右下角灰色区域代表量子隧穿尺度)[15]

  液态金属这种独特的金属流体具有能够用于制作量子器件的诸多优点，特别是在构筑量子智能系统与量子计算机方面的价值颇为独特[15]。首先，液态金属的导电率大约为 10^6 S/m[20]，其本身优良的导电性奠定了能够作为量子隧穿器件电极的基础。其次，由于能够发生量子隧穿的势阱厚度非常小，量子器件两侧电极要求极高的表面光滑度以保证所要求的绝缘层厚度。而已有研究表明[21]，将液态金属置于能去除其氧化膜的电解质溶液中，液态金属的表面本身就是极其光滑的，这大大节省了传统刚体量子器件表面微加工的成本，有利于低成本量子器件和技术的普及。除此以外，这种基于液态金属的柔性量子器件还具有多势阱类型、多组合形式、易通过外场调控的优点，具体如图 2.25 所示[15]。

  首先，如前文所述，在两个液态金属电极之间的势阱类型可以是流体，如气、水、油，也可以是柔性薄膜，如液态金属自身氧化物、自组装单分子层、有机

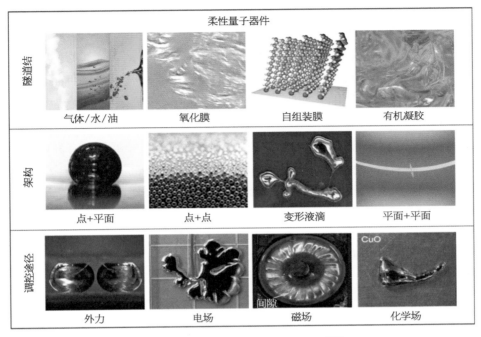

图 2.25　柔性量子器件的典型优点[15]

凝胶等。对应于不同的应用环境,绝缘层的种类可以有不同的选择,这大大扩宽了液态金属量子隧穿器件的多样性和普适性。

其次,由于液态金属本身具有高度的柔性和可变形性,液态量子器件两个电极之间的接触方式非常多样,包括液滴和液池接触、液滴和液滴接触、变形的液滴之间的接触、液膜和液膜之间的接触等。同时量子器件的结构不只是局限于单一的三明治结构,也可以是各种结构的有机结合体,例如一堆浸没在表面活性剂溶液中的液态金属液滴可以自发地组成一组互联的量子器件,因为每两个液态金属之间都存在一层防止其融合的表面活性剂液膜[22],同时液态金属的种类和溶液的浓度都可以改变。

最重要的是,基于液态金属的柔性量子器件可以依靠外场的调控进行灵活的变形和重组,从而从根本上克服了传统刚体量子器件功能单一的不足。由于液态金属拥有极高的表面张力(~ 700 mN/m)[23],几乎是水的 10 倍,因而表面张力对于控制液态金属的变形和运动具有举足轻重的作用。而表面张力的大小又可以通过施加外场来进行调控,已有的研究证明力场、电场、磁场、热场、化学场等均能有效地调控处于液体环境中的液态金属表面张力。例如,浸没于水中的液态金属对象可在低电压作用下呈现出大尺度变形[16]，一块很大的金属液膜可在数秒内即收缩为单颗金属液球，变形过程十分快速，而表面积改变幅度可高达上千倍；通过化学-电学协同机制[24]，液态金属物体的可逆变形可以被进一步快速而精确地改变状态；不同的基底材料可以与液态金属发生不同的电化学作用，从而使得液态金属呈现出不同的形态等[25]。以上这些超越常规的物体构象转换能力很难通过传统的刚性材料或流体介质实现，借助于外场对液态金属形态的灵活调控能力，全液态量子器件具有高度灵活性，大变形性，以及可控性，从而可以实现更多复杂的功能。

总的说来，全液态量子器件的提出是对传统量子器件、金属材料乃至溶液特性认识的观念性革新，有望引申出大量全新应用。通过对液态金属导电性及非导电性液体层予以操控，可以获得广谱特性的可变形量子隧穿效应器件，由此实现较传统刚体系统应用更为广泛的智能化量子器件，如高性能量子存储、计算与人工智能系统等。

由于操作的方便性，未来，很可能这些微小液滴构成的量子计算系统甚至是中学生也能在实验室制成。

2.15　快速冷却处理对液态金属物理性能的影响

镓基合金近年来得到了广泛的重视。然而，目前对这些材料的低温属性的了解还不够。笔者实验室马荣超博士后曾探索了通过深低温冷处理来改善镓基合金性能的可能性[26]。实验结果表明，通过快速冷却处理可以改变镓的相成分（微观结构）、热膨胀系数，以及差示扫描量热曲线（differential scanning calorimeter，DSC）、X射线衍射（X-ray diffraction，XRD）图谱等。这些发现在镓铟合金的应用中会有潜在启示作用。

实验中使用的镓单质的纯度为99.99%，测试用样品如图2.26所示[26]。一组样品经过缓慢冷却（4℃/min）处理（图2.26a），另一组样品则经过深低温快速冷却（液氮冷却）处理（图2.26b），图2.26c展示了经过不同热处理后的镓的XRD谱。从中可知，经缓慢冷却处理后的样品的XRD衍射峰比经过液氮快速冷却处理后的样品的XRD衍射峰数量要少。这表明快速冷却处理后的样品里含有更多的相成分。原因可能是由于在经快速冷却处理后，样品里冻结了更多的物相成分，在XRD图谱上得以显示出来。

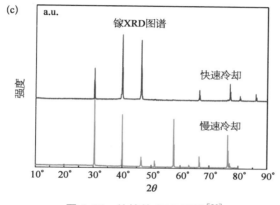

图 2.26　纯镓的 XRD 图谱[26]

a. 经缓慢冷却(4℃/min)后得到的样品；b. 经液氮快速冷却处理后得到的样品；c. 经过不同热处理后的镓的 XRD 谱。

图 2.27a 所示为用于测试热膨胀系数的纯镓样品[26]，制成尺寸为 $\phi10\text{ mm}\times20\text{ mm}$ 的圆柱。热膨胀系数测量结果如图 2.27b 所示。从中可知，纯镓在经过液氮深低温处理后的热膨胀系数(低温收缩系数)比经过缓慢冷却处理后的热膨胀系数变大了。可能原因在于，镓经过液氮深低温处理后，很多无序的结构被冻结在晶格中。这些无序结构在低温下会自动调节以使系统的能量最低，因此在降温收缩过程中，收缩尺度比经缓慢冷却的样品要大。

图 2.28 展示了不同冷却方法对镓的 DSC 曲线的影响[26]。可以看出，经过快速冷却处理的镓的 DSC 特性，与经过缓慢冷却处理的镓的 DSC 特性相比只有细微的变化：快速冷却处理对镓的熔化吸热峰(29.7℃)无明显影响，但在熔化前(即 5℃处)出现一个小峰。

总的说来，快速冷却过程的确能够改变固态镓的相成分(微观结构对称

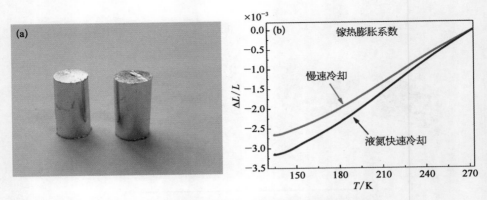

图 2.27 不同冷却方法对镓的热膨胀系数的影响[26]

a. 测热膨胀系数用的样品；b. 经不同冷却方法处理后镓热膨胀系数的测量结果。

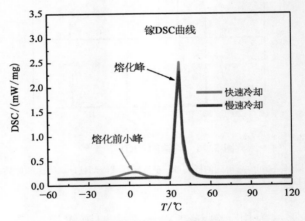

图 2.28 镓的 DSC 曲线[26]

红线代表经快速冷却处理的样品，蓝色代表经缓慢冷却处理的样品。

性），从而导致其热膨胀系数增大，但快速冷却处理对 DSC 曲线无明显影响。这些结果表明，可借助快速冷却处理来改善固态镓的物理性能，以便更好地应用于实践。

------------------------------ 参 考 文 献 ------------------------------

［1］拉古德. 拿破仑的纽扣：改变历史的 16 个化学故事. 北京：北京理工大学出版社，2007.

［2］Mei S, Gao Y, Deng Z, et al. Thermally conductive and highly electrically resistive grease through homogeneously dispersing liquid metal droplets inside methyl silicone oil. Journal of Electronic Packaging, 2014, 136(1): 011009.

［3］Gao Y, Li H, Liu J. Direct writing of flexible electronics through room temperature liquid metal ink. PLoS One, 2012, 7(9): e45485.

［4］Deng Y G, Liu J. Liquid metal based stretchable radiation-shielding film. ASME Journal of Medical Devices, 2015, 9(1): 014502.

［5］Lee G W, Min P, Kim J, et al. Enhanced thermal conductivity of polymer composites filled with hybrid filler. Composites Part A Applied Science & Manufacturing, 2006, 37(5): 727 – 734.

［6］Webb R L, Gwinn J P. Low melting point thermal interface material//Thermal and Thermomechanical Phenomena in Electronic Systems. The Eighth Intersociety Conference on IEEE, 2002: 671 – 676.

［7］Gao Y, Liu J. Gallium-based thermal interface material with high compliance and wettability. Applied Physics A, 2012, 107(3): 701 – 708.

［8］Ding Y, Deng Z, Cai C, et al. Bulk Expansion Effect of Gallium-Based Thermal Interface Material. International Journal of Thermophysics, 2017, 38(6): 91.

［9］Wang H Z, Yuan B, Liang S T, Guo R, Rao W, Wang X L, Chang H, Ding Y, Liu J, Wang L. PLUS-material: Porous liquid-metal enabled ubiquitous soft material. Materials Horizons, 2018, 5: 222 – 229.

［10］Tang J, Zhao X, Zhou Y, et al. Triggering and Tracing Electro-Hydrodynamic Liquid-Metal Surface Convection with a Particle Raft. Advanced Materials Interfaces, 2017, 4(22): 1700939.

［11］Tang J, Zhao X, Li J, et al. Thin, Porous, and Conductive Networks of Metal Nanoparticles through Electrochemical Welding on a Liquid Metal Template. Advanced Materials Interfaces, 2018, 5(19): 1800406.

［12］He X H, Zheng L C, Wu Q S, et al. Synchronous Observation on the Spontaneous Transformation of Liquid Metal under Free Falling Microgravity Situation. arXiv: 1705. 06592, 2017.

［13］佘惠敏. 火星上流动的物质也可能是金属. 经济日报, 2015 – 12 – 18.

［14］Liu J, Gao Y, Li H. Liquid metal flow can be one clue to explain the frequently observed fluid-like matters on Mars. arXiv: 1310. 1785, 2013.

［15］Zhao X, Tang J, Yu Y, et al. Transformable soft quantum device based on liquid metals with sandwiched liquid junctions. arXiv: 1710. 09098, 2017.

［16］Sheng L, Zhang J, Liu J. Diverse transformations of liquid metals between different morphologies. Advanced Materials, 2014, 26(34): 6036 – 6042.

［17］Devanathan M, Tilak B. The structure of the electrical double layer at the metal-solution interface. Chemical Reviews, 1965, 65(6): 635 – 684.

［18］Thuo M M, Reus W F, Nijhuis C A, et al. Odd-even effects in charge transport across self-assembled monolayers. Journal of the American Chemical Society, 2011,

133(9)：2962 - 2975.

[19] Yu Y, Liu F, Zhang R, et al. Suspension 3D Printing of Liquid Metal into Self-Healing Hydrogel. Advanced Materials Technologies，2017，2(11)：1700173.

[20] Sen P, Kim C-J C. Microscale liquid-metal switches — A review. IEEE Transactions on Industrial Electronics，2009，56(4)：1314 - 1330.

[21] Yuan B, Tan S, Liu J. Dynamic hydrogen generation phenomenon of aluminum fed liquid phase Ga-In alloy inside NaOH electrolyte. International Journal of Hydrogen Energy，2016，41(3)：1453 - 1459.

[22] Yu Y, Wang Q, Yi L, et al. Channelless fabrication for large-scale preparation of room temperature liquid metal droplets. Advanced Engineering Materials，2014，16 (2)：255 - 262.

[23] Zrnic D, Swatik D. On the resistivity and surface tension of the eutectic alloy of gallium and indium. Journal of the Less Common Metals，1969，18(1)：67 - 68.

[24] Zhang J, Sheng L, Liu J. Synthetically chemical-electrical mechanism for controlling large scale reversible deformation of liquid metal objects. Scientific Reports，2014，4：7116.

[25] Hu L, Tang J, Liu J. Surface effects of liquid metal amoeba. Science Bulletin，2017，10：700 - 706.

[26] 马荣超. 镓基液态金属的物理性能研究(博士后研究工作报告). 北京：中国科学院理化技术研究所,2014.

第3章
液态金属表面光学特性与色彩效应

3.1 引言

色彩是自然界各类物质呈现给人们的第一印象。科幻电影《终结者》中无论寒气逼人的液态金属机器人,还是昂首阔步走出熊熊大火中的金属杀手,或者是从一滩被打散于地的液态金属中又再度组合复现的人形机器人,均让人难以忘怀。真实情况中的液态金属色彩也大多如此,在自然光和特定照明系统的映照下,会呈现出鲜明的金属质地,周围物体则可清晰浮现于其表面。不同于传统刚体金属的是,液态金属可以随意晃动和变形。其实,液态金属光学特性与其内在结构乃至功能之间存在对应关系,只是目前人们对其的认识还远远不够。在某些特定情况下,根据应用的需求,液态金属可以做成一定色彩乃至于荧光化,各种色彩还可实现组合,这在彩色印刷电子学以及研制仿生变色龙机器方面具有重要意义。甚至,采用特定的结构,可以让原本色彩单一的液态金属展现出绚丽多彩的效果,即体现结构色效应。而且,借助一定的外场,还可在液态金属中激发出某些特定波长的发光现象。这些效应和发现有待于今后进一步的工作,可能促成一些新的认识。本章概要介绍液态金属表面的光学特性与色彩效应,并初步解释其中的机理。

3.2 液态金属的质地与颜色

液态金属是一种非常规金属,与传统金属的结晶结构截然不同,它拥有独特的非结晶分子结构,这些特性赋予了它金属般的光泽和液体般超强的塑形能力,其表面触摸起来就像液体一样顺滑,对光的反射作用与一般的固体金属不同。因此,液态金属颜色和光学特性是很有意义的科学问题。

常见的液态金属包括镓或镓铟合金等,在常温下,与其他金属类似,液态金属镓呈现银白色,其二元镓铟合金和其他三元合金也大多呈现银白色(图 3.1),在低温固态时金属镓呈现出淡银蓝色。在正常室温情况下,液态金属镓的表面会发生氧化,生成一层 $10 \sim 30$ Å 厚度的氧化膜 Ga_2O_3,该氧化膜也呈银白色,对液态金属有一定的抗氧化保护作用。

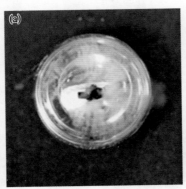

图 3.1 常温液态金属镓的银白色外观(a)及氧化物形貌(b)

在一百多种化学元素中,金属占比 80% 左右。常见的金属单质颜色一般以银白和灰白为主,只有少数特殊的材料除外,比如金属铜为赤红色,金为金黄色。这是因为,金属单质基本为同一类型,结构相似,所以其颜色相近,大多都呈银白色。

3.3 液态金属色彩的尺寸效应

同其他金属类似的是,液态金属的颜色也会随着其颗粒变小而产生相应的改变。通常情况下,将液态金属涂抹在纸上或桌面上后会出现越涂越黑,越抹越脏的情况。由于金属呈液体状态,较一般固态金属易于改变形状、尺度和大小,当涂抹液态金属后,容易形成尺寸超小的纳米液态颗粒,从而呈现黑色或灰色等,这可以说是由于结构和尺寸而引起的色彩变化。几乎所有金属的纳米粉末都是黑色的:赤红色的铜,黄色的金,或一大堆银白色的金属,在纸上摩擦留下的痕迹均以黑色体现。

当纳米金属的尺寸小于光波波长时,入射光波会发生衍射,纳米金属失去了原有的金属光泽。事实上,金属尺寸越小,颜色越黑。金属超微颗粒对光的吸收变大，反射率降低，比如纳米铂颗粒对光的反射率为 10% 左右，纳米金颗粒对光的反射率低于 10%，大约几微米的厚度就能完全消光。

此外，大块平整的金属具有光泽，其反射光基本上射向同一方向。金属光泽还与其致密度、表面光滑度有关。当金属原子以紧密堆积状态排列时，内部存在大量自由电子，当光线投射到其表面时，自由电子吸收所有频率的光，然后很快发出各种频率的光，这会使得绝大多数金属呈现银白色光泽。当金属表面不光滑，反射光将散射向各个方向，金属表面的光泽就会减弱或消失。所以，金属光泽只有在成块时才能表现出来。在细微的粉末状态时，金属一般都呈暗灰色或黑色。

当液态金属由大块顺滑的平整状态改变为小颗粒状态时，其表面对同一方向的反射光也转变为对不同方向的散射，从而导致色泽变暗。例如，铁板在块状时为银白色，在铁粉状态时为暗灰色。

3.4　液态金属的呈色效应

金属的颜色一直是一个热门的研究点，为了弄清楚金属的呈色原理，这里先介绍一下颜色的形成。颜色依赖于光的存在，而光是一种电磁波，有着极其宽广的波长范围，其中只有波长在 400～700 nm 范围内的电磁波对人类的视觉神经有刺激作用，称为可见光。人眼感受到可见光才能感受到"颜色"。

光作为一种能量流，在穿过物质时，能引起物质的价电子跃迁或影响原子的振动而消耗能量，此即光的吸收。光子能够被分子、原子吸收，引发其能级跃迁。金属对可见光的吸收之所以很强烈，是由于金属的价电子处于未满带，吸收光子后即呈激发态，不用跃迁到导带即能发生碰撞。金属颜色由所吸收、反射的可见光波的波长决定，而这又与金属内晶格排列、自由电子数目等有关。

部分金属并非银白色的原因，是由于一些其他因素对带结构的影响。比如金，费米能级（6s）下方有 d 带（5d），由于相对论效应使 6s 轨道收缩，5d 膨胀，最终导致两个带的带隙减小，只有 2eV 左右，因此对可见光有吸收。铜的特殊颜色是由全满的 3d 亚层和半满的 4s 亚层之间的电子跃迁导致的，这两个亚层之间的能量差正好对应于橙光。铯和金呈现黄色也是这个原理。

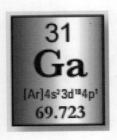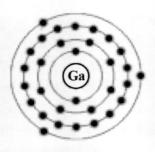

图 3.2 镓的电子能级及原子结构

镓有 31 个核外电子(图 3.2),镓原子的基态电子排布式为 $1s^2 2s^2 2p^6 3s^2 3p^6 3d^{10} 4s^2 4p^1$。当光线照射到液态金属镓的表面上时,光子就能把电子从下面的能带激发到上面的能带上,光子本身被电子吸收了。液态金属镓的能带上部存在大量的空轨道,而且相邻轨道之间的能量差非常小,因此,任何波长的光子进入液态金属表面时,都能将液态金属内部的自由电子激发到能带上部的空轨道上,但电子很快便跳回到较低能态而放出光子(但少数光子的能量会转化为热能),所以绝大多数的光子进入反射波中;而由于反射的光一般包括所有可见波长的光,故液态金属显示出银白色。

液态金属镓和镓铟合金在 400~2 000 nm(包括可见光波段)对光的反射率高达 80%~90%,因此液态金属一元或二元合金呈现银白色。

3.5 银白色液态金属的冷色效应

光照到物体上时,一部分光被物体反射,一部分则被物体吸收。不同物体,对不同颜色光的反射、吸收和透过情况不同,由此呈现出不同的色彩。

液态金属的银白色为什么给人以寒冷的感觉呢?首先从人体生理心理角度来解释这一现象。白色属于冷色调,能够让人联想到雪花和寒冰,这些事物曾经给了人们寒冷的体验,大脑的记忆刺激传输到大脑皮层,使人产生寒冷的感觉。这个感觉与个人的经验和记忆有关,如果有的人经验里没有与冰雪相关的联想,可能不一定能够产生寒冷的感觉,比如把液态金属放到婴儿面前,他并不会感觉到寒冷。

上文也提到过,由于物体对光的反射和吸收效果不同而形成了不同的颜色。物理学研究告诉我们,红色物体反射红色光,吸收其他的光,黑色物体吸收所有的光,而白色物体反射所有的光,所以夏天穿黑色衣服会觉得很热,而白色衣服反射所有的光,会让人感觉相对凉爽。这也就解释了为何夏天穿浅色衣服的人多,而在冬天深色衣服比较流行。液态金属也是白色的,金属表面光滑,基本反射了所有的光,吸热较少,因此液态金属给人的感觉是温度较低。

同时,因为金属是热的良导体,我们用手去触摸金属时,尤其在冬季,金属的温度比人体温更低,因此很快将热量散出去,我们就感觉到寒冷,而毛巾、木头等传热比较慢,可以基本保持体内的热量。

可见,造成上述感受的原因,首先是心理的作用,银白色的金属让我们联想到冰雪等带给我们寒冷体验的事物,从而让机体有寒冷的感觉。另外,液态金属反射能力强,吸热少,同时导热系数较高,能够迅速传走与之接触物体的热量。这些使得液态金属让人们感觉到寒冷。这也是人们将古代铁制、铜制武器称为冷兵器的一个原因。当然,如果换一种颜色也许就会让人有不同的感觉了,比如电影《终结者》中的液态金属机器人(图 3.3),可能带来的感觉不是寒冷,而是炙热了。

图 3.3 科幻电影里融化时的液态金属机器人形象

当然,银白色液态金属除了带给人凉爽的感觉之外,还有其他方面的影响。银白色会给人带来纯洁、高尚、永恒、大方、有气质的心理感受,因此在首饰、汽车、家居行业均有广泛的应用。

3.6 液态金属表面的着色

已有的液态金属由于其自身物性或合金组成所限,所形成的液态金属自身光泽大多呈银白色,色彩十分单一,限制了其在不少对色彩和美观要求较高的工业场合的应用。因此,需要尝试改进或调整液态金属的颜色性能,使其颜色彩色化、丰富化。若能对液态金属赋予彩色功能,将大大提升其性能,由此实现色彩丰富的印刷电子或 3D 金属制作,可望显著增强产品的体验感和艺术价值。

在技术方式上,可以考虑将液态金属与彩色染料混合[1],但会存在一定的难以均匀掺混配制的难题。在液态金属中加载本身带有色彩的颜料来获得预期色彩的金属材料时,由于所加载的颜料大多为无机氧化物材料,导电性能较差,当颜料颗粒比例过多时,容易对液态金属的性能造成一定的影响。不过,借助具有一定色彩的高导电纳米颗粒的加载,可部分改善最终材料的性能。

除上述途径外,实际上,通过在液态金属表面涂覆的方法,也可实现彩色液态金属的效果(图3.4),这是现阶段已能实现并有实际应用的一种方法[2]。一种具体途径如下:首先将液态金属涂覆在基板上(纸、PVC等);然后借助冷冻过程使液态金属变成固体;再将颜料浆液涂覆在已经呈固体状态的液态金属上,待其风干并封装后即可实现彩色化(图3.4)。该方法制备打印的彩色液态金属,导电性能良好,且具有抗氧化性和防锈性功能。可以看出,采用涂覆方法制备的彩色液态金属基本上不会对液态金属的导电性能产生任何影响。

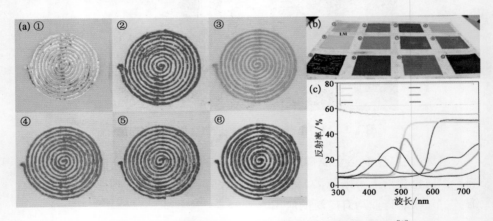

图3.4 彩色化液态金属电子电路(a、b)及其反射率特性(c)[2]

液态金属的彩色化可以应用在方方面面,现阶段已能用彩色化的液态金属制作出各种导电性能良好的电子电路,也可用彩色化的液态金属书写字体、制作精美的艺术工艺品或导电电源等。

除此之外,还可通过包覆纳米材料、掺杂荧光物或发色基团等手段实现液态金属的彩色化,使流动的液态金属具有色彩。由此,液态金属可在实现变形和流动的同时,呈现出柔性化可导电的特点,在可自动组装的情况下,能自动改变自身的炫酷外表颜色。

3.7　彩色荧光化液态金属及仿生变色龙机器

自然界生物系统中存在着许许多多让人叹为观止的色彩现象。变色龙靠调节皮肤表面的纳米晶体,在伪装、求偶和传递信息的过程中表现出了非凡的变色能力。人类期待从大自然中得到灵感,制造仿生机器人,从而更好地模仿、适应自然。

笔者实验室 Liang 等[3],提出并实现了一种基于荧光液态金属的可变形仿生变色龙,通过将液态金属包覆微/纳米荧光颗粒制备了稳定的彩色荧光液态金属,采用特定控制可形成不同尺度的荧光液态金属液滴"弹珠"(图 3.5)。该荧光金属液滴能对电场响应并自发变成各种形状,不同荧光的液态金属液滴还能有效实现自身融合、分离。有趣的是,通过电刺激能成功地触发该荧光液态金属液滴不断释放出内部的微/纳米荧光颗粒,这些仿生型变色功能可模拟自然界的变色龙。此项研究在液态金属领域实现了金属的荧光化与自发发光行为,有望打开多项应用领域,可望渗透到荧光液态金属生物造影、荧光柔性机器人、荧光液态金属电路打印、荧光液态金属 3D 打印等较广行业。

图 3.5　实验室制备出的彩色荧光液态金属[3]

液态金属在空气中能自发氧化形成一层超薄氧化层(图 3.6),从而阻止金属与空气接触而继续氧化。该氧化层改变了液态金属的表面张力和润湿性能,其独特的高黏附性能有效地包附 WO_3、TiO_2、碳纳米管、半导体或药物等纳米材料,从而赋予液态金属一些独特的电化学、光化学或载药功能。部分金属(Al、Cu、Mg、Fe 等)纳米颗粒可直接与液态金属反应形成新的物质,赋予液态金属磁性、自驱动或光热转化等功能。液态金属一般呈现单一的银白色,上述研发的众多功能中大多未涉及其外表的彩色功能。若能通过微颗粒添加改变液态金属的外表,将大大提升其独特性能。

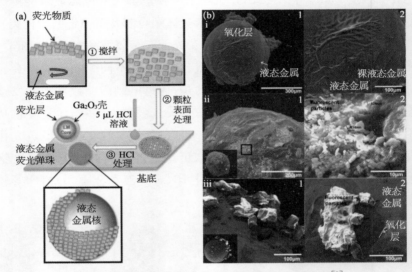

图 3.6　液态金属表面氧化层黏附彩色荧光物质[3]

a. 示意图;b. 实物图。

通过在液态金属中可控性地掺入不同荧光的稀土微/纳米颗粒,一系列不同荧光色的液态金属得以在笔者实验室被研发出来[3]。将高纯度的液态金属 $GaIn_{24.5}$ 合金和 800 nm~20 μm 尺度的荧光稀土颗粒按一定比例升温混合,通过不同的制备方法控制,可形成直径 400 μm~3.5 cm 的荧光液态金属液滴"弹珠"。液态金属液滴对微/纳米颗粒的负载量约为 0.6%。

紫外光激发一段时间后,这些金属液滴能在黑暗中稳定地发射各种明亮的紫、绿、橙、蓝色荧光(图 3.7)。微/纳米荧光颗粒能在液态金属表面保持稳定,与其表面带褶皱的、高黏附性的氧化表皮有关。该荧光金属液滴保持了液态金属原有的优良电导率、柔性、高导热性等功能和物理化学性质,不同尺度、颜色的荧光金属液滴之间还可以不断地产生劈裂、合并、吞噬和自旋运动。

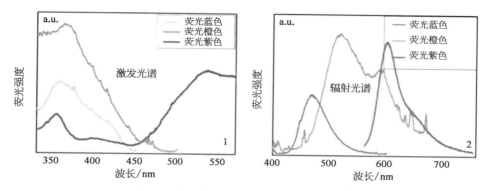

图 3.7　彩色荧光液态金属弹珠光谱特性[3]

　　值得指出的是,在电刺激的作用下,该荧光液态金属的形状和外表颜色均可发生改变,很好地模拟了自然界变色龙的行为。研究发现[3],当把铜电极的阴极插入荧光液态金属液滴时,液滴会持续不断地释放各种颜色的荧光微粒(图 3.8),仿佛"天女散花"一般,直至金属内部微粒全部释放,此时裸露金属液

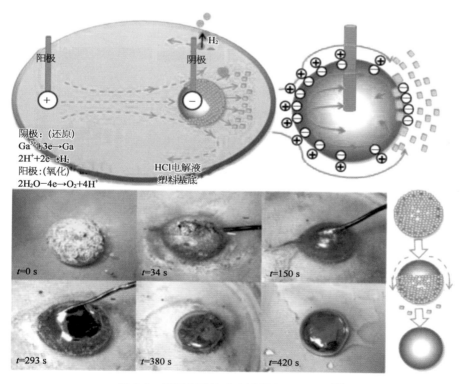

图 3.8　阴极刺激液态金属触发荧光释放[3]

滴变为银白色。深入的释放机制与液态金属在不同电解溶液中的电化学反应和表面形成的双电层引发的"Marangoni 流"有关。此外,电压的改变也可导致荧光金属液滴的表面张力和黏附力发生改变,从而引发荧光微粒的加速释放。

通过在不同的酸碱溶液中使用不同电极的刺激,荧光液态金属还可完成一系列的运动、变形、变色等活动(图 3.9)。

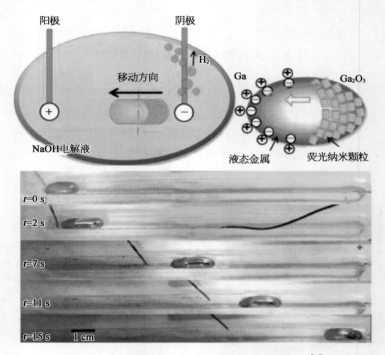

图 3.9 含有荧光半球的液态金属在电极间运动[3]

3.8 液态金属镜面光学效应

自古以来,就有"对镜贴花黄"的美传。从最初的以水为镜,到研磨抛光的古铜镜,再到家家必备的玻璃镜,液态金属汞在其中扮演过怎样的角色呢?

世界上第一面玻璃镜,是在"玻璃王国"——威尼斯诞生的。最初,威尼斯人用水银(即汞)来制造玻璃镜[4],其制作过程是:先在玻璃上紧贴一张锡箔,然后再倒上水银而制成。由于水银能够很好地溶解锡,这一混合过程可形成一种黏稠的银白色液体——"锡汞齐"[5],其能够紧紧黏附于玻璃上,当光线透过玻璃射到玻璃和锡汞齐的分界面上时,由于锡汞齐自身的特性——高反射率、低透射率、低吸收率,光线会在此形成全反射(图 3.10)。玻璃能提供一个较平整的平面,让水银的镜面反射尽量完整,从而形成清晰的镜像。不过,水银在镜子背面并不能完全挥发,而是会慢慢地渗入镜子中,甚至氧化变黑,这样一来,日积月累,镜子便不再清晰。再加上水银的毒性,此类水银镜慢慢退出人们的生活,逐步被银镜取代。所谓银镜,顾名思义由银制成,是将硝酸银与还原剂混合,使硝酸银析出银,附着在玻璃上而制成,这种镜子的反射率较锡汞齐更高。

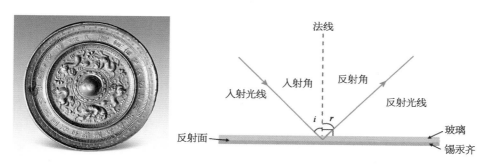

图 3.10　古代镜子及反射原理[4, 5]

现代社会中,工业界发展了各种各样方式的制作镜子方法。通常,人们采用化学镀银和真空蒸镀等方法在玻璃表面形成具有反射特性的银层。最常用的化学镀银法是将硝酸银溶于水中,并通过氨水和 NaOH 溶液稀释形成氢氧化银氨复盐,亦称镀银液。而还原液则是采用甲醛或酒石酸钾钠溶液等。将镀银液和还原液混合浸注玻璃表面形成镜面,并可通过镀铜和涂覆防护漆来加以保护。这种基于刚性基底的反射镜不具备可弯曲特性。那么,我们是否可以制造出柔性镜子呢?

科学家采用水银制作了直径 6 m 的天文反射镜(图 3.11)[6],突破了传统反射镜的设计理念。这种水银反射镜基于水银较高的反射系数,并通过旋转圆柱腔体内水银形成巨大凹面镜。其突出优点是可通过调整旋转速度来实时控制焦距。但这种水银反射镜由于其毒性及旋转等不可靠因素很难应用于日常生活。

笔者实验室采用安全性较高的镓基低熔点合金,借助建立的液态金属喷

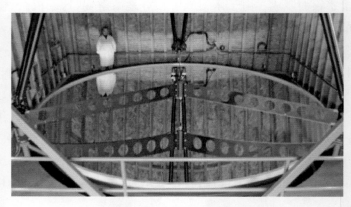

图 3.11 液态金属天文反射镜[6]

雾技术,将此类液态金属印刷涂敷到柔性透明基底如 PVC 材料上,可制成背面柔性反射镜。考虑到此类材料易于氧化,我们也直接将其制作到特定溶液中,可保持较长时间的光洁度(图 3.12)。金属镓具有较高的反射率,通过与柔性透明基底紧密结合,可形成一层高反射膜(图 3.13)。为有效保持其液态,背面层还采用柔性封装材料,以确保牢固性与可靠性。这种柔性反射镜具有焦距自调节、可拉伸等特性,不仅用于哈哈镜等日常消费品,还可用于低成本化太阳能聚焦发电[7]等工业领域。

图 3.12 镓铟锡合金在不同生理溶液中表面反射情形
a. 0.9% NaCl 溶液;b. 120 mmol HCl 溶液。

图 3. 13　液态金属沉积于基底上的反光效应

3.9　液态金属多孔化结构的透光效应

液态金属镓通过直写技术可直接打印到玻璃片上,由此能制作出厚度在数十微米的不透明薄膜,再经加热处理,可获得有一定透明度的导电薄膜[8]。具体过程如下:将涂敷于玻璃上的薄膜加热至 400℃,保持温度不变,6 s 后薄膜开始出现透明区域,加热时间越长,透明效应越明显,如图 3.14 所示,该现象被称为液态金属的透明效应。运用透明效应,液态金属镓可以被制作成透明导电薄膜。相比于由传统材料(如铝、锡)制作成的透明导电薄膜,它制作简单、电阻低、节约能源以及可直接打印到多种基片上,如塑料、纸片、衣服和墙等,在光伏发电、照明装饰等领域有积极用途。

从镓薄膜的 SEM 图像可看出(图 3.15),光滑的薄膜表面经过加热后形成

图 3.14 镓薄膜表面加热至 400℃时,透明区域逐渐变大[8]

a. 加热 4 s;b. 加热 6 s;c. 加热 8 s;d. 加热 10 s;e. 加热 12 s;f. 加热 14 s。

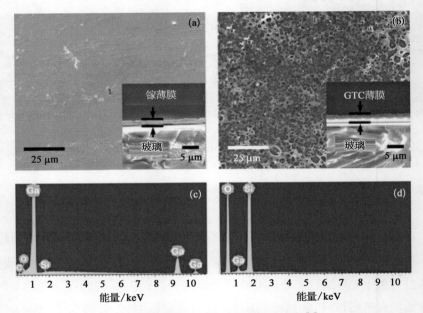

图 3.15 镓薄膜表面形貌及组分刻画[8]

a. 加热前 SEM 图;b. 加热后 SEM 图;c. 微孔外围能谱图;d. 微孔内部能谱图。

了许多微孔,薄膜于是变成了网状结构的多孔薄膜[8]。微孔外围的能谱图显示,薄膜的多孔结构主要由镓构成,存在少量的氧,证明薄膜的高导电性主要是由于镓网状结构的存在,而不是由于镓氧化物的贡献。微孔内部的能谱图显示,氧的含量和硅的含量基本相等,微孔内部存在少量的镓,说明氧来自于基片。该现象证明微孔内部是空的,可以透射光,从而解释了薄膜加热过程中逐渐变透明的现象,这一效应可用于制作透明电路(图 3.16)。

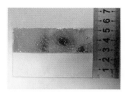
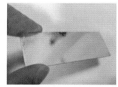

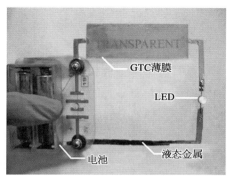

图 3.16　由液态金属制成的透明印刷电路[8]

3.10　无极灯中汞的光致激发效应

自爱迪生发明白炽灯以来,人类从火炬、油灯、蜡烛飞跃到电光时代。由于钨丝灯光效差,寿命短等缺点,科学家们认识到可以避开采用灯丝,而改用电磁感应方法使荧光物质发光,于是就有了无电极放电灯(图 3.17),简称无极灯[9, 10],在灯具的发展史上可以说与 LED 灯并驾齐驱。接下来,认识一下没有了灯丝的无极灯是如何工作的。

首先,利用电磁感应原理,将高频能量经一定措施耦合到充有一定量惰性气体和汞的放电空间,汞原子尽管浓度比惰性气体低很多,但其激发和电离电位均很低。这样,电子在交变的电磁场作用下,通过与汞原子发生非弹性碰撞,使汞原子被激发到 6^3P_1 激发态,然后由此激发态向基态跃迁,产生能量为 4.86 eV、波长 253.7 nm 紫外光子;253.7 nm 紫外光子激发玻璃管内壁的稀土三基色

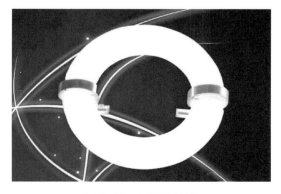

图 3.17　商用无极灯

荧光粉,即产生可见光辐射,在 10 s 之内可使灯达到 80％以上的光输出。

上述过程中,若能将输入的高频电磁场能量尽可能多地消耗在汞的 253.7 nm 紫外辐射上,那么就会有尽可能多的紫外光子去激发稀土荧光粉,从而提高光效。要使产生的 253.7 nm 谐振线效率最大,则应使玻璃管内汞蒸气压始终保持在 0.8 Pa 左右,而温度变化会导致汞的蒸气压产生较大波动,于是可使用汞齐控制汞蒸气压[10],使之受温度变化影响较小。

无极灯作为一种绿色点光源,使用寿命长,视觉效果好,在不方便换灯的场所使用时有着显著的优越性,可减少更换光源的维护费用,因此用于隧道、礼堂、厂房、地铁、道路交通、水下灯等场合均十分合适。

3.11 液态金属液相放电触发的等离子体现象与光量子效应

除了固、液、气三种物质状态,宇宙中还存在第四种物质状态——等离子体。这是一种常见的物质形态,它不仅仅由中性原子和分子组成,还含有大量的电子和离子,整体呈电中性。常见的电弧、霓虹灯、闪电中的发光气体,还有恒星以及地球周围的电离层等,都是等离子体。液相等离子体一般发生在弱电解液中,在两个电极之间施加适当的电压,当电压超过某一临界值时,由工作电极与溶液界面处的电势突变产生的高强度电场,会击穿电解液,继而产生等离子体放电现象,放电过程中,会同时产生光、电、声等非常复杂的瞬态物理现象。

以往,等离子体放电现象使用的电极基本都是固体金属电极,施加的电压一般在数千伏,伴随此要求需要高压生成电路等复杂设备。笔者实验室在液体环境中引入液态金属作为一种软金属电极,实现了液相放电等离子体现象[11]。如图 3.18 所示,在液态金属电极(在毛细玻璃管中)和铜板电极之间,施加电压 20 V,很容易产生等离子体放电现象。利用液态金属作为等离子体电弧放电电极,相对于传统的放电电极,大大减小了施加电压大小,同时简化了等离子体放电装置。

有趣的是,液态金属还能以射流电极形态持续不断激发放电等离子体现象。如图 3.19 所示,不仅在与铜片电极接触点处出现等离子放电现象,且在整条液态金属射流线上,也会随机产生液态金属放电现象[11]。不加电场时,液态金属射流可以在自剪切效应下形成微米量级的颗粒,当施加一定电压时,产生液态金属等离子体现象,液态金属射流会断裂形成亚微米级甚至纳米级的

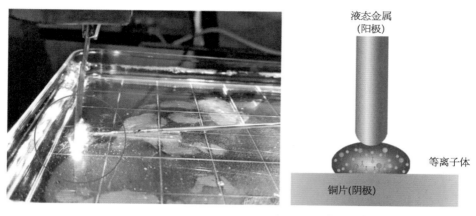

图 3.18　液态金属液相等离子体现象[11]

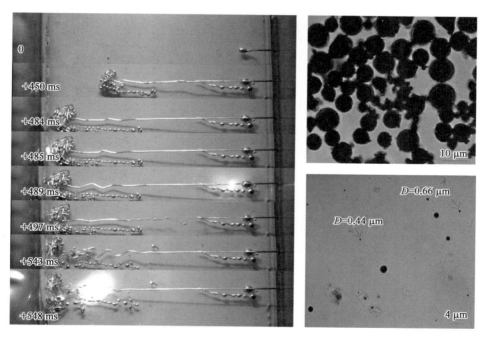

图 3.19　液态金属射流电极持续不断激发的液相等离子体现象[11]

颗粒。除此之外,液态金属等离子体还可以用来对金属表面进行镓、铟的涂覆或渗透,改变材料的润湿性。处理过程中,工件温度比较低,不会出现变形。若设计妥当并通过程序控制,上述液态金属等离子体发光现象还可用于制作各种尺寸的低成本柔性显示器。

　　实际上,上述现象也隐含着量子效应[12]。也就是说,受电场激发,溶液内液态金属电极间可产生光量子现象（图 3.20），同时还发出一定的声音。为此，我们曾撰文提出并初步给出了对应的光量子效应解释[12]，推导出对应的电学诱发光量子与声量子效应的基本方程，并指出这类易于实现的量子行为可能在量子通信或量子计算机研制上发挥作用。不过此方面还需要巨大努力和全方位的研究。

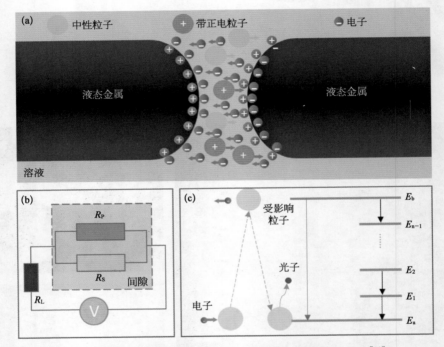

图 3.20　溶液内液态金属电极间由电场诱发的光量子效应[12]

a. 液态金属间隙中发生的颗粒碰撞；b. 电子碰撞后的能量转换示意；c. 受激粒子的能级跃迁。

3.12　液态金属结构色效应

我们生活在一个色彩缤纷的世界，自然界中很多生物体都能够呈现出五彩缤纷的生物结构色彩，这是由于生物体的物理亚显微结构使光发生干涉、衍射或散射的光学效应，是天然的光子晶体结构。蝴蝶翅色、鸟类羽色、贝类壳层、甲虫体壁等都是因为特殊的结构而能够呈现出耀眼的色彩。中国科学院理化技术研究所 Rao 等[13]在实验中发现，液态金属被阳极氧化之后生成的氧化膜也能够呈现出彩虹般的结构色彩。

这里,液态金属产生结构色有两种方式。第一种方式如下:在培养皿中的稀硫酸溶液里,直流电源的阳极插在液态金属液滴的中心,直流电源的阴极连接一个铜线围成的圆环,圆环的圆心位置和液态金属的中心重合。如图 3.21 所示,当接通 18 V 的直流电源之后,液态金属立刻铺展开,之后迅速产生了奇特的连续颜色变化。整个液态金属液滴形成了彩虹般光彩夺目的圆环。机理分析表明,这是由液态金属被氧化之后不同位置处的氧化膜厚度不同而产生的光的干涉现象所致。

图 3.21　液态金属的干涉结构色[13]

产生液态金属结构色的第二种方式是通过接触石墨基底而实现。当接触过铝片的液态金属被转移到石墨板上时[13],也会出现一系列的从金黄色到姜黄色再到黑色的颜色变化(图 3.22)。这种方式与上述方式的本质是相同的。

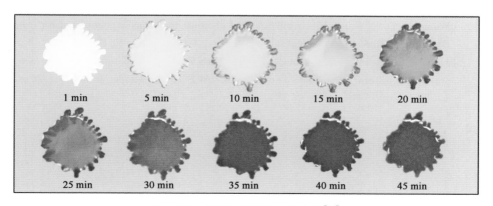

图 3.22　液态金属的散射结构色[13]

接触过铝片的液态金属再接触石墨板时,相当于形成了一个微型的电源,使得液态金属被氧化产生氧化膜。但不同的是,此时系由于光的散射而引发的结构色现象。

参 考 文 献

[1] 刘静. 一种彩色液态金属及其制作方法:中国,CN201510592158.7.2015.

[2] Liang S T, Liu J. Colorful liquid metal printed electronics. Science China Technological Sciences, 2018, 61(1): 110 - 116.

[3] Liang S T, Rao W, Song K, Liu J. Fluorescent liquid metal as transformable biomimetic chameleon. ACS Appl Mater Interfaces, 2018, 9(2): 1589 - 1596.

[4] 张少昀,秦颖,董亚巍. 锡汞齐工艺中 Hg 对铜镜的影响. 光谱实验室,2010, 27(5): 1799 - 1802.

[5] 韩吉绍. 古代锡汞齐及其应用. 广西民族大学学报(自然科学版),2007, 13(1): 22 - 27.

[6] https://www.spaceanswers.com/astronomy/what-is-a-liquid-mirror-telescope

[7] 刘静. 液态金属冷却的聚焦型太阳能热离子发电装置:中国,CN200810118028. X. 2008.

[8] Mei S F, GaoY X, Li H Y, Deng Z S, Liu J. Thermally induced porous structures in printed gallium coating to make transparent conductive film. Applied Physics Letters, 2013, 102: 041509.

[9] 谢立山. 高频无极灯原理和发展前景及在实际工程中的应用. 深圳:深圳市科协 2005 年年会,2005.

[10] 蔡东蛟,叶宇煌. 低压无极灯汞蒸气压控制. 福州大学学报,2003, 31(3): 293 - 295.

[11] Yu Y, Wang Q, Wang X L, Wu Y H, Liu J. Liquid metal soft electrode triggered discharge plasma in aqueous solution. RSC Advances, 2016, 6: 114773 - 114778.

[12] Wang Q, Yu Y, Liu J. Electrically induced photonic and acoustic quantum effect from liquid metal droplets in aqueous solution. arXiv: 1805. 03062, 2018.

[13] Hou Y, Chang H, Song K, Lu C, Zhang P, Rao W, Liu J. Coloration of liquid-metal soft robots: from silver-white to iridescent. ACS Appl. Mater. Interfaces, 2018, 10(48): 41627 - 41636.

第 **4** 章
液态金属表面与界面特性

4.1　引言

　　表面与界面可以说是所有物质科学领域的重要议题。常规情况下,纯的液态金属表面会呈现出原子级别的光滑,但液态金属表面却常常会因氧化等作用而迅速改变其表面行为。液态金属的许多重大应用与其表面的物理化学特性密切相关。比如,液态金属具有远超于常规流体的高表面张力,因而在一些外界因素作用下易于调控并实现独特应用,这已在近年来发现的一系列基础现象中得到印证,如液态金属电双层效应、电润湿效应、电控作用下的周期波动现象等。而且,通过对液态金属表面的特定处理,如氧化过程,可灵活改变液态金属与各类基底的浸润行为,这在印刷电子领域具有重大实际应用价值。本章简要介绍液态金属若干典型的表面与界面特性,并以系列应用如能量捕获、自驱动、金属液滴制造、印刷电子、3D 增材制造等为例解读相关效应及其科学意义。

4.2　液态金属原子级别般的光滑表面形貌

　　作为一种同时兼有液体和金属属性的材料,液态金属在很多性质上都表现得与众不同。随着微纳米成像技术的快速发展,我们对物体表面的结构有了越来越清楚和深刻的认识。众所周知,内部结构有序的固体表面,会由于不同的加工方法而具有不同的粗糙度,固体金属由于氧化和腐蚀的存在,其表面形貌会进一步改变。液体由于内部结构无序,在表面张力的作用下,其表面十分光滑[1,2]。而对于液态金属这种特殊的材料,我们不禁要问,它的表面究竟是什么样的?

　　笔者实验室 Tang 等选择镓铟合金作为观测对象,进行了研究。从图 4.1 可以看出,在扫描电子显微镜(scanning electron microscope,SEM)成像下,液态金属的表面与固体表面存在明显的差异,与布满微观结构的固体表面相比,液态金属表面在微观成像中仍然表现得极为光滑,无任何微观特征。然而,由于液态金属的组成成分镓和铟在空气中均会形成氧化膜(图 4.2),因此在空气中的液态金属表面并非真正的液态金属表面,而是一层固态的

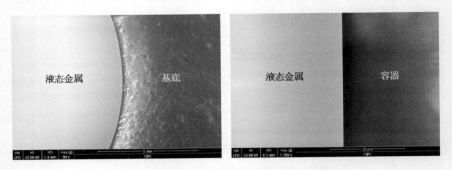

图 4.1 液态金属小球表面的 SEM 成像

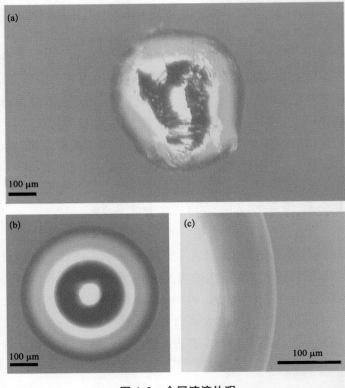

图 4.2 金属液滴外观

a. 水中液态金属液滴 SEM 成像俯视图;b、c. NaOH 溶液中液态金属液滴。

非金属表面。液体表面受外来扰动激起的波纹会随时间慢慢衰减，液面恢复平静。而空气中的液态金属由于氧化膜的存在，在外来扰动下会形成褶皱。

镓铟的金属氧化物为两性氧化物，酸性溶液和碱性溶液均能将液态金属表面的氧化膜溶解掉。图 4.2a 为置于水中的液态金属液滴，当向水中滴入 NaOH 溶液后，氧化膜被溶解，同时液滴在表面张力的作用下呈高度对称的球形（图 4.2b）。由于氧化膜的溶解，在 NaOH 溶液中的液态金属表面应当具光滑性。遗憾的是，目前的测试手段还难以测量溶液环境中的液态金属表面形貌。然而，通过 X 射线反射法，科学家们已经对液态金属的表面光滑性从侧面进行了表征。X 射线反射测试高真空环境中液态金属表面的结果表示，液态金属的表面结构与其表面电子云的分布有着密切联系。在高真空环境下，液态金属的表面结构呈原子尺度的分层分布。因此可见，虽然由于热运动而导致的表面波（capillary wave）无法避免，液态金属的表面不可能绝对光滑，但是即使小到纳米尺度，将液态金属的表面当作光滑表面也是完全合理的。

4.3 液态金属的超常表面张力

表面张力也指垂直作用于液体表面单位长度上使之收缩的力，图 4.3 给出刻画液体表面张力 F/L 的示意[3]。表面张力在人们的生活中无处不在，雨后荷叶上一触即落的水珠、池塘中"健步如飞"的水黾，乃至水龙头下悬挂的水滴等都可以用表面张力的理论来解释。在常见液体中，水在常温下的表面张力数值约 72.75 mN/m，算是表面张力较大的一种液体。而液态金属的表面张力则远远超过了这一数值，例如共晶镓铟合金的表面张力可达

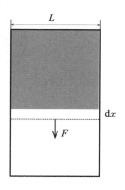

图 4.3　表面张力示意[3]

623.39 mN/m，将近水的 9 倍，镓铟锡合金的表面张力也可达 608.39 mN/m。如此巨大的表面张力赋予了液态金属一系列独特的性质。

液态金属最显著的性质即为可在大多数固体表面上保持不浸润状态。造成这一现象的主要原因为液态金属的表面张力过高，与大多数固体表面能不匹配，以致使得液态金属液滴在基底上的接触角较大，更倾向于以球形状态存在。此外，温度、液态金属种类对液态金属的表面张力也有一定的影响。随着温度的升高，液态金属表面张力减小，符合表面张力的变化规律。

由图 4.4 可以看出,镓液滴上部有一个"尖角",而非平常见到的圆滑球形液滴[4]。这是由液态金属表面在空气中被氧化而生成的银白色氧化物膜所致[5]。这层氧化膜对液态金属表面张力有很大的影响[6,7]。氧化膜的成分主要是镓的氧化物,厚度为几纳米,可以保护内部金属不被进一步氧化。这层薄薄的氧化膜具有很强的黏附性,可附着在大部分基底上,传统上曾一度认为液态金属可以浸润玻璃,但笔者实验室的工作证明,这其实是氧化膜在玻璃表面的残留物。氧化膜可与酸、碱等发生反应从而被去除,因此实验中常将液态金属浸没于一定浓度的 NaOH 溶液中,以确保其表面不被氧化。如此,即可以根据需要,调控液态金属氧化膜的有无,从而改变其形态、性质,以达到预期的应用目的。

图 4.4　液态金属镓在玻璃表面的接触角[4]

液态金属作为新兴的热门材料,既具有液体良好的流动性,又具有金属优良的导电性、导热性。其表面张力的特殊性质使其在微机电系统、3D 打印及药物递送等方面有着巨大的潜力[8],研究液态金属的表面张力行为对于未来实现液态金属的随心所欲的定向变形有重要的意义,且在电子、国防及医疗等领域也极具价值。

4.4　液态金属表面张力的影响因素

对于具有自由液面的液体而言,处于表面层的分子与处于液体内部的分子受力情况不同,如图 4.5 所示。在液体内部,分子所受的力互相平衡,相互抵消。而在液体表面层中的分子,受到气相和液相的力不相同,由于液体内部对表面层分子的吸引力远大于上层气体对其的吸引力,因此表面层分子有被

拉向液体内部的趋势,表面张力即是在液
体表面引起液体收缩的力[9]。从能量的角
度来看,若将液体从内部移动到表面层需
要施加功,因此表面层的能量高于液相的
能量。而任何系统都是能量越低越稳定,
因此表面层的分子有尽量进入内部的趋
势,即液面有收缩趋势,宏观上就表现为液
体的表面张力。

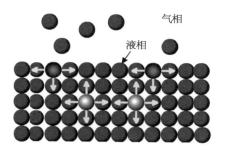

图 4.5　表面张力形成机理

　　常温液态金属的表面张力都很大,常温条件下,特定组分的镓铟合金的
表面张力可达 700 mN/m,汞的表面张力约为 483 mN/m。在如此大的表面
张力作用下,液态金属通常都呈球形,如图 4.6 所示。当液滴尺寸增大时,
在重力的情况下会成为扁平状。液态金属的表面张力受很多因素的影响,
其中最主要的是温度和氧含量。一般而言,纯金属的表面张力随温度升高
而下降,例如镓[10]、铟[11]、汞[12]等。这是因为温度升高,金属内部作用力减
弱。对镓基液态金属而言,氧含量是一个很重要的影响因素,因为镓基液态

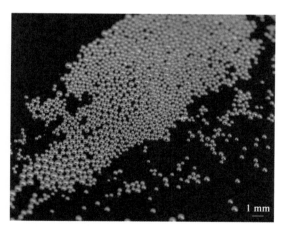

图 4.6　常温金属液滴外表形态

金属非常容易形成一层氧化
物,即使是在氧含量极度低的
情况下也是如此[13,14]。而氧化
后表面张力明显降低,一般随
着氧含量升高,表面张力单调
递减,直到液态金属表面形成
完全覆盖的一层稳定的氧化膜
后,表面张力不再随氧含量发
生变化[15]。

　　原则上,任何可以改变液
态金属及其所处溶液环境的外
界因素,均可用于调控液态金

属的表明张力,继而设计相应的应用。比如,电、磁、声、光、热、化学、机械等手
段均可采用,而且这些手段还可相互结合同时作用[8,16]。此外,液态金属与基
底、溶液种类等也可根据需要予以选择。可以看到,液态金属表面张力的调控
是一个十分丰富的研究领域。以下仅给出个别案例,便于读者了解并展开。

4.5 溶液内液态金属的电润湿行为

液态金属巨大的表面张力使得其很难润湿基底表面,这为它的应用带来了一定不便。如何能够在需要的时候快速降低液态金属的表面张力呢? 在各种可能途径中,Yuan 等研究发现[16],电润湿方法是一种可以灵活发挥相应作用的措施。

电润湿是指通过外加电压使得置于基板上的液滴的润湿性发生变化[17],通常是由不浸润变为浸润。电润湿现象最早由法国科学家 Lippmann 在做汞的相关实验时发现,将汞置于毛细管中对电解液施加电压时,可观察到管内汞液面有明显下降,这说明汞在通电后,表面张力产生了改变。电润湿的程度与所加电压和电介质的厚度有关,关系可由 Young-Lippmann 方程表达:

$$\cos \theta = \cos \theta_0 + \frac{1}{2\gamma} c V^2 , \tag{4.1}$$

其中

$$c = \frac{\varepsilon_0 \varepsilon_d}{d}. \tag{4.2}$$

这里,θ 为通电后液滴与基底的接触角,θ_0 为通电前液滴与基底的接触角,c 为介电层单位面积电容,V 为外加电压,γ 为液体表面张力。ε_0、ε_d 分别为真空介电常数及介质材料的相对介电常数,d 为介电层厚度。

由公式(4.1)可以看出,介电层厚度越薄、所加电压越大,通电后液滴与基底的接触角也就越小。利用这一原理,可以对液态金属的表面张力实施调控(图 4.7)。

Yuan 等[16]采用电润湿的基本原理设计了液态金属在液体介质中的电润湿装置,采取钛板作为基底,在其上通过使用胶带"掩膜"的方式用 PDMS 制作出一个图案。将设计好的电极置于 0.9%

图 4.7 溶液内液态金属电润湿控制过程[16]

NaCl 溶液中,在其表面滴上镓铟锡合金,通 10 V 电压,可观察到液态金属液滴由球形摊开,待其铺展完全后撤去电压,去除多余金属,可以大致得到所需的图案。进一步的系统性试验[16]揭示了浸没于 NaOH 溶液中的液态金属在电润湿效应作用下的形状动态变化规律(图 4.8),此技术可发展成以液态金属为响应图案的显示器。

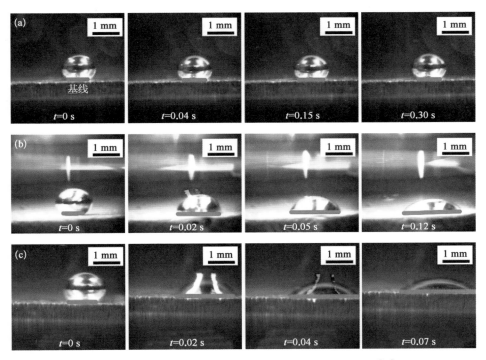

图 4.8　浸没于 NaOH 溶液中的液态金属的电润湿效果[16]

a. 电压 1 V;b. 电压 2 V;c. 电压 3 V。

为什么在电场作用下溶液中液态金属的表面张力会发生变化呢? 这可以用双电层理论来进行解释。当液态金属与介质溶液接触时,在金属-溶液交界处会形成距离极近的一对电量相等、符号相反的电荷层,这就是所谓的双电层[16]。当给电润湿装置通电时,介质层的存在导致作为阴极的液态金属表面大量聚集了负电荷,而作为阳极的基板表面则聚集了大量的正电荷,液态金属表面同种电荷间强烈的斥力与金属-基底间不同种电荷的吸引力共同作用于液态金属,使其铺展开来润湿基底表面。当撤去电压时,电荷分布恢复,液态金属又回到了原状。

液态金属的电润湿行为给控制液态金属的浸润性提供了一种很好的思路。

4.6 电场作用下的液态金属周期性搏动现象

将镓铟锡合金置于 2% NaOH 溶液中,将连接电源正极的铂丝插入镓铟锡合金液滴中,另一电极连接负极且置于溶液中,通电,可观察到原本成球形液滴的镓铟合金液滴先延展为扁平,而后突然收缩回球形,之后再缓慢延展开,至一定程度后再次回缩。整个过程周而复始,就仿佛心脏跳动一般[18]。同为液态金属的汞在重铬酸钾溶液中也可观察到类似反应,这个反应被形象地称为"汞心脏"。

为了详细探究这一现象,笔者实验室曾对镓铟锡合金在不同溶液中的行为进行了考察。分别选取 0.9% NaCl 溶液及 2% NaOH 溶液进行实验,实验电压为 1~20 V。当电压为 5 V 时,可观察到镓铟锡合金液滴在 2% NaOH 溶液中的周期性"搏动"现象,即在一个周期中镓铟锡合金液滴接触角先逐渐减小后突然回复,液滴像心脏跳动一样运动。这种现象只在较低电压(1~8 V)下可观察到,随着电压升高,现象消失。在 0.9% NaCl 溶液未观察到此类现象。

这一现象如何解释呢? 可以从镓铟锡合金表面的氧化膜入手进行解释。当通电时,镓铟合金表面发生了两种反应:一种反应是镓铟合金作为电解阳极发生了氧化反应,表面生成氧化物薄膜,表面张力大大减小,对基底的浸润性由不浸润变为了浸润,从而表现出铺展的性质;另一种反应则是生成的氧化物薄膜与作为介质的 2% NaOH 溶液反应,镓铟合金表面张力恢复。两者构成了一对振荡反应,造成了镓铟合金形态的周期性变化。

这一性质使得液态金属可以像泵一样向外界提供动力,为微机电系统(micro-electro-mechanical system, MEMS)中的微泵制造、微型周期开关制造等提供了新的思路。

4.7 液态金属毛细现象

如果将一根很细的玻璃管插入水中,会观察到什么现象呢? 毛细管内的液面会较容器中的水面上升一段距离,这就是经典的毛细现象(图 4.9)。毛细现象产生的主要原因是毛细管壁分子对水分子的吸引力大于水分子之间的吸引力,这种力可以使直径 1 mm 玻璃管内的水面上升 30 mm 之多。这一现象后来常被用于测量液体的表面张力,称为毛细管上升法。

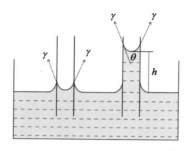

图 4.9　液态金属的毛细现象[4]

　　如果把水换为液态金属情况又会怎么样呢？当我们将同样的毛细玻璃管插入到镓铟合金中时,可以发现,玻璃管内的镓铟合金液面非但没有上升,还比管外的液面低了一截[4]。这是由于镓铟合金不同于常见的液体,其化学键以金属键为主,作用力远大于玻璃分子对镓铟合金的吸引力,镓铟合金更倾向于聚集成团保持更小的接触面积,从而导致液面不升反降。总而言之,毛细管内液面位置变化主要取决于液体-管壁材料间相互作用力与液体本身内聚力的关系,如果液体-管壁材料间吸引力大于液体内聚力(例如水与毛细玻璃管),即液体可浸润管壁材料,那么毛细管内的液体就会上升,反之毛细管内的液面则会下降。

　　当与氧气接触时,液态金属表面会生成一层致密的氧化物薄膜,这层膜的黏附性很好。在这种情况下将毛细管插入液态金属中,玻璃管表面往往会被这层膜覆盖,难以观察管内情况。此时向毛细管内注入少量 2% NaOH 溶液,可观察到氧化膜消失,管内液面也稍有下降,这是因为去除氧化膜导致液态金属表面张力增大所导致的。如果此时将液态金属池作为阴极,另将细铂丝电极插入毛细管内的 NaOH 溶液中作为阳极,通电后会观察到毛细管内液态金属液面下降更多,这是由于通电后液态金属表面张力下降所致。

　　由于浸润性的不同,液态金属的毛细现象与水恰恰相反,可以利用这一性质使用液态金属实现一些常规液体难以达到的目标。实际上,Fang 等发现在毛细管内出现的电控液态金属射流现象[19],也属于此处所讨论的电毛细现象。实验中可以看到,液态金属可在水平管、垂直管内上下流动和抽吸,且较低电压即可操作,调控起来十分方便。这一研究也被其他实验室重现并广泛分析。

4.8　液态金属在微流道中的充填行为

　　液态金属作为新兴的材料,既具有液体良好的流动性,又具有金属优良的导电性、导热性,是一种很适合应用于 MEMS 的材料。事实上,作为使用历史最为悠久的一种液态金属,汞已经在 MEMS 中有了广泛的应用,但汞具有毒性,可能对环境、人体等产生危害,因此安全无毒且同样具有优良性质的镓及其合金便成了汞的良好替代品,在微制造等方面逐步取代了汞的地位。镓及其合金在微尺度下又有什么独特的流动特性呢?

Dickey 等的研究表明[20],将镓铟合金置于微流道的一侧,缓慢加压,镓铟合金首先表现出弹性材料的特征,缓慢被压缩但不进入流道;当所加压力到达表面临界压力时,镓铟合金可在 1 s 内迅速填充满流道;待撤去所加压力后,镓铟合金仍保持填充满流道的状态,形状不发生改变。对汞进行同样的实验,撤去压力后汞迅速流出流道,无法保持填充流道形状不变。镓铟合金表现出这一行为的主要原因是氧化膜的存在,氧化膜的黏附性使得镓铟合金可与微流道壁面结合紧密,撤去压力后仍能保持填充后的状态。这一性质可用于液态金属在微器械中的成型制造。

4.9 液态金属在碱性溶液中的电双层效应

对于水溶液中的不稳定离子来说,电子是一种财富。为维护平衡,一些离子或原子会选择共用电子对,形成络合物[21]。将镓基液态金属浸没在碱性溶液中,在液态金属表面与溶液接触的地方会形成 $[Ga(OH)_4]^-$,紧紧吸附在液态金属表面,导致液态金属外表面带负电荷[22]。正所谓"正负相吸",自然会有一堆溶液中的正离子聚集在液态金属周围,形成一个负电荷层和一个正电荷层,就像一个电容结构,即神奇的双电层结构,如图 4.10a 所示,溶液中的净电荷为零。

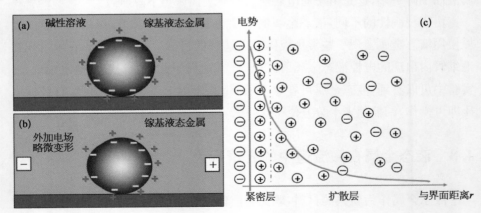

图 4.10　双电层效应[21,22]

a. 液态金属双电层;b. 外加电场液态金属变形;c. 双电层电势及离子分布。

当外加电场引起液态金属表面离子分布变化，"电容"的电势差也会发生相应变化，靠近负极处电势差减小，表面张力增大，靠近正极处电势差增大，表面张力减小。根据 Marangoni 效应，液体会由表面张力低处流向表面张力高处，因此液态金属也会变形以适应电场变化(图 4.10b)。

外界的正电层并不只是一层，在紧贴界面处会形成正电荷密度非常大的紧密层，然后正电荷密度以指数形式降低，即外层的扩散层，相应的电势也降低，如图 4.10c 所示。由于紧密层的厚度非常薄，即使双电层所形成的电势差并不大，但其间的电场强度十分可观。

4.10　液态金属逆电润湿效应与能量捕获

电润湿现象中，液滴倾向于向表面可形成的区域铺展，其本质是电能向机械能转化的过程。这种效应也可以反过来，即逆电润湿效应。

Krupenkin 和 Taylor 发现[23]，当液态金属在外界的压力下与连有电极的介电薄膜接触的面积减小后，多余的电荷可以形成电流，由此可将机械能转化为电能。研究人员在液态金属滴两侧的电极上加一偏置电压，电极表面覆盖有介电薄膜，与液态金属是不导通的，但会使液态金属表面带电，就像一个电容器。这时候，整个通路是没有电流的。然而，当液态金属被驱动运动时，液态金属和介电薄膜的接触面积减小，从而会使形成的环路中产生电流(图 4.11)，只是其电流是以脉冲形式体现的。

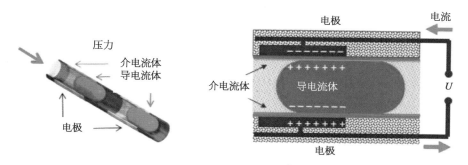

图 4.11　逆电润湿效应[23]

这种效应在实际中的应用并不限于流道中，可以做成一种液滴和电极的平板阵列，通过外界机械能可使液态金属和电极的接触面积发生变化而产生电流。利用该效应做成的能量捕获装置，其能量密度可达 1 000 W/m²，比如做成一个鞋垫装置。

4.11　液态金属氧化效应与各类基底间的润湿性

　　液态金属完美结合了液体和金属的各自优点,包括液体的流动性、灵活性以及金属良好的导电性、导热性等,其在打印柔性电子领域具有广阔的发展前景。然而由于液态金属的表面张力很大,与很多材料都不能较好地浸润,这个问题阻碍了液态金属在柔性电子电路上的应用。已有的研究有通过设计特殊的液态金属打印头结构[24]或者调控打印墨水材料的固液相态及打印步骤[25]间接解决浸润性差的问题,这些方法通常需要十分复杂的结构设计或者多个流程。

　　在早期研究中,为解决应用中的有关技术瓶颈,笔者实验室发掘出了一系列可以直接改变液态金属表面张力从而调控液态金属浸润性的方法,其中之一就是通过控制液态金属氧化过程来降低液态金属表面张力,增加润湿性。液态金属氧化形成的氧化物可以显著降低其表面张力,同时增加其黏度,因此液态金属的润湿性和流动性都可以通过仔细控制氧化过程来调控[26]。比如,镓基液态金属非常容易在空气中氧化,因此通过在空气中搅拌液态金属即可控制氧化过程。一种液态金属手写笔就采用了氧含量为 0.025% 的 $GaIn_{10}$ 合金作为墨水,这个氧化比例在各种基底上都表现出完美的润湿性[27],如环氧树脂、玻璃、塑料、硅胶、打印纸、棉布、玻璃纤维等。

　　氧化调控后的镓基液态金属也是一种理想的生物电极材料,除了其自身的高电导率、生物相容性和舒适性优点,液态金属的极化电压也很低(<-1 V),因此不会对人体有害。研究者为此引入了氧含量为 0.34% 的镓基液态金属作为心电采集电极[28],这种电极可以非常容易地涂写在人体皮肤上。实验证明,此种液态金属电极与常规心电电极的效果几乎一样,但是简易性和快捷性都大大提高。另外,液态金属作为柔性电子皮肤也只需简单地像在纸上画画一样画在皮肤上,图 4.12 展示了

图 4.12　研究人员展示液态金属皮肤电路[28]

一个画在手掌上的柔性皮肤电路[28]，当将电池两极接触时，电路即接通。这些都展示出液态金属在医疗探测辅助手段上的可行性及有效性。

4.12　润湿性差异引发的液态金属自驱动

笔者实验室的研究发现，通过铝和电解质溶液间的不均衡化学反应形成的表面张力梯度，可实现液态金属自驱动马达或独立自主的运动。在此工作之后，Mohammed 等直接利用润湿性不同造成的表面张力差异，实现了某种程度的液态金属自驱动[29]。

镓可以浸润铝、金、银等金属，通过使镓基液态金属不对称地浸润相应金属箔条，能借助浸润部分与未接触部分的表面张力差异来实现液态金属自驱动。以银箔为例，液态金属液滴与银箔接触的部分浸润角较小（＜90°），而未接触区域的浸润角较大，这个沿着银箔长度方向的浸润性差异可以造成表面张力梯度，用以驱动液态金属运动。根据 Gibbs 自由能最小原理，浸润的区域表面张力小，表面能低，因此表面张力梯度使液态金属向着浸润更多银箔的方向运动。图 4.13 展示了镓铟合金液滴在 90 nm 银箔和 10 nm 金箔上实现的自驱动[29]，整个系统浸没在 2M HCl 溶液中。

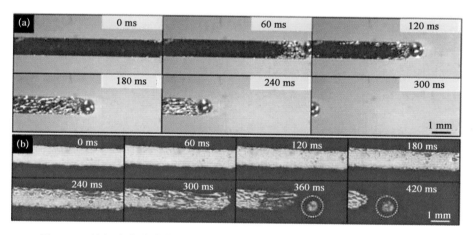

图 4.13　镓铟合金液滴在 90 nm 银箔(a)和 10 nm 金箔(b)上实现自驱动[29]

通过合理设计银箔的形状，可以使液态金属液滴沿着预定的轨道运动[29]，例如直线、曲线、U 型，甚至使液态金属液滴爬行一定坡度，如图 4.14 所示。值得注意的是，此种直接通过浸润力差异实现的液态金属自驱动现象，可以使液态金属液滴加速到 180 mm/s。这种自驱动方式可用于实现自毁电路，通过合理设计基底材料的路线，可以使电路按照预定轨迹、预定时间切断。另外，这种自驱动方式也可以作为一种新的驱动方式，用于各种可控性微尺度自驱动系统。

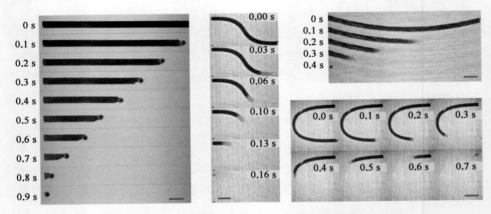

图 4.14 镓铟合金液滴在不同形状的 **90 nm** 银箔和 **10 nm** 金箔上实现沿预定轨迹的自驱动[29]

4.13 液态金属的普适化印刷效应

我们知道，接触角越小润湿性越好。基底材料不同，液态金属在其上的接触角也不相同。表 4.1 为液态金属在不同基底上的接触角[4]，从中可以看出，液态金属合金在 PDMS 上的润湿性最好。

表 4.1 液态金属在不同基底上的接触角(介质为空气)[4]

基　底	接触角(°)		
	Ga	GaIn$_{24.5}$	Ga$_{68.5}$In$_{21.5}$Sn$_{10}$
玻璃	140.06±1.45	145.70±3.80	142.04±1.69
钛板	146.90±1.38	152.92±2.43	149.88±1.97
PDMS	120.48±2.45	140.18±2.86	136.36±1.97
氧化铝陶瓷	142.88±1.21	152.48±2.04	150.48±2.23
铜片	132.11±2.62	142.49±2.69	138.43±2.84
不锈钢片	144.72±2.31	150.55±1.91	147.40±1.49
猪肉	132.50±1.36	134.60±1.32	130.10±1.92

在液态金属印刷电子学的早期探索中,笔者实验室通过大量的实验研究发现[27,30],采用特制工具并引入氧化机制后,可在空气中实现液态金属 $GaIn_{10}$ 与不同基底材料的良好润湿性(图 4.15),这些基底材料包括光滑的聚氯乙烯薄膜(a)、多孔橡胶(b)、粗糙的聚氯乙烯薄膜(c)、树叶(d)、环氧树脂板(e)、打字纸(f)、玻璃(g)、棉纸(h)、塑料(i)、棉布(j)、硅胶板(k)、玻璃纤维布(l)等。这说明液态金属合金能在不同的印刷基底上完成打印过程,即液态金属印刷基底具有普适化。Doudrick 等的研究也表明[31],液态金属合金的氧化物表面可以改善金属材料和基体之间的润湿性。当增加氧含量时,液态金属合金的导电性降低,黏度和润湿性增加。因此,可以通过控制氧化层的厚度,来调整液态金属线在柔性基底上的润湿性,以获得性能更优越的柔性印刷电路。

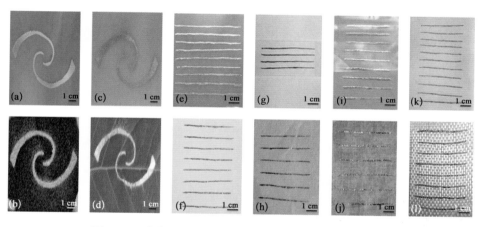

图 4.15　液态金属在不同印刷基底材料上的润湿性[27,30]

a. 光滑的聚氯乙烯薄膜;b. 多孔橡胶;c. 粗糙的聚氯乙烯薄膜;d. 树叶;e. 环氧树脂板;f. 打字纸;g. 玻璃;h. 棉纸;i. 塑料;j. 棉布;k. 硅胶板;l. 玻璃纤维布。

4.14　直写式液态金属柔性打印

由于液态金属高表面张力和良好的导电性,用液态金属作为打印墨水直接印刷电路的方法逐步引起越来越多的关注。笔者实验室为此首次提出了"基于合金和金属墨水直接打印或写出电子"即"梦"之墨(DREAM ink——direct printing of electronics based on alloy and metal ink)的技术思想和概念[32]，以此来代替传统的电子制造。由于特制的液态金属墨水与多种基底之间有良好的润湿性，可将其直接画或写在纸、玻璃或布上[26]，甚至用于如太阳能电池的快速制造[33]。由此可直接将液态金属油墨涂覆在 3M VHB 胶带表面来制造电容传感器[34]（图 4.16a）。当对此液态金属电容传感器进行拉伸或弯折时，该电容器的电容会发生变化，使输出的电信号发生相应改变。若将此电容传感器贴敷在需要监测形变的物体表面，可通过记录其电信号的变化来获知该物体形变的情况[34]。

基于自身重力和对基材的附着力，液态金属合金可以直接填充到笔芯中，写出具有导电能力的文本或线条[35,36]。新型的液态金属电子电路手写笔由此被研发出来。若把圆珠笔前端滚珠的直径控制在 $200\sim1\,000\,\mu\mathrm{m}$ 范围内，液态金属墨水便可顺利出墨，写出导线或电子设备（图 4.16b），这一技术有望得到广泛应用，代替传统导线连接电路[37]。Boley 等在直写式的原理上开发了一个液态金属合金制造小型柔性电子的直写系统（图 4.16c），通过设定相应的程序，可写出不同形状、不同密度的导电线[38]。

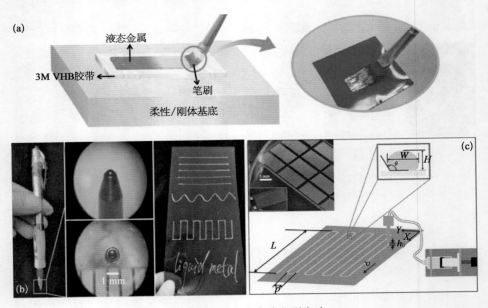

图 4.16　直写式电路印刷方法

a. 直接画在 3M VHB 胶带表面的由液态金属油墨制作的电容传感器[33,34]；b. 液态金属墨水笔及用其书写的导电线[37]；c. 直写式系统及用其书写的高分辨率导线[38]。

4.15　通过改变基底润湿性实现液态金属在纸表面打印

　　若不采用喷墨方式,液态金属可通过设备直接书写的基底尚属有限,如 PVC 材质,其他材料由于与液态金属之间润湿性较差,并不能很流畅地用于书写或打印。液态金属自身表面张力很大,需要找到一种适合的方法,使基底材料与液态金属之间的界面张力大于液态金属自身的表面张力,才能实现液态金属的书写。

　　在未处理的打印纸表面书写时,液态金属在纸表面形成一个球状结构 (图 4.17),这是一种 Cassie 状态,也就是不浸润状态。观察液态金属与纸的界面,可以发现存在大量的空隙,说明它们之间具有很差的黏附力,浸润性差导致不能够顺利书写[39]。我们知道,液态金属与水之间有着很好的润湿性,同时纸和水之间的润湿性更佳。若通过加湿作用改变纸表面的浸润性,一定程度可望改观液态金属在纸表面的浸润性。实验证实了这一思想,例如随着浸润时间的增长,液态金属在纸表面可逐渐形成线,且液态金属线和纸基底之间的缝隙变小,逐渐从 Cassie 状态向直接接触润湿的 Wenzel 状态转变。

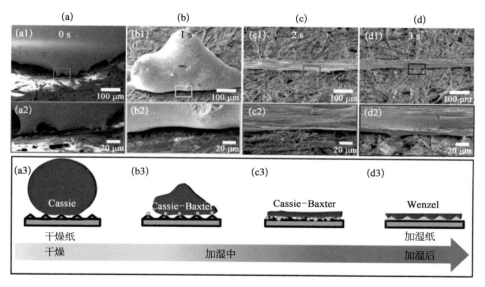

图 4.17　液态金属在纸表面的浸润性[39]

a. Cassie 状态;b、c. Cassie-Baxter 状态;d. Wenzel 状态。

笔者实验室通过改变纸张浸润性的方法,成功提升了液态金属和纸之间的润湿性,实现了良好的打印效果。由此可发展各种书写液态金属的设备,实现加湿、打印同时作业。

4.16 基于液态金属柔性印刷电子的个性化应用

液态金属由于良好的生物相容性和无毒性,作为一种新型的生物材料,可被广泛用于生物医学领域。又由于其良好的电学特性,液态金属便架起了生物与电学的桥梁,如在可植入式医疗神经连接方面的应用,液态金属实现了生物电信号与弱电信号的转换。将液态金属植入到断裂神经的部位,用于神经连接,对其进行外加电刺激,可发现液态金属连接的断裂神经能够实现信号传导并控制该部位的活动[40,41]。以皮肤为基底,在其上直接打印电路,可做成基于液态金属的皮肤文身。这种皮肤文身不同于一般的文身,它能够根据打印的电路不同以实现不同的功能,如皮肤标签[42]、电生理检测电极[28]等。

由于液态金属在皮肤上具有良好的黏附性,在皮肤上打印柔性功能电路,电路能够根据皮肤的收缩拉伸相应地改变形状,若要想让电路实现复杂的功能,我们还能够在电路上添加合适的传感器和中央处理器,如添加温度传感器实现对温度的监控,添加运动传感器实现对运动的实时监控,添加一些治疗型器件还能治疗相应的疾病。并且由于液态金属的全柔性,完全贴附于皮肤上的电路并不会给人体造成较大不适感(图 4.18),具有巨大的应用前景。同理,基于液态金属的可穿戴式生物电子设备,也充分应用了液态金属的柔性和导电性,以柔性材料为基底可制作出具有各种功能的可穿戴电子设备[43]。

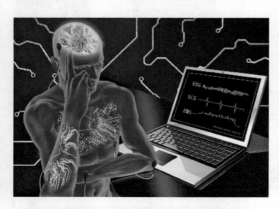

图 4.18 典型的液态金属生物医用
皮表柔性电子技术[43]

4.17 液态金属的金属键润湿特性

镓基液态金属与金属基体的界面相互作用可强烈改变接触角、吸附能、界面张力和接触区的成分组成。特别是镓基液态金属与金属间化合物层的界面存在着许多神秘而奇特的润湿现象至今尚未完全清晰。笔者实验室 Cui 等发现[44]，镓基液态金属液滴可以快速地在被 $CuGa_2$ 表面包覆铜基体上实现铺展润湿。该润湿现象的机理是由于基体表面的金属间化合物 $CuGa_2$ 提供了稳定的金属键，诱导了液态金属润湿行为。基于密度泛函理论，Cui 等建立了金属键润湿模型，进行了第一性原理密度泛函理论计算。计算结果表明，$CuGa_2(010)$ 的功函数约为 4.47 eV，与纯液态 Ga(约为 4.32 eV)的功函数相当。这表明 Ga 与 $CuGa_2$ 板之间的价电子很容易发生交换，从而形成较强的价电子杂化和金属键。

如图 4.19 所示，在碱性溶液中，Ga 液滴在纯铜基体上表现为不润湿行

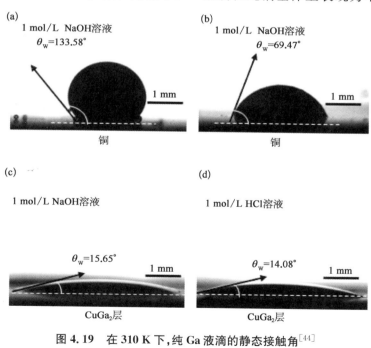

图 4.19 在 310 K 下，纯 Ga 液滴的静态接触角[44]

a. NaOH 溶液中的铜基体；b. HCl 溶液中的铜基体；
c. NaOH 溶液中的 $CuGa_2$ 基体；d. HCl 溶液中的 $CuGa_2$ 基体。

为[44]。在 HCl 溶液中,由于界面处形成了 Cu-Ga 金属间化合物,Ga 液滴在铜基底上呈现部分润湿行为。在该研究中,纯 Ga 液滴在碱性或酸性溶液中放置于 $CuGa_2$ 层表面后,可迅速转变为铺展润湿状态。图 4.19c 显示了在 $CuGa_2$ 表面上的 Ga 液滴的相应接触角,测定的接触角分别为 15.65° 和 14.08°。我们将这种铺展润湿现象命名为金属键润湿。

如图 4.20a 所示,Ga 原子在 $CuGa_2$(010)面上总态密度显示出两个明显的 Ga_1-Ga_2 杂化峰[44],分别在 +4.3 eV 和 +4.5 eV 左右,这与液态 Ga 的功函数是一致的。计算结果表明,液态 Ga 中的 Ga_1 原子与 $CuGa_2$(010)中的 Ga_2 原子的价电子杂化形成了金属键。在 +2.8 eV 和 +4.0 eV 左右的杂化峰是 Ga_1-Cu_1 和 Ga_1-Cu_2 之间的金属键相互作用形成的。这些金属键导致了液态金属 Ga 在 $CuGa_2$ 表面的铺展润湿。

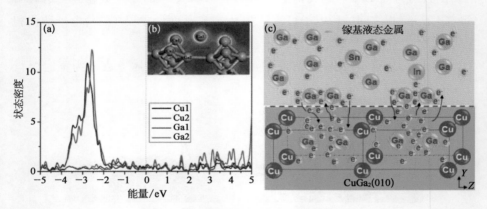

图 4.20 Ga/CuGa$_2$ 金属物质特性[44]

a. $CuGa_2$(010)面上 Ga 原子的总态密度[44];b. Ga/$CuGa_2$(010)原子吸附模型;
c. Ga/$CuGa_2$ 金属键润湿模型原理。

4.18 液态金属的惯性拖曳效应

当把一个橡皮球放入盛满糖浆的大碗,当橡皮球转动时,会带动糖浆跟随一起运动[45],此即"惯性拖曳效应"。

以低熔点液态金属为加工对象,通过喷头连续挤出,同时控制针头与基板的相对位置,使液态金属在指定的位置沉积并相互融合、凝固,逐层"堆积",可实现复杂三维结构的增量成型。在成型过程中,加热熔化的低熔点合金通过气压驱动或活塞驱动等方式通过打印喷头连续挤出；同时，打印喷头按照规划好的运动路径开始运动。喷头在运动过程中，借助液态金属较大的表面张力和非共晶合金在熔融状态下固液共存的形态，金属流体与喷头之间会发生惯性拖曳效应，从而使得液态金属可以被拖曳成线，实现高张力、低黏度液态金属的 3D 打印连续堆积成型。

　　通过引入一种金属液拖曳黏附成型机制，笔者实验室 Yu 等[45]展示了利用桌面级 3D 打印机在常温下直接制造低熔点金属构件的方法（图 4.21）。通过与浇铸零件的机械及电学性能进行对比，揭示出低熔点金属 3D 打印件在力学与导电性能方面的优势。该技术未来可拓展至基于多喷头的金属、非金属复合打印工艺，实现三维立体电路的一体化成型及封装。

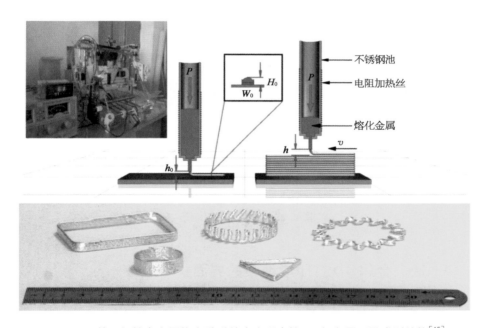

图 4.21　基于低熔点金属拖曳黏附效应实现直接 3D 打印原理及成型结构[45]

　　基于低熔点液态金属拖曳黏附效应实现的 3D 打印工艺，可以弥补现有高熔点金属 3D 打印对加工条件和相关设备的严格要求，同时可以满足金属、非金属材料的同时加工，实现电路成型与绝缘封装的一体化成型，未来可用于三维电路、柔性器件和复杂功能性器件的制造。这些对于生物医药、电子制造、航空航天等领域具有重要的意义。

4.19 具有自动封装功能的液态金属书写笔

实现液态金属流利书写,是印刷电子的研究重点,然而书写之后的封装问题也很关键。为此,笔者实验室提出了一种同时书写电路和封装的技术路线。首先将液态金属注射到蜡笔内部,再借助蜡笔来固定液态金属。在书写过程中,液态金属被蜡笔包裹,同时被封装在了蜡笔内部。这样书写出来得到的液态金属线,既可以达到导线的效果,还可以同时起到封装的作用。如图 4.22所示,此类液态金属自封装蜡笔,很好地解决了液态金属书写难和封装难的问题。这种印刷封装过程存在系列有趣的材料相互作用效应。

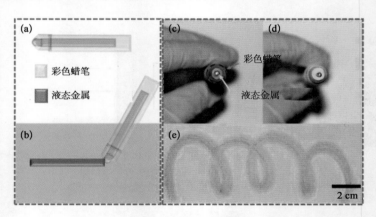

图 4.22 液态金属封装笔

4.20 液态金属 3D 打印成型中的界面扩散效应

3D 打印成型过程中涉及大量的界面问题。逐层堆积的材料通过黏接、固化形成一个整体。黏接是指通过界面的作用将同种或不同材料牢固地连接在一起,并在通过界面传递结构应力或功的过程中,保持整体结构的完整性及对环境适应性的稳定状态[46]。不同尺度、不同种类材料之间实现复合成型的界面黏接机理主要包括:机械黏合理论、吸附理论、酸碱相互作用理论、化学键理论、扩散理论和静电理论等[47]。黏接过程是一个涉及物理、化学等多领域的复杂过程,在多种影响因素和黏接机理的共同作用下,构成复合材料界面的有效黏接,而不同材料的理化特性与不同工艺的成型原理又决定了在具体的黏接系统中起主导作用的黏接机理与形成过程。

　　与成熟的非金属 3D 打印成型材料相比,低熔点液态金属具有表面张力大、易氧化、黏度低等特点,并且非共晶合金的熔化存在一个固液共存的温度范围。在低熔点液态金属的 3D 打印成型过程中,新挤出的液态金属与已沉积、固化的金属材料之间会形成热扩散、黏接(图 4.23),其界面扩散效应直接影响成型结构的完整性和力学性[45]。通过微观结构观察和成分元素分析发现,温度梯度与应力梯度决定了液态金属在堆积过程中的界面扩散。在扩散过程中,更高的温度梯度有利于增加金属原子在已固化基体中的活跃程度,使之能够融入基体晶格,形成固溶体。与传统的金属浇铸工艺相比,通过 3D 打

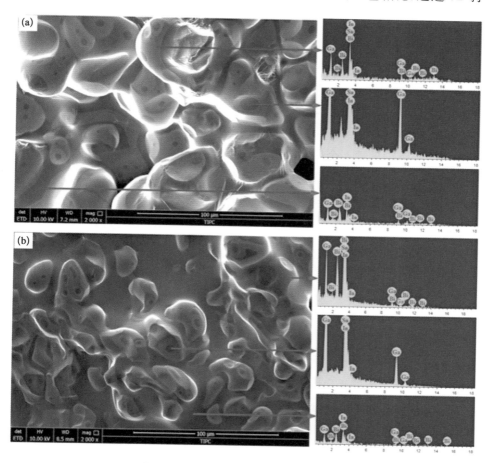

图 4.23　液态金属的界面扩散效应[45]

a. 印刷壁面 SEM 微结构及对应 EDS 图谱;b. 铸型样品 SEM 微结构及对应 EDS 图谱。

印成型的结构具有更紧密粗大的结构,有利于电子的传输[48]。

液态金属的界面扩散效应[45]可以指导低熔点合金的熔融 3D 打印工艺优化,实现打印结构的有效黏接,并增强其力学性能。同时,因界面扩散等因素形成的较大金属颗粒有利于更大电流的传输,液态金属 3D 打印工艺在电子器件的制备领域具有更大的成型和应用优势。

4.21 液态金属的挤出膨胀效应

由于气体的可压缩性以及液态金属的黏弹特性,液态金属在流动挤出过程中会与喷头壁面以及金属材料分子产生摩擦阻力,沿流动方向形成速度梯度。因此,当金属材料由直径较大的料筒进入直径突然收缩的喷头过渡段时,流场剧烈收缩导致液态金属受到高度的拉伸、变形和剪切作用,产生非均匀流动,并在流道直径收缩段的拐角处产生局部的区域性环流[49, 50],形成流动死角,使液态金属长时间滞留在拐角处,容易导致液态金属的氧化、黏稠。

进入喷嘴内的液态金属材料由于先前受到拉伸、变形作用,存储了大量的弹性势能;同时,由于喷嘴直径尺度为微米级别,液态金属材料的流动处于一种高剪切力场环境,金属分子在喷嘴内沿流动方向重新取向[51]。在喷嘴内经过一段时间的流动后,液态金属得到充分发展,形成比较稳定的流动形态,随后离开喷嘴,挤出成型。离开喷头的液态金属失去边界约束,同时由于低熔点合金材料的固液共存特性,导致材料在流动过程中形成的速度梯度开始重新分布,挤出的金属材料界面的运动速度最终达到一致而促使材料产生横向位移;在微孔挤出过程中发生拉伸与取向的液态金属分子链失去喷嘴壁面的边界约束,开始解除取向并释放部分弹性性能[52]。最终,出现挤出成型的金属纤维截面尺寸比喷嘴截面尺寸大的现象,即挤出胀大现象,又称 Barus 效应。

考虑液态金属的挤出胀大现象对液态金属材料 3D 打印成型尺寸精度的影响[45],将液态金属的挤出胀大率作为成型误差引入支架数字化模型的设计阶段,适当调整层高参数,可防止过低的层高导致喷头挤压沉积的液态金属而使得已成型的金属纤维出现鼓包(图 4.24)。此外,还可通过预防过高的层高设置,削弱挤出的液态金属出现液滴滴落的现象。

通过分析液态金属 3D 打印成型过程中的挤出胀大效应,平衡打印成型过

图 4.24　液态金属的挤出膨胀效应[45]

a. 正常打印环；b. 含瑕疵的打印环。

程中液态金属材料的可加工特性与成型后的三维结构精度要求，可以为确定最佳的工艺参数提供依据。

4.22　液态金属 Kirkendall 效应

"近朱者赤，近墨者黑"是中国人常用的一个谚语。在材料科学中，这可以作为物质中扩散现象的描述。

清澈的水杯中滴入一滴墨水，可以看到墨滴慢慢地从小变大，使得整个杯子中的水都变成墨色，这是日常生活中一种常见的扩散现象。

冬天里乡村常采用煤炭来取暖，将煤炭囤积在院子里的水泥地面上，当冬天过去时，煤炭也烧完了，但在院子水泥地面上依然留下了黑色的、很难去除的印记。这是煤炭中的碳元素向地面扩散的一种现象。同样，金属结晶时晶粒长大、金属的焊接等，是金属扩散的几个常见例子。

在扩散中，常见的是柯肯达尔效应（Kirkendall effect），是指两种扩散速率不同的金属，阵点总数保持不变时，扩散区域内每个平面发生移动，而在扩散过程中会形成缺陷的行为，可以作为固态物质中一种扩散现象的描述[53]。

在液态金属的应用之中，也常常会遇到这种情况。液态金属镓原子向固态氧化锌基体中迁移扩散，由于扩散速度的不一致，会使氧化锌薄膜上形成均匀的缺陷，形成一种半透膜的状态。值得指出的是，这实际上提供了一种可在常温下对半导体材料进行快速改性的快捷而低成本的方法，在实践过程中颇具重要价值。

4.23 液态金属材料复合效应

复合材料的一种特有效应是复合效应,其中最常见的为线性效应。线性效应包括相补效应、相抵效应和平行效应[54]。以下予以具体说明。

相补、相抵效应 正如同时在做交叉的两件事情时,我们希望能吸取两者的长处,同时避免彼此的短处,使事情做到最完美。复合材料的相补、相抵效应,也是如此。相补效应和相抵效应常常是共同存在的,相补效应是得到希望的结果,而相抵效应是尽量去避免不需要的性质[55]。

在液态金属的应用中,由于液态金属具有良好的导电性及流动性,因此可以将其与其他材料进行复合实现相补或相抵,从而形成一种兼具两种材料优点的先进复合材料。

平行效应 平行效应是复合材料所显示的最典型的一种复合效应,它使得复合材料中的各组分材料均保留本身的作用,既无制约,也无补偿。对于增强体(如纤维)与基体界面结合很弱的复合材料,所显示的复合效应,可以看作是平行效应[56]。在液态金属与其他材料进行复合的复合材料中,也有这样一种平行效应的产生。

4.24 在空气中 3D 打印液态金属功能电子电路时的黏附效应

笔者实验室研制出了常温下直接生成纸基功能电子电路乃至 3D 机电器件的桌面式自动打印机原型[57],为新技术向普及化推进迈出了关键性的一步。相应工作受到国际上多个知名科学杂志、科学媒体的专题报道,如 *National Geographic News*, *Chemistry World*, *Asian Scientist Magazine*, *Desktop Engineering*。

在题为"纸上柔性电子电路的直接桌面打印"的研究中[57],Zheng 等基于对液态金属输运及打印机理的深入解析,提出了旨在确保高精度印刷线宽的多孔芯体打印技术,筛选出与液态金属油墨黏性相匹配的纸质基底,并研制出了可突破液态金属高表面张力限制的电子打印机原型,还提出了有别于传统 PCB(printed circuit board)技术内涵的纸上印刷电路(printed-circuits-on-paper,PCP)概念,由此建立了一整套全新的纸基电子器件直接打印方法。应用该系统,只需提前设定好控制程序,即可在普通的铜版纸上自动打印出电路、天线、RFID 等电子器件并实现封装。特别是,通过设置各类导电或绝缘类油墨间的层叠组合程序,还可实现 3D 机电复合系统的直接打印(图 4.25),这一特性并不为现有技术所具备。3D 打印是当前世界范围内的前沿热点,被认为拉开了第三次工业革命的序幕,但已有方法大多只能实现模型自身的打印,尚不能完成包含电子功能在内的器件制造需求,可在常温下同时打印电气系统乃至机械及封装部件的液态金属印刷电子学为此带来了新希望。

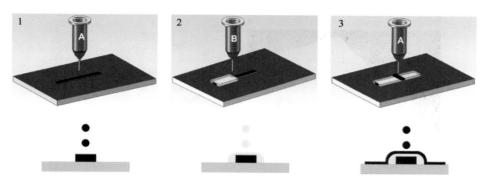

图 4.25　液态金属油墨印刷过程及 3D 多层电子线路或机电器件制造过程原理[57]

　　以往,常规的电子制造只能通过蒸镀、溅射、沉积等颇为耗时、耗材及耗能的工艺完成。新近出现的印刷电子学无疑加快了传统模式的变革,但也面临诸如高性能导电油墨配制困难、导线生成需要借助繁复的化学反应实现、器件成型固化温度高等瓶颈。也因如此,国内外还比较缺乏一套类似于办公室打印机那样的室温电子打印设备。作为电子制造领域的崭新前沿,所见即所得的液态金属印刷电子学为常温下直接制造柔性电子开辟了一条方便快捷且易于实现普及化应用的途径。实验室前期的一系列基础性工作,充分证实了这一直写技术在普适电子领域的优势(图 4.26)。然而,要使该技术"飞入寻常百姓家",必须研发出适用面广、成本适中的桌面自动打印系统;同时,若能直接采用便携、可折叠、价格低廉、易降解、可循环使用的纸张作为电子的打印基底,则势必进一步拓宽技术的应用层面。笔者实验室充分把握了以上需求,通过对系列关键科学问题的攻关,实现了电子打印技术的基础性突破。

　　总体上,基于液态金属的桌面打印方法的成功实现及所引申出的打印工具,为电子器件的个性化制造(DIY)创造了条件,有可能影响到未来电子技术的发展模式。同时,研究中论述的 PCP 理念再次表明,纸张既可以作为文字

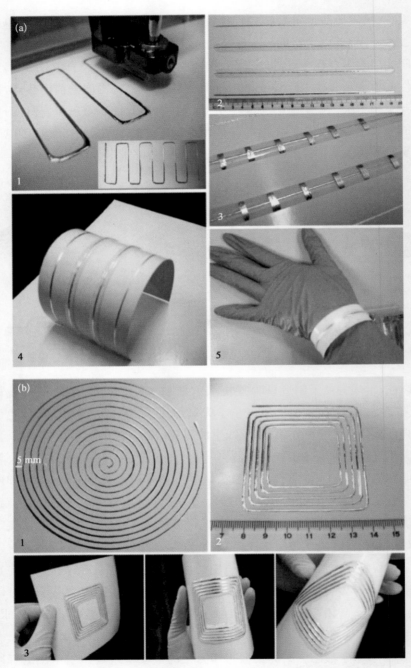

图 4.26 以桌面方式直接打印并封装在铜板纸上的系列电子元件[57]

a. 直写在铜板纸上的 $GaIn_{24.5}$ 液态合金;b. 光印刷功能部件的光学图像。

的载体,也可集成诸多电子元件,这有助于促成 DIY 电子时代的到来。当前,尽管实验室打印系统的价格仍然偏高,但随着技术的发展,其成本完全可以降至普通消费者能接受的范围。那时,即便没有电子设计经验的人士也能借助预设于计算机中的控制软件,随心所欲地打印出自己所需要的终端电子器件乃至组装出机电系统,如电子贺卡、纸上集成电路、显示器、广告牌、智能织物、机器人,乃至光伏电池阵列等。正如报道上述研究的科学媒体所评论的那样,"印刷电子对于制造业有着直接而重要的影响",随着液态金属桌面打印系统精度及性能的不断提升,将催生出一系列超越传统理念的电子工程学及 3D 机电打印技术,一定程度上加快电子工业和制造业革新的步伐。

参 考 文 献

[1] Regan M J, Kawamoto E H, Lee S, Pershan P S, Maskil N, Deutsch M, et al. Surface layering in liquid gallium: An x-ray reflectivity study. Physical Review Letters, 1995, 75(13): 2498 - 2501.

[2] Regan M J, Pershan P S, Magnussen O M, Ocko B M, Deutsch M, Berman L E. X-ray reflectivity studies of liquid metal and alloy surfaces. Physical Review B, 1997, 55(23): 15874 - 15884.

[3] 刘引烽,房媛,赵凯凯,等. 液滴尺寸与表面张力. 大学化学,2014,29(5): 84 - 88.

[4] 袁博. 液态金属在生理溶液中表面张力行为研究(学士学位论文). 北京:清华大学,2016.

[5] Li H, Mei S, Wang L, et al. Splashing phenomena of room temperature liquid metal droplet striking on the pool of the same liquid under ambient air environment. International Journal of Heat and Fluid Flow, 2014, 47: 1 - 8.

[6] Kramer R K, Boley J W, Stone H A, Weaver J C, Wood R J. Effect of microtextured surface topography on the wetting behavior of eutectic gallium-indium alloys. Langmuir, 2014, 30(2): 533 - 539.

[7] Zhang J, Sheng L, Liu J. Synthetically chemical-electrical mechanism for controlling large scale reversible deformation of liquid metal objects. Scientific Reports, 2014, 4: 7116.

[8] Zhao X, Xu S, Liu J. Surface tension of liquid metal: role, mechanism and application. Frontiers in Energy, 2017, 11(4): 535 - 567.

[9] Vitos L, Ruban A V, Skriver H L, et al. The surface energy of metals. Surface Science, 1998, 411(1 - 2): 186 - 202.

[10] Alchagirov B B, Mozgovoi A G. The surface tension of molten gallium at high temperatures. High Temperature, 2005, 43(5): 791 - 792.

[11] Alchagirov B B，Dadashev R K，Dyshekova F F，et al. Temperature dependence of the surface tension of indium. Russian Journal of Physical Chemistry A，2013，87(6)：890 - 894.

[12] Alchagirov A B，Alchagirov B B，Khokonov K B. A device for the study of the surface tension of liquid metal solutions with an increased elasticity of intrinsic vapors. Instruments & Experimental Techniques，2003，46(3)：413 - 415.

[13] Regan M J，Tostmann H，Pershan P S，et al. X-ray study of the oxidation of liquid-gallium surfaces. Physical Review B，1997，55(16)：10786.

[14] Cademartiri L，Thuo M M，Nijhuis C A，et al. Electrical resistance of Ag^{TS} - S (CH_2)$_{n-1}CH_3$//Ga_2O_3/EGaIn tunneling junctions. The Journal of Physical Chemistry C，2012，116(20)：10848 - 10860.

[15] Ricci E，Passerone A，Joud J C. Thermodynamic study of adsorption in liquid metal-oxygen systems. Surface Science，1988，206(3)：533 - 553.

[16] Yuan B，He Z，Liu J. Effect of electric field on the wetting behavior of eutectic gallium-indium alloys in aqueous environment. Journal of Electronic Materials，2018，47(5)：2782 - 2790.

[17] 杨绮琴，方北龙，童叶翔. 应用电化学. 广州：中山大学出版社，2001.

[18] Wang L，Liu J. Graphite induced periodical self-actuation of liquid metal. RSC Advances，2016，6：60729 - 60735.

[19] Fang W，He Z，Liu J. Electro-hydrodynamic shooting phenomenon of liquid metal stream. Applied Physics Letters，2014，105：134104.

[20] Dickey M D，Chiechi R C，Larsen R J，et al. Eutectic gallium-indium (EGaIn)：A liquid metal alloy for the formation of stable structures in microchannels at room temperature. Advanced Functional Materials，2008，18(7)：1097 - 1104.

[21] 顾惕人. 表面化学. 北京：科学出版社，1994.

[22] Tan S C，Yuan B，Liu J. Electrical method to control the running direction and speed of self-powered tiny liquid metal motors. Proceedings of the Royal Society A：Mathematical Physical and Engineering Sciences，2015，471(2183)：32 - 38.

[23] Krupenkin T，Taylor J A. Reverse electrowetting as a new approach to high-power energy harvesting. Nature Communications，2012，2：448.

[24] Zheng Y，He Z Z，Yang J，et al. Personal electronics printing via tapping mode composite liquid metal ink delivery and adhesion mechanism. Scientific Reports，2014，4：4588.

[25] Wang Q，Yu Y，Yang J，et al. Fast fabrication of flexible functional circuits based on liquid metal dual-trans printing. Advanced Materials，2015，27(44)：7109 - 7116.

[26] Zheng Y，Zhang Q，Liu J. Pervasive liquid metal based direct writing electronics with roller-ball pen. AIP Advances，2013，3(11)：112117.

[27] Gao Y，Li H，Liu J. Direct writing of flexible electronics through room temperature liquid metal ink. PLoS One，2012，7(9)：e45485.

[28] Yu Y, Zhang J, Liu J. Biomedical implementation of liquid metal ink as drawable ECG electrode and skin circuit. PLoS ONE, 2013, 8(3): e58771.

[29] Mohammed M, Sundaresan R, Dickey M D. Self-running liquid metal drops that delaminate metal films at record velocities. ACS Applied Materials & Interfaces, 2015, 7(41): 23163-23171.

[30] Zhang Q, Gao Y, Liu J. Atomized spraying of liquid metal droplets on desired substrate surfaces as a generalized way for ubiquitous printed electronics. Applied Physics A, 2014, 116: 1091-1097.

[31] Doudrick K, Liu S, Mutunga EM, Klein KL, Damle V, Varanasi KK, Rykaczewski K. Different shades of oxide: From nanoscale wetting mechanisms to contact printing of gallium-based liquid metals. Langmuir, 2014, 30: 6867-6877.

[32] Zhang Q, Zheng Y, Liu J. Direct writing of electronics based on alloy and metal (DREAM) ink: A newly emerging area and its impact on energy, environment and health sciences. Frontiers in Energy, 2012, 6: 311-340.

[33] Kim S S, Na S I, Jo J, et al. Efficient polymer solar cells fabricated by simple brush painting. Advanced Materials, 2007, 19(24): 4410-4415.

[34] Sheng L, Teo S, Liu J. Liquid-metal-painted stretchable capacitor sensors for wearable healthcare electronics. Journal of Medical and Biological Engineering, 2016, 36: 265-272.

[35] Wang L, Liu J. Printing low-melting-point alloy ink to directly make a solidified circuit or functional device with a heating pen. Proceedings of the Royal Society A: Mathematical, Physical and Engineering Science, 2014, 470: 0609.

[36] Yang J, Liu J. Direct printing and assembly of fm radio at the user end via liquid metal printer. Circuit World, 2014, 40: 134-140.

[37] Wang L, Liu J. Low melting point metal or its nanocomponentsas functional 3D printing inks//Magdassi S, Kamyshny A. Nanomaterials for 2D and 3D Printing. New York: John Wiley & Sons, 2017.

[38] Boley J W, White E L, Chiu GTC, Kramer R K. Direct writing of gallium-indium alloy for stretchable electronics. Advanced Functional Materials, 2014, 24: 3501-3507.

[39] Wang L, et al. Enhanced adhesion between liquid metal ink and the wetted printer paper for direct writing electronic circuits. Journal of the Taiwan Institute of Chemical Engineers, 2018. https://doi.org/10.1016/j.jtice.2018.07.003.

[40] Zhang J, Sheng L, Jin C, et al. Liquid metal as connecting or functional recovery channel for the transected sciatic nerve. arXiv: 1404.5931, 2014.

[41] Liu F, Yu Y, Yi L, Liu J. Liquid metal as reconnection agent for peripheral nerve injury. Science Bulletin, 2016, 61: 939-947.

[42] Jeong S H, Hagman A, Hjort K, Jobs M, Sundqvist J, Wu Z. Liquid alloy printing of microfluidic stretchable electronics. Lab on a Chip, 2012, 12: 4657-4664.

[43] Wang X L，Liu J. Recent advancements in liquid metal flexible printed electronics：Properties，technologies，and applications. Micromachines，2016，7：206.

[44] Cui Y，Liang F，Yang Z，Xu S，Zhao X，Ding Y，Lin Z，Liu J. Metallic bond enabled wetting behavior at the liquid Ga/CuGa$_2$ interfaces. ACS Appl Mater Interfaces，2018，10：9203 – 9210.

[45] Yu Y，Liu F，Liu J. Direct 3D printing of low melting point alloy via adhesion mechanism. Rapid Prototyping Journal，2017，23：642 – 650.

[46] Wu S H. Polymer interface and adhesion. New York：Marcel Dekker Inc. ，1982.

[47] Oosting R. Toward a new durable and environmentally compliant adhesive bonding process for aluminium alloys. Delft：Delft University Press，1995.

[48] Espalin D，Muse D W，MacDonald E，Wicker R B. 3D Printing multifunctionality：Structures with electronics. The International Journal of Advanced Manufacturing Technology，2014，72 (5 – 8)：963 – 978.

[49] 肖建华,柳和生,黄兴元,等. 聚合物熔体在不同挤出口模内流动的数值模拟研究. 中国塑料,2007，21(8)：89 – 92.

[50] 肖建华,柳和生,黄兴元,等. 聚合物在等温圆管口模中流动的数值模拟. 高分子材料科学与工程,2008，24(10)：21 – 24.

[51] 黄益宾. 聚合物气体辅助共挤出成型的理论和实验研究(博士学位论文). 南昌：南昌大学,2011.

[52] 戴元坎. 汽车橡胶密封条挤出成型过程的计算机模拟研究(博士学位论文). 上海：上海交通大学,2008.

[53] 杨扬. Sn 基钎料/Cu 界面柯肯达尔空洞机理研究(博士学位论文). 上海：上海交通大学，2012.

[54] Li Z M，Gu W，Chen X D，et al. Mechanics of Composite Materials. Scripta Book Co，1975.

[55] Hull D，Clyne T W. An Introduction to Composite Materials. Cambridge：Cambridge University Press，1996.

[56] 贺福. 碳纤维及其复合材料. 北京：科学出版社,1995.

[57] Zheng Y，He Z，Yang J，Liu J. Direct desktop Printed-Circuits-on-Paper flexible electronics. Scientific Report，2013，3：1786.

第5章
液态金属与各类介质之间的相互作用

5.1 引言

　　液态金属与周围介质(如空气、液体及固体)之间存在着十分有趣的相互作用,相应行为在多种因素同时作用下更显丰富而复杂。比如,当液态金属部分处于碱性溶液、部分暴露于空气中时,会自发产生如呼吸一般的搏动现象。而处于电解质溶液中的两个液滴,则可在不同相对尺寸下因相互作用而发生振荡融合和弹射现象;在电场作用下,金属液滴可在同类金属液池表面上实现冲浪效应而不融合,机械振动进而可调控诱发出液滴在液池表面上异常丰富且稳定的运动现象。此外,可变形的液态金属表面可用作研究某些液体的沸腾行为,这会给出不同于刚体表面的结论。若在溶液环境中进一步引入固体介质后,液态金属还能展示出许多始料未及的独特行为,如在石墨表面会发生振荡现象、自旋效应、自由塑形效应等。本章概要介绍液态金属与各类典型介质之间的相互作用问题,并阐述了若干重要应用,如电控液态金属机器跨越障碍、液相 3D 打印与快速成型、悬浮 3D 打印、腐蚀与雕刻加工效应,乃至利用温度调控液态金属在不同基底上体现特定黏附效应继而实现柔性电子转印的问题。可以看到,液态金属与各类物质之间的相互作用问题研究方兴未艾。

5.2 液态金属-溶液-空气触发的呼吸获能效应

　　液态金属与常见的高熔点金属不同,在较低的温度甚至室温下即可呈现液态形式。这种金属液体能够以注射方法形成圆润的小液滴。然而,由于镓基液态金属在空气中容易形成氧化层,导致流动性较差,因此目前大部分的研究都是将液态金属置于酸性或碱性溶液中,以此来削减液态金属的氧化层结构,同时增加其表面张力,提升金属的流动性。

　　液态金属在空气中易于氧化,生成的氧化物可通过某些溶液去除。若对此过程充分利用,可以实现有趣的液态金属运动行为。在持续的实验中,Yi 等偶然发现[1],将镓铟合金液态金属液滴置于玻璃培养皿中,在逐渐滴加 NaOH 溶液的过程中,液态金属暴露于空气部分的周围液面居然发生了有规律的周期振动,仿佛是液态金属在进行有节奏的呼吸一样。

　　在题为"制造液态金属搏动心脏的呼吸获能机制"的论文中[1],实验揭示出,当把金属液滴部分浸没于碱性溶液、部分暴露于空气中时,处于液态金属与空气交界面的溶液会自发出现周期振荡现象,这种规律性的振荡从四周向中心再到四周,如此循环往复不已(图 5.1),其表现如同液态金属通过深呼吸动作来实现心脏搏动一般。值得关注的是,整个过程的发生和持续无需额外的能源供给与外界激励,并没有施加电场、磁场等额外的能源供

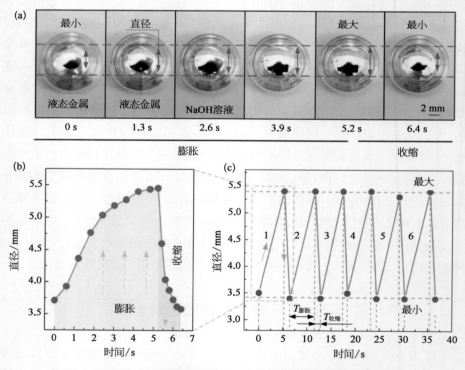

图 5.1　类似于生物体呼吸获能行为的金属液滴自发搏动现象[1]

　　a. 半浸没液态金属液滴导致周围溶液周期性振荡;b. 一个振荡周期内的直径-时间关系图;
c. 多个振荡周期内的直径-时间关系图。

给,这种系统能够轻而易举地实现自驱动振荡,仿佛动物的心脏甚至实验室培养出的自行搏动的心肌组织。此项发现为液态金属自振荡马达的实现提供了基础。

该自振系统十分简单,只需在常温下将液态金属置于碱性溶液中即可实现,这与著名的汞心脏效应中须借助两类金属与溶液发生化学反应来产生搏动的机制不同。造成这一现象的原因是空气、液态金属、溶液三相线处的表面张力存在梯度导致了流动。把示踪粒子加入该系统的碱性溶液中,通过显微镜能够发现[1],示踪的荧光微球能够随着液面的流动而周期往复地向液态金属中心聚集和远离(图 5.2)。另外,通过侧面的观察,可以发现该振动主要是由液面的振动,而非液态金属的跳动所引起。

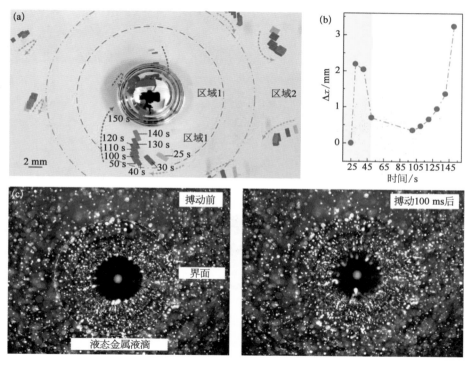

图 5.2　自发搏动的金属液滴周围的溶液运动行为[1]

a. 时间叠加图像;b. 相邻标记区间的相对位移;c. 示踪荧光微球。

上述现象和著名的“酒泪”现象源于同一种原因——Marangoni 效应。当液态金属球一半处于液面下,另一半暴露于空气中时,就造成了在空气—碱性溶液—液态金属三相线处碱性溶液受力的差异(图 5.3),而造成这种不同的机制在于：液态金属氧化层的分布以及沿着液态金属表面离子浓度的梯度导致了液态金属在这两种环境下的表面张力出现不同。众所周知，表面张力的差异会导致流体的定向运动[1]。在液态金属、碱性溶液双流体并存的情况下，界面周围条件的差异，很容易引起 Marangoni 效应的发生。液态金属的这种运动形式因其特殊构造产生了有趣的搏动行为。目前，基于液态金属材料 Marangoni 效应的探索甚少，未来可以开展更多相关研究，开发更多的应用。

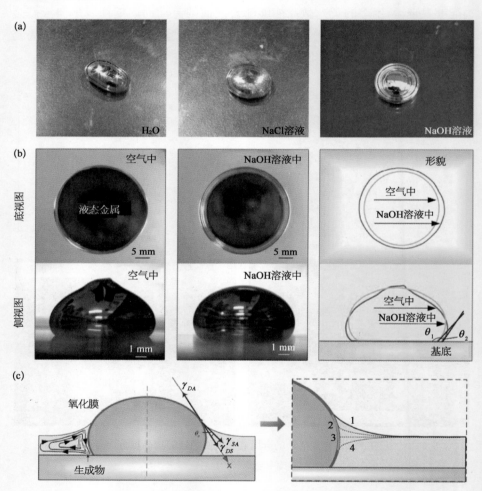

图 5.3　液态金属处于不同溶液介质[1]

a. 液态金属在水、NaCl 溶液、NaOH 溶液中的行为比较；b. 底视图和侧视图；c. 力学分析示意图。

5.3　金属液滴融合过程中的振荡效应

液滴的融合在自然界是很普遍的现象,比如露珠、雨水的融合以及工业上喷雾液滴的融合等。液态金属由于其特殊的性质,如高表面张力、低熔点、高热导率等,近来逐渐受到关注。Yuan 等通过实验表明[2],液态金属液滴的融合过程展现了表面张力波的传播过程,体现了液态金属高表面张力带来的奇异性质。

如图 5.4 所示,两个直径约 1 mm 的相同大小的液态金属液滴被置于 0.5 mol/L 的 NaOH 溶液中,当两者接触几秒后,迅速融合并开始振荡,犹如弹簧一般。整个过程采用高速摄像仪拍摄,捕捉到了液滴融合过程的每个细节[2]。一开始两液滴接触部分迅速扩大,而液滴其余部分形状基本保持不变,犹如一个哑铃。而后表面张力波迅速向两端移动,两者融合成一个纺锤形的液滴,这个大液滴继续来回伸缩,振荡幅度逐渐减小,最后趋于一个稳定的大

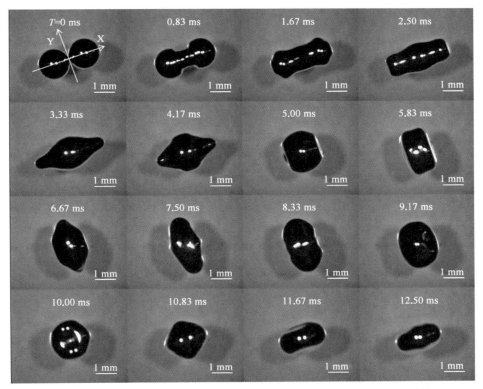

图 5.4　两个相同大小的金属液滴在 NaOH 溶液中融合过程的俯视图[2]

液滴。整个液滴融合的过程中能量是守恒的,初始两个小液滴的表面积大于最终融合形成的大液滴的表面积,因此表面能逐渐释放为动能和黏性阻力,由此产生了周期性的阻尼振荡行为。

不同尺寸液滴的融合行为有所区别。通过选取其他尺寸的相同大小的液滴进行融合实验,可以看到其动态过程与图 5.4 类似,但是表面张力波的传播速度随着液滴尺寸的增大而显著降低,如图 5.5 所示[2]。这是由于液滴尺寸越小,表面张力发挥作用的程度越大,因此在融合过程中相对于黏性耗散的作用更加明显。与水滴相比,液态金属的表面张力比黏性力所起的作用更大,因此表现出来的振荡效应更加明显与持久。

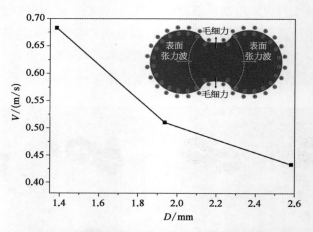

图 5.5　不同尺寸的液态金属液滴融合过程表面张力波的传播速度变化[2]

5.4　不同大小金属液滴融合过程中的弹射效应

与两个相同大小的金属液滴在 NaOH 溶液中的融合振荡过程不同的是,不同大小液态金属液滴融合过程会出现不一样的奇特现象。Yuan 等观察到[2],当大液滴吞并部分小液滴后,会弹射出一个更小的液滴。

如图 5.6 所示[2],将两个不同大小的液态金属液滴互相靠近,两个液滴开始迅速融合,表面张力波在两个液滴上向两侧传播。可以看出,大液滴上表面张力波的传播速度明显小于小液滴。有趣的是,小液滴并没有完全与大液滴融合,只是其中一部分被吞并,而另一部分则与大液滴分离并被弹射出来,弹射出来的小液滴直径约为原先小液滴直径的一半。从能量角度看,初始两液滴的表面积大于最终两液滴的表面积,因此依旧是表面能释放为液滴动能和黏性耗散。而更小液滴的形成可能是由于表面张力波在小液滴表面的传播,导致液滴表面曲率增大,从而引起大小液滴相连液颈的剪切断裂。此外,液态金属表面双电层可能也促进了该过程的发生。通过重复实验,发现小液滴的弹射并非每次都会发生,这可能与液滴相对尺寸等因素有关,更深入的理解还有待后续的实验和理论研究。液态金属作为表面张力远超常规流体(如水)的介质,为研究此类弹射行为提供了重要素材。

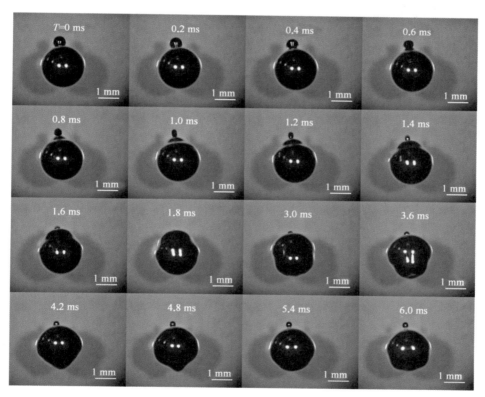

图 5.6　两个不同大小的液态金属液滴在 NaOH 溶液中融合以及弹射出小液滴的情形[2]

5.5　电控作用下金属液滴在同类金属液池表面上的冲浪效应

笔者实验室 Zhao 等报道了一类有趣的效应[3]:金属液滴可在同类液态金属表面实现冲浪运动(图 5.7)。借助电场触发,处于电解液(如 0.25 mol/L

NaOH 溶液)内的液态金属(如 $GaIn_{24.5}$)可在同类液态金属表面上实现悬浮而不互融,且可随界面的流动而滑移,如同顺着海潮的冲浪现象;甚至,若将金属液滴从 5 cm 高处滴落,当其撞击到金属液池的表面时能够反弹一定的高度,之后再次回落到界面上继续保持悬浮状态;一簇金属液滴可以在界面上发生相互碰撞融合,但依然能保持与下部液体相互隔离的状态。

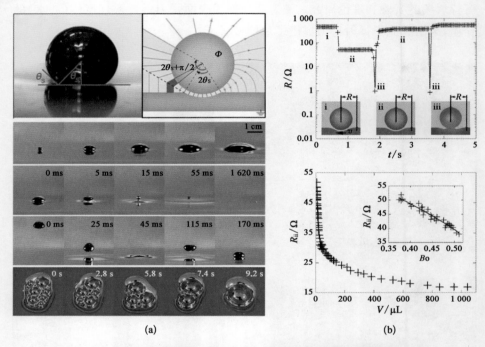

图 5.7 液态金属冲浪效应(a)及金属液滴-液池界面间薄液膜的台阶形电阻响应现象(b)[3]

    造成这一现象的机制是:电势梯度导致的表面张力差可使液态金属—溶液界面产生流动,继而在上部液滴与下部液池之间形成一层不断更新的极薄电解液膜,由此将处在界面上的金属液滴托举起来[3]。被悬浮的金属液滴体积可从 20 μL 到 3 mL 不等,稳定悬浮时长可超过十分钟。这种金属液滴的冲浪效应可通过加载电压的大小来灵活调控,一旦撤去电场,悬浮液滴会立刻与下部的金属液池融合在一起。测量发现,上部金属液滴与下部金属液池之间的液膜电阻在~100 Ω 量级,借助液膜电阻与厚度关系理论模型,可计算出液膜厚度处于~100 μm 量级。

    液态金属冲浪效应的发现开辟了对于液态金属在液体基底上运动行为的

研究,对于深入理解液态金属表面与界面现象,研发全液态可变形电子乃至量子器件,以及操控液态金属柔性机器等具有重要的科学价值和应用前景。

5.6　振动诱导的液态金属法拉第波及液滴不融合效应

液体随着容器垂直上下振动,在液体表面会形成非线性表面驻波,该现象由英国科学家法拉第于 1831 年首先发现,因此被称为法拉第波。法拉第波属于经典流体力学的不稳定性问题,影响振动模态的参数很多,主要有:黏度、表面张力、密度、驱动频率和振幅、初始厚度、表面积等。神奇的是,若放置一个液滴在振动的流体表面上,液滴并不会和下部的流体融合在一起,而是可以在流体表面上跳动着保持悬浮状态。不融合的机理在于两部分流体之间存在一层极薄的流动的介质层(通常是空气),这个介质层提供了一定的托举力从而避免了上下流体间的直接接触(雷诺润滑理论)。这种不与任何固体基底接触的状态赋予了流体更大的自由度,从而使其展现出很多奇特的现象,因而对于研究处于自由状态的运动液滴具有十分重要的意义。

常规流体,例如水和油类,通常被用于观察法拉第波及其引发的不融合现象,因为它们具有较为适中的密度、黏度和表面张力。而液态金属作为一种新兴的功能材料,其密度远大于上述常规流体(水的 6 倍),同时表面张力非常高(水的 10 倍),重力和表面张力的综合作用通常会使两部分液态金属立刻融合为一个整体。迄今为止,还没有针对液态金属这一特殊流体对振动响应的相关研究。鉴于此,笔者实验室首次揭示了液态金属在振动作用下的表面特性和界面行为规律[4]。需要注意的是,与常规空气膜润滑的情况不同,由于镓基液态金属表面在空气中会形成一层黏性的氧化膜从而限制其表面行为,因而液态金属通常被应用于能够去除其表面氧化膜的酸性或碱性电解液环境中。

实验发现[4],通过施加不同频率和加速度的正弦振动,液态金属液池表面会呈现出丰富的表面波动形态,其中规则的图形包括六边形、八边形、十边形、十二边形等。除此以外,振动会使液态金属/溶液界面产生流动,从而提供一个雷诺润滑力,这个力能够保证直径为毫米级的液态金属液滴可以在这些表面波的驻点上稳定地悬浮,这提供了一种更为直观地观察表面波图形的途径(图 5.8a)。值得指出的是,悬浮于液态金属/溶液界面的液态金属液滴并非静止不动,而是在竖直方向上进行正弦振动。通过对其振动周期的测量发现,液滴振动频率是驱动频率的一半(图 5.8b),因而此种状态下的表面波属于亚谐波。

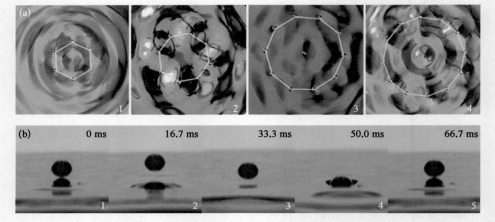

图 5.8   振动诱导的液态金属法拉第波及液滴不融合效应[4]

a. 液态金属表面在不同频率和加速度的正弦振动下产生的规则图案（六边形、八边形、十边形、十二边形），图案的每个顶点上均可以悬浮一个或多个液态金属液滴；b. 液态金属液滴在同种液态金属液池和溶液界面上周期性地正弦振动，液滴振动频率是驱动频率的一半（驱动频率为 30 Hz）。

悬浮的液态金属液滴具有更高的自由度，不受基底材料性质的影响，对于研究液态金属机器人、智能马达、柔性泵、血管机器人等具有极其重要的科学价值和应用价值。本项研究提出的基于振动悬浮金属液滴的方法[4]，为探索液态金属在柔性基底上的运动行为提供了一种崭新的无接触式途径，相比于外加电场、改变化学场等传统方法，施加振动并不会改变液态金属和溶液体系的化学组分和化学性质，因此该方法具有极高的稳定性和可行性。除此以外，由于振动所引起的流动不稳定性与流体本身的性质关系巨大，因而对于液态金属这一特殊流体对振动响应的探究，对于完善流体力学的相关内容具有十分深刻的意义。

5.7   液态金属表面的 Leidenfrost 沸腾现象

1756 年，德国科学家 Leidenfrost 报道了水滴在加热表面沸腾并漂浮在其底部蒸发产生的一层蒸汽膜上的现象[5]。这一现象如今被称为 Leidenfrost 现象，沸腾并漂浮的液滴被称为 Leidenfrost 液滴。由于蒸汽层导热很差，该液滴的蒸发时间显著增大并在 Leidenfrost 温度[6,7]达到最大。Leidenfrost 现象是膜态沸腾的一个特例。由于其类似于疏水的非润湿特性[8]，在蒸汽膜的润滑作用下导致快速移动[9]，该现象吸引了众多的研究者对其进行探究。除了固体表面以外，液体表面的 Leidenfrost 现象也有报道,例如液氮表面小液滴或固体球的悬浮[10],以及液氮液滴在硅油表面的沸腾[11]等。有研究者利用不同液滴在液态镓金属表面进行了液滴蒸发实验,以验证现有的关于 Leidenfrost 温度的模型[12]。

液体表面具有许多独特的优势,如近乎绝对水平与光滑。与以往液氮液滴沸腾实验中采用的黏性液体不同,液态金属的沸点高达 2 000℃ 以上[13],因而可以耐受更高温度,甚至可以承受固体的沸腾[14]。

图 5.9a 和图 5.9b 分别展示了笔者实验室 Ding 等观察到的 Leidenfrost 液滴在 105℃ 液态金属表面沸腾的侧视图与示意情况[15]。液态金属在大气环境中易于氧化,形成一层厚度为 0.5～2.5 nm 的氧化层。氧化物增加了表面粗糙度(图 5.9c 和图 5.9d),提供了非均匀的成核位点,阻碍了液滴达到均匀成核模型预测的过热温度极限。实验结果显示,氧化导致增加的表面粗糙度抑

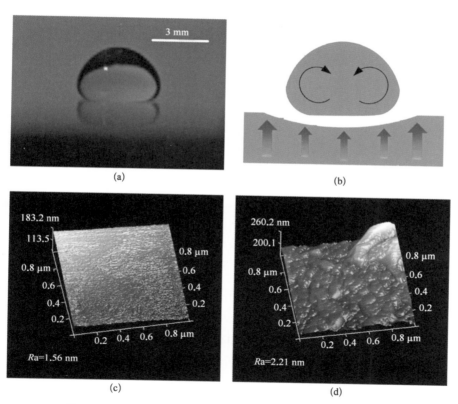

图 5.9　Leidenfrost 液滴在 105℃ 液态金属表面沸腾的示意[15]

a. Leidenfrost 液滴的侧视图;b. 液滴内部的循环与金属中的热传导;c. 无氧化表面的三维表面形貌图;d. 氧化表面的三维表面形貌图。

制了 Leidenfrost 温度,与理论预测一致。

　　Leidenfrost 液滴的形状随着其尺寸的变化而变化。这是重力与表面张力竞争的结果。当液滴直径小于一定尺寸时,液滴几乎是球形的,如图 5.10a 所示[15]。当尺寸增大时,液滴在重力作用下变为扁平状(图 5.10b—f)。由于浮力的作用,液滴底部的蒸汽倾向于上升,并使液滴底部变形,导致液滴不稳定。液滴在不稳定状态下出现振荡与旋转等行为,并产生各种形状,包括椭圆形(图 5.10c)、三角形(图 5.10d),以及阿米巴虫形(图 5.10e、f)。

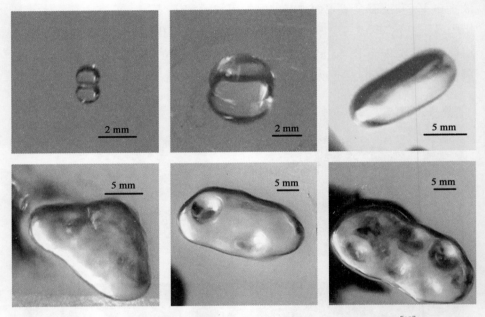

图 5.10　在液态金属表面上的不同尺寸 Leidenfrost 液滴的形状[15]

5.8　液态金属吞噬外界颗粒的胞吞效应

　　以往的实验已表明,液态金属表面很容易受到外来颗粒物质和力场的影响[16],继而诱发出独特的流动行为。那么,液态金属能否吞并外界颗粒物质而为己用呢? 研究证实了这一想法。笔者实验室 Tang 等[17]首次发现了常温液态金属如镓基合金液滴,可在外加电场激励下吞噬微/纳尺度金属颗粒的现象。在题为"液态金属吞噬效应:金属间润湿触发的颗粒内化"的论文中,研究人员发现,金属液滴可在溶液环境中借助电场或化学物质的激励作用将周围颗粒吞入体内,如同细胞生物学界的胞吞效应(图 5.11),效率极高,这一发现也因此开辟了一条构筑高性能纳米金属流体材料的快捷途径。

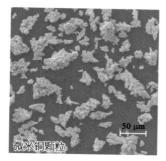

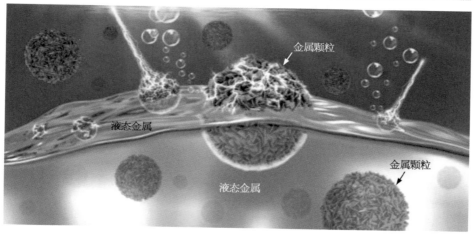

图 5.11　液态金属胞吞效应原理及可吞噬的代表性金属颗粒

　　胞吞效应是生物界演化出的一种细胞吞噬外界颗粒的基本行为,普遍存在于从单细胞生物到各种高等生物体系中。比如,变形虫可通过胞吞作用来获取营养物质,而高等生物则依靠巨噬细胞的吞噬作用来清理细胞残骸。Tang 等的研究揭示出[17],与外来物跨越细胞膜类似的是,颗粒进入液态金属内部的先决条件是必须克服存在于固/液两种金属相界面上的氧化膜的阻碍。对此,Tang 等[17]提出了三类激励机制以实现液态金属的胞吞作用,即:电阴极极化、辅助金属物极化及化学物质触发(图 5.12),分别揭示了在酸性、碱性和中性溶液环境中实现液态金属胞吞作用的规律。其中,通过外加电场产生阴极极化的方法具有快捷可控、易于操作等优点,因此更具普适性。进一步研究还发现,支配液态金属胞吞现象的机制在于固/液两金属相之间的润湿作用,研究人员为此建立了旨在定量刻画固/液两金属相之间接触关系普遍规律的理论模型,较好地解释了实验结果,并估算出不同材料颗粒胞吞作用的能垒,进一步预测了有关颗粒材料的吞噬作用能否自发进行。文章同时还指出,金属间的反应性润湿是胞吞作用得以推进的另一关键因素。

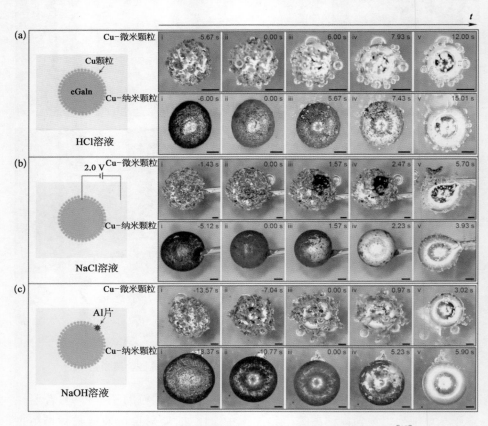

图 5.12 溶液中实现液态金属吞噬颗粒效应的三类典型方法[17]

a. 酸溶液触发;b. 碱溶液辅以电场极化触发;c. 碱溶液辅以铝箔触发。

液态金属系列吞噬效应的发现,展示出了十分丰富的科学内涵,同时对于规模化制备超级液态物质,如极高导热率界面材料、高导电性电子墨水以及强磁性液态金属等,尤具实际价值。一方面,该发现使得不同金属颗粒得以高效分散加载到液态金属相中去,由此可以按照设计需求来人为增强或改善液态金属的某些物理化学特性;另一方面,该效应也使得液态金属可通过结合特定微/纳米颗粒来获得全新属性。

5.9　溶液内石墨表面自发触动的液态金属自旋效应

在电场或磁场驱动下,液态金属的自旋效应已经被多次观察到。在场源作用下,液态金属会在表面形成张力的梯度差异,这种 Marangoni 效应会引发表面涡旋和自旋现象。而笔者实验室发现[18],在没有任何外源性能量驱动的条件下,液态金属也可以自发地进行自旋效应。将含有较高浓度铝的液态金属放置于浸没在碱性溶液的石墨表面时,液态金属表面会形成显著的涡流,形成自旋效应(图 5.13)。

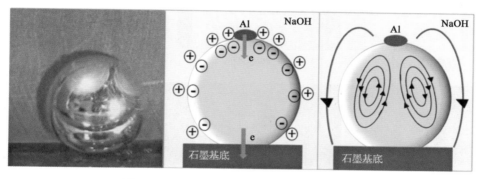

图 5.13　液态金属自旋现象及其形成机制[18]

这种自发的自旋效应,也是由于表面张力梯度的形成而引发的。在碱性溶液中与石墨基底接触可以降低液态金属底部的表面张力,而铝与水的反应会增加液态金属顶端的表面张力,因而形成表面张力梯度差异。当铝反应强度足够大的时候,不仅可以完全还原并溶解液态金属表面氧化膜,促进表面流体运动;同时可以形成更强的表面张力梯度差异,促进液态金属的 Marangoni 效应,形成自旋现象。

5.10　石墨基底表面诱发的液态金属振荡现象

笔者实验室 Wang 和 Liu 发现[18],在 NaOH 溶液中,当把一个液态金属小球靠近石墨放置时,小球会出现周期性振荡行为。可以看到,溶液中的液态金属小球通常近似为球形,当其与石墨接触时,处于电解液中的石墨和液态金属组成一个原电池,导致液态金属表面张力变小,这会使得金属小球的相对高度逐渐减小,当小球离开石墨后,自身的表面张力得以复原,因此又重新变为球形。这里,表面张力是液态金属小球振荡运动的回复力。

图 5.14a 展示了在 NaOH 溶液中接触石墨的液态金属小球的变形(图 5.14a1、a3、a5)和对应的实物图(图 5.14a2、a4、a6)。图 5.14a1 是小球的水平受力示意[18],当小球接触到石墨时,受到方向向右的电毛细力 F_s 和指向

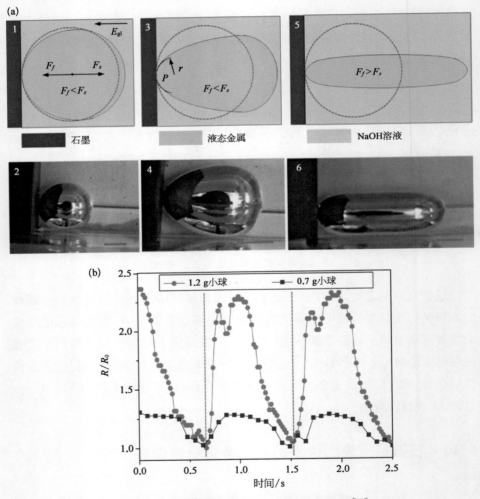

图 5.14   石墨触发的液态金属动态响应行为[18]

a. 浸没于 NaOH 溶液中的液态金属接触石墨时的变形示意图;b. 液态金属与石墨接触点处曲率的相对变化,符号 R 代表接触点的曲率半径(顶视),R_0 为最小值。●虚线代表变形前液态金属的轮廓,■虚线代表变形后液态金属的轮廓。

石墨的摩擦力 F_f,F_s 由表面张力梯度所引起,摩擦力 F_f 为小球与 NaOH 溶液之间的黏性力和小球与基底之间的摩擦力,$F_s > F_f$ 是推动小球离开石墨并振荡的必要条件,见图 5.14a1 和 a3。假定 r 为石墨与液态金属接触点 P 处的曲率半径,当左半球的表面张力大于右半球时,小球内部金属液体将向右流动,其结果是,P 附近小球表面的压力导致 r 的变小。质量分别为 0.7 g 和 1.2 g 的小球上 P 点处的相对曲率半径变化曲线显示在图 5.14b 中,虚线表示小球离开石墨的时刻。由图可见,离开的时刻对应于曲率半径的最小值,对 0.7 g 的小球来说,曲率半径的最大值与最小值的比值为 1.30,见图 5.14a1 和 a2,而对 1.2 g 的小球来说,这一比值为 2.36,见图 5.14a3 和 a4。这表明液态金属小球的质量越大,变形越严重,对 1.2 g 小球来说,变形最严重时成了瓜子状。当 $F_s < F_f$ 时,作用在液态金属小球上的电毛细力太小,不能把它推离石墨,小球将伸长为蠕虫状的圆柱体,并且不再有振荡现象,见图 5.14a5 和 a6。

若把两个液态金属小球分别放在石墨上和靠在石墨一侧,将会发生有趣的共振现象[18]。把石墨上部的小球记为 LM1,它的质量为 0.2 g,石墨一侧的小球标记为 LM2,它的质量为 1.0 g。图 5.15a 和 b 分别是两个小球共振的示意图和实物图,当 LM2 接触石墨时,小球高度减小而 LM1 的高度增加,而当 LM2 离开石墨时,小球高度增加而 LM1 的高度减小。这一规律显示在图 5.15c 中,LM1 的波峰与 LM2 的波谷相对应,我们把这一时刻以虚线标记,在此时刻意味着 LM2 离开石墨。以 V_{gl1} 和 V_{gl2} 分别代表石墨/LM1 和石墨/LM2 原电池的电势差,当 LM2 未与石墨接触时,形成了由 LM1、石墨和电解液等效电阻 R_1 构成的回路 CL1,加在 LM1 两端的电压为 V_{gl1},方向朝下,正是 V_{gl1} 导致了 LM1 的铺展。当 LM2 接触石墨时,形成由 LM1、LM2、石墨和电解液等效电阻 R_2 构成的回路 CL2,加在 LM2 两端的电压为 $V_{gl1} + V_{gl2}$,方向朝左,正是这一电压导致了 LM2 的铺展。而此时 LM1 两端电压大小为 $V_{gl1} - V_{gl2}$,小于 V_{gl1},因此 LM1 得以恢复球形。

5.11　液态金属在石墨表面上的自由塑形效应

笔者实验室 Hu 等[19],报道了液态金属可在石墨表面以任意形状稳定呈现的自由塑形效应,并实现了逆重力方式的攀爬运动,研究以封面文章形式发表于 *Advanced Materials*。此前,金属液滴因自身表面张力较大,在电解液中

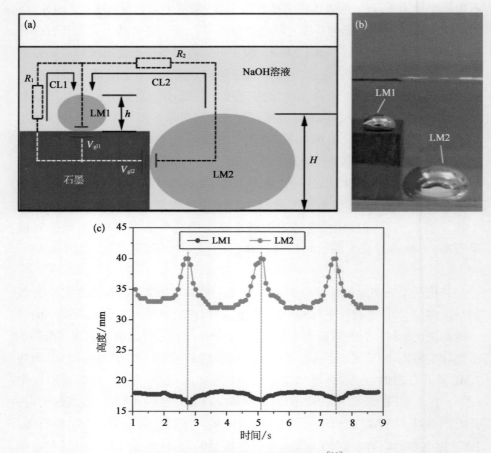

图 5.15 液态金属液滴共振行为[18]

a. 液态金属双球共振实验的原理示意图；b. 实物图，比例尺为 3 mm；c. 共振状态下，上部小球 LM1 和侧面小球 LM2 相对高度的变化。

通常以球形方式存在，塑形能力及变形模式相对有限。

在题为"石墨表面上的液态金属操控"的论文中，Hu 等首次发现[19]，通过引入石墨基底，可灵活自如地将处于电解液环境中的液态金属塑造成各种锐利图案，如条形、三角形、方形、环形以及更多任意形状（图 5.16）。以往，液态金属虽可通过外加电场短暂改变形状，然而一旦去除外场，液态金属即会在表面张力作用下迅速回缩成球形，无法维持先前的结构。此次发现的液态金属自由铺展与塑形效应，为柔性变形机器人的研制乃至 4D 打印等提供了新方向。

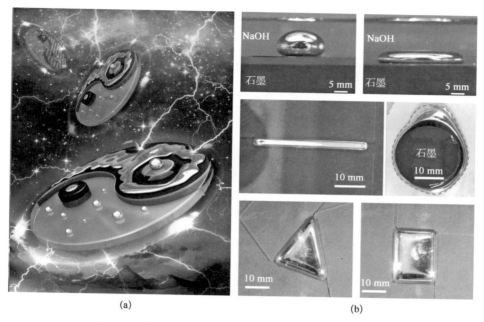

图 5.16　液态金属在石墨表面的自由铺展与塑形效应[19]

a. 效果示意；b. 实验情形。

　　实验表明，将一滴液态金属置于浸没在 NaOH 溶液中的石墨表面上时，液态金属会自动摊开形成扁平的煎饼状，这与位于玻璃基底上以球形方式呈现的液态金属非常不同（图 5.16）。引发这类铺展效应的原因主要来自液态金属与石墨基底间的电化学相互作用。在碱性溶液中，石墨表面通常带正电荷，而液态金属表面带负电荷，当这两种导体接触时，电荷会从液态金属流向石墨，液态金属表面于是被氧化形成氧化膜，这会显著降低其表面张力，此时液态金属表现为类似泥浆的状态，可被随意塑造成各式各样的形状。该项研究实现了在开放液体环境中的液态金属自由塑形，突破了原有的液态金属元件调控模式，在不定形柔性电子器件、可变形智能机器的设计乃至先进制造方面有重要价值。

　　进一步地，基于石墨表面的液态金属自由塑形效应，研究人员探索了电场作用下液态金属不同于传统基底材料（如塑料、玻璃）的丰富的物理化学图景（图 5.17），初步揭示了其独特的变形及匍匐运动行为的内在机制[19]。有趣的是，作者还揭示出处于自由空间下的电控液态金属的蠕动爬坡能力[19]，实现了逆重力方式的运动（图 5.18）；而采用常规材料，液态金属会因自身重力较大且表面光滑的缘故，不易通过外电场实现逆重力牵引。新发现扩展了近年来兴

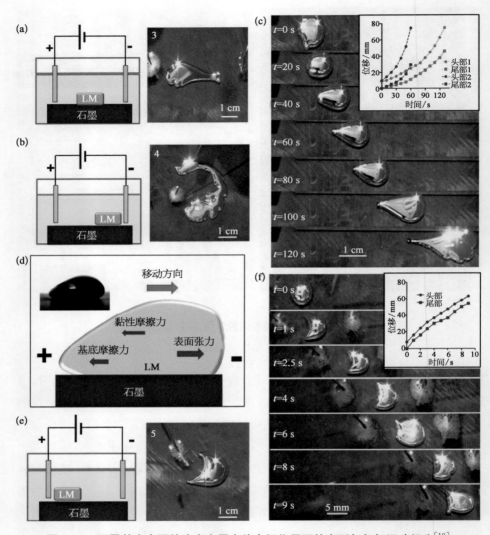

图 5.17 石墨基底表面的液态金属在外电场作用下的变形与匍匐运动行为[19]

a. 情形 a 下的实验设计和实验图像；b. 情形 b 下的实验设计和实验图像；c. 情形 a 下的快照；d. 受力分析；e. 情形 e 下的实验设计和实验图像；f. 情形 e 下的快照。

起的液态金属柔性机器的理论与技术内涵。

5.12 电场控制下液态金属大尺度变形跨越障碍

笔者实验室 Yao 等发现[20]，液态金属机器可以体现出极佳的变形能力，

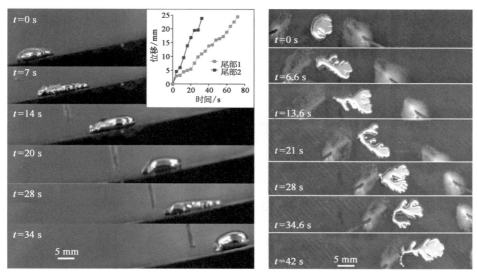

图 5.18　电控液态金属以蠕动变形方式在石墨斜坡上逆重力攀爬(侧视及俯视图)[19]

在很小的电场作用下能挤过非常狭小的空间。如图 5.19 所示,一个体积相对较大的液态金属机器可以在挤过狭缝之后再恢复原形,如同科幻电影中的终结者机器人一般。实际上,这个过程即使用手辅助也不能将液态金属挤压过

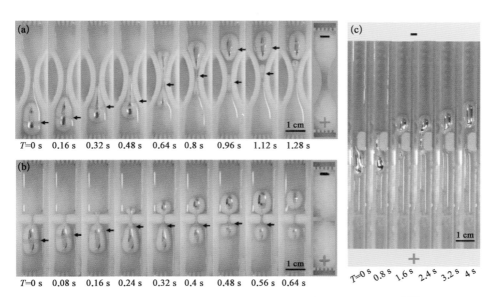

图 5.19　液态金属变形机器在电场作用下以变形方式跨越障碍[20]

a. 蠕动穿过收缩、扩张的通道;b. 越过 2 mm 宽狭缝;c. 绕过直通道中的障碍物。

去,但在电场作用下却可以轻易穿越。这些情况说明,研制可变形的机器人一定程度上是可行的,这与其表面特性密切相关。

值得指出的是,液态金属上述变形行为的机理实际上非常复杂,远未像我们想象得那样直接而干脆。比如,在图 5.20 展示的情形下,液态金属变形机器在电场作用下跨越微小空隙障碍时,会出现反转行为[20],也就是说其后半段实际上朝着相反方向运动了,这主要还是由液态金属表面自适应效应引起的。

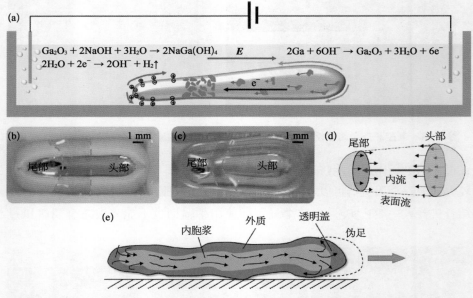

图 5.20   液态金属变形机器在电场作用下跨越障碍时的反转行为[20]

5.13   液相环境中的液态金属 3D 打印与快速成型

传统金属 3D 打印的冷却环境往往是空气或真空,可以称之为"干式打印",其冷却速度较慢。为加快金属件的冷却,笔者实验室提出液相冷却下的液态金属 3D 打印方法及技术思想[21],其金属的沉积成型过程系在液相流体中完成,液相流体可以是水、无水乙醇、酸或碱类电解液。

对液相 3D 打印方法来说,液滴的形成和沉积是其中的核心问题。图 5.21a 展示了液滴形成的过程[21],可以看出当液滴平均速度很小(3.34 mm/s)时,由于金属墨水表面张力高,会在针头下端形成较大的圆球液滴,随着液滴下落速度的增加,相邻液滴的距离会越来越小并最终连成一条线,图 5.21b 展示了这一有趣的长尾巴蝌蚪形状的液滴生成现象。

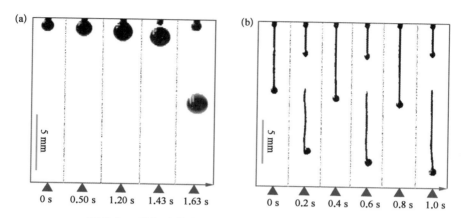

图 5.21　液相流体中液态金属液滴形成的动态过程[21]

　　a. 水冷却流体中的金属液滴形成过程,液滴下落平均速度为 3.34 mm/s;b. 无水乙醇冷却流体中由于快速注射而产生的长尾巴蝌蚪状金属液滴,液滴下落平均速度为 7.98 mm/s。

　　以金属柱的打印来说明金属结构的液相成型过程:当一滴液态金属滴在已成型金属柱的顶端时,柱的顶端吸热熔化并与液滴熔合,在周围流体的冷却作用下,液滴迅速凝固,从而成为已打印金属柱新的顶端,随着液滴的不断下落,金属柱也在不断向上“生长”,图 5.22 展示了这种打印过程[21]。

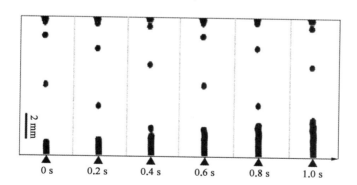

图 5.22　无水乙醇冷却流体中的液滴沉积过程[21]

(液滴下落平均速度为 5.65 mm/s)

　　金属液滴直径和液滴下落时间间隔的关系如图 5.23a 所示[21]。可以看出,这一关系曲线近似呈线性。下落液滴的情形如图 5.23b 所示,其中时间间隔从 2.1 s 变化到 0 s。随着时间间隔的变小,液滴形状由圆球形变为梭形,相邻液滴逐渐连为一体。当时间间隔变为 0 s 时,滴射-喷射转变就完成了。

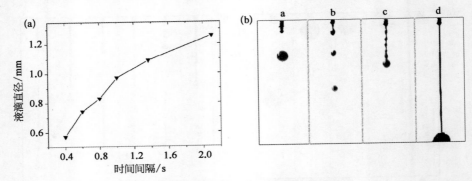

图 5.23　液滴尺寸的影响因素[21]

a. 液滴直径和下落液滴时间间隔的关系;b. 照片:a 到 d 相邻液滴时间间隔从 2.1 s(滴射)到 0 s(喷射)。所用针头内径为 0.26 mm,冷却流体为无水乙醇。

表 5.1 列出了 1 100 kPa,20℃时水、无水乙醇和干燥空气的热导率、密度、比热性质[21],其中 λ_{air}、ρ_{air}、η_{air} 和 c_{air} 分别为干燥空气的热导率、密度、黏度和比热。可以看出,液滴在水和无水乙醇中所受浮力分别是在空气中浮力的 828.22 倍和 655.02 倍,较大的浮力对液滴的下落起到了缓冲作用。水和无水乙醇的相对热导率分别是 23.05 和 9.27,两者的相对比热分别是 4.16 和 2.41,这些优良性能使得液态金属液滴在液相流体中能够快速冷却,因此金属结构也得以迅速成型。

表 5.1　水、无水乙醇和干燥空气的性质对比(1 100 kPa, 20℃)[21]

参　数	单　位	液相冷却流体		气相冷却流体
		水	无水乙醇	干燥空气
热导率 λ	W/(m·K)	0.597	0.24	2.59×10^{-2}
λ/λ_{air}		23.05	9.27	1.00
密度 ρ	kg/m³	0.998	0.789 3	1.205
ρ/ρ_{air}		828.22	655.02	1.00
黏度 η	Pa·s	0.001	0.001 2	17.9×10^{-6}
η/η_{air}		55.87	67.04	1.00
比热 c	kJ/(kg·K)	4.181 8	2.42	1.005
c/c_{air}		4.16	2.41	1.00

5.14　液体介质中的液态金属悬浮效应及 3D 打印

笔者实验室 Yu 等提出了"液态金属悬浮 3D 打印"的概念和方法[22]，可在常温下快速制造具有任意复杂形状和结构的三维柔性金属可变形体，并用于组装立体可拉伸电子器件。

研究小组将性质介于固体与液体之间且具有自恢复特性的水凝胶引入作为透明支撑介质[22]，证实了液态金属悬浮 3D 打印成型方法的高效性（图 5.24），由此克服了液态金属墨水表面张力高、黏度低易于流动、重力大等带来的技术挑战。在整个制造过程中，水凝胶可在液化与快速凝固状态之间自由转换，对金属液滴的黏滞力极高，随着打印喷头与凝胶之间的相对运动，由喷头挤出的金属液滴会随即发生颈缩行为并与喷头分离，继而被支撑凝胶

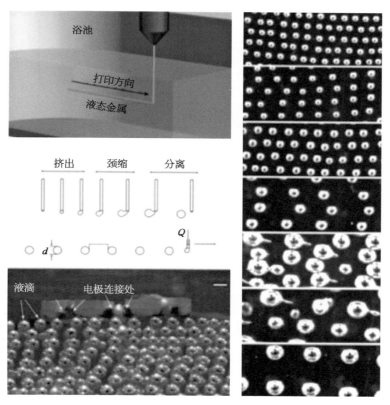

图 5.24　透明水凝胶内的液态金属悬浮 3D 打印原理与成型过程[22]

包裹、黏滞和固定。由此,通过金属微球沿规划路径的逐层堆积[22],可最终形成预期的三维结构(图 5.25);打印精度可由针头尺寸、打印速度、凝胶环境等予以调控。凝胶和液态金属均为柔性物质,由此构成的立体电子器件可实现拉伸及变形。此项研究突破了传统刚体结构成型模式与 3D 打印范畴,在不定

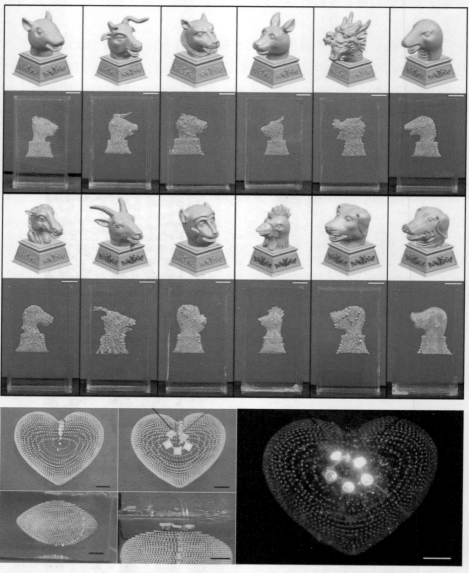

图 5.25　基于液态金属悬浮 3D 打印原理制成的圆明园十二生肖兽首与立体电路[22]

形柔性电子器件、智能系统快速制造乃至可变形 4D 打印等方面具有重要价值。

5.15　液态金属对特定基底的腐蚀与雕刻加工

通常情况下的腐蚀是指,通过化学作用,一种物质使另一物体逐渐消损破坏的过程。

很多实际应用领域都存在固体金属材料和液态金属的接触,如铸造、焊接、钎焊、热浸镀及液态金属被用作冷却剂等。当固态材料暴露于液态金属环境中,常会产生固态金属的溶解和形成化学反应产物[23,24]。在一些场合,如原子能工业和金属加工业等,这些情况会导致固态及液态金属性质的改变,产生腐蚀现象。

在液态金属中,常见的腐蚀现象为液态金属镓对铝板的腐蚀。如图 5.26 所示,当液态金属接触到铝板表面时,由于扩散效应,会使紧密相连的铝原子产生脆化,从而使铝板表面产生裂纹[25-28]。

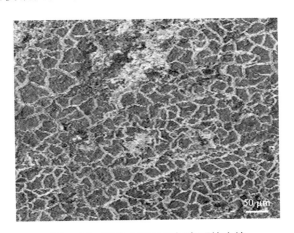

图 5.26　液态金属对铝板表面的腐蚀

利用液态金属对铝板的腐蚀作用,笔者实验室 Lu 等提出了基于液态金属腐蚀效应的铝板雕刻加工方法[28]。传统的对铝板表面的雕刻一般为激光打印及篆刻,费事费力。但利用液态金属的腐蚀效应,能够很好地将铝板表面腐蚀出美丽的图案,具体效果如图 5.27 所示。这种独特的加工方法对于艺术创作也提供了某种重要启示。

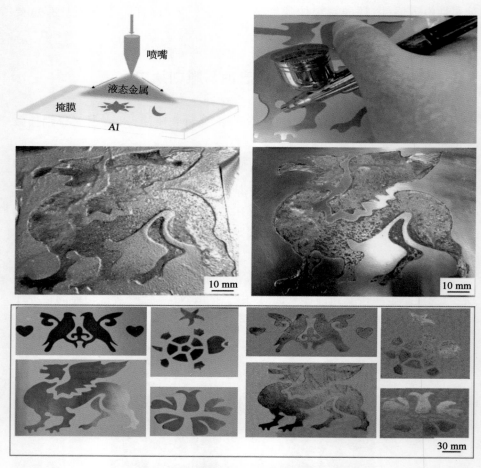

图 5. 27　液态金属腐蚀雕刻铝板表面[28]

5. 16　液态金属低温相变强化黏附效应及柔性电子转印方法

随着现代电子工业与消费电子市场的快速发展,柔性电子已成为研究前沿和焦点。集导电性与流动性于一体的液态金属材料在这一领域的地位日趋凸显。然而,由于液态金属表面张力通常较高,其对常见的生物相容性柔性基底如 PDMS 等的润湿性较弱,因而采用传统的直写、打印以及掩膜喷印、涂抹等方式尚难实现精细、复杂且附着稳定的电路;而若采用模板刻蚀槽道,则会因模板分离时槽道承载力的变化,造成柔性基底收缩变形继而引发精细结构的破损。由于这些因素,直接利用液态金属制备各种高柔性电路仍面临繁琐、耗时、稳定性低等挑战,尚不易快速获得实用化柔性功能器件。笔者实验室 Wang 等[29],首次发现了一种"PVC -液态金属- PDMS"三层结构的液态金属相变转印现象,并由此建立了一种高效的柔性电子制造方法。这种被命名为液态金属液固相变转印方法的措施,突破了以往存在的技术瓶颈,可用于快速制造易于贴合到任意复杂形状表面的柔性功能电子器件。

如图 5.28 所示[29],如果在室温下直接对 PVC -液态金属- PDMS 结构进行分离,处于液相的金属由于自身流动性和对 PVC 膜的润湿性,并不能以一个整体转印到 PDMS 基底上,而是会在分离的过程中发生粘连、溢出、断线。而在低温下,PDMS 膜和 PVC 膜会发生收缩,然而由于收缩系数不同,在两者交界面上会产生热应力。当热应力大于两层膜连接的黏力时,就会发生自动分离现象。同时,热应力的存在会导致 PDMS 和液态金属发生形变,PDMS 在热应力的作用下向中心收缩,使得 PDMS 紧紧包裹液态金属,同时热应力会产生向上的拉力,使得 PDMS 包裹液态金属向上移动。由于 PDMS 和液态金属交界面有一定的粗糙度,当有热应力产生时,两者结合更加紧密,同时热应力也会造成其发生机械形变,从而导致分离。

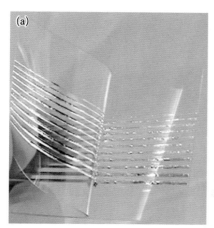 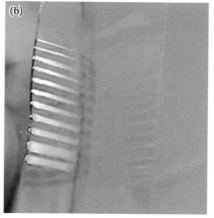

图 5.28 不同条件下分离"PVC -液态金属- PDMS"三层结构的效果[29]

a. 金属在室温处于液态时的分离结果,两侧基底都有粘连;b. 金属在低温处于固态时的分离结果,完整转印至 PDMS 基底。

在上述基本效应基础上建立的基于低温相变转印的液态金属柔性功能电路快速制造方法原理在于(图 5.29a):首先利用液态金属打印机在 PVC 膜表

面打印出液态金属电路;之后,在此电路上进一步覆盖 PDMS 溶液并加以固化;根据需要,在 PDMS 尚处液态时,可在其上浸入任意形状的待贴附目标物体;最后,对整个对象加以降温,以使液态金属转为固体,由此即可轻易地将最初的液态金属电路完整快捷地转印到 PDMS 柔性基底上。这一过程中,当PDMS 固化后,揭下 PVC 膜及目标物体后,即形成内嵌有液态金属柔性电路的 PDMS 器件,此时在相应管脚贴上相应 IC 元件并加以编程调试,即制成功能电子器件。由于 PDMS 基底形状可完全与使用对象贴合,由此即达到电子器件的高度适形化制造。该技术在医疗健康、家居、环境等应用场合的传感监测方面有重要意义,相应器件易于贴合到诸如膝盖、脚腕、手掌、面颊、头部、耳郭以及更多复杂形状表面执行特定功能。研究还通过对"PVC-液态金属- PDMS"界面微观结构的刻画、受力测试与仿真验证,揭示了相应的转印分离机理。

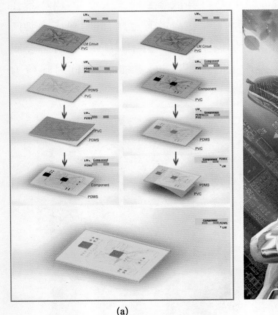

(a)　　　　　　　　　　　　　　　(b)

图 5. 29　适形化柔性功能电子器件

a. 液态金属相变转印原理;b. 皮肤电子[29]。

图 5.30、图 5.31 是基于该技术制造的几类完整的可编程柔性电路[29],展示了新技术的应用特点,其在弯曲、扭转、拉伸等往复形变下均能保持高性能和可靠性。结合手机生理检测平台与集成电路芯片,实现了微型柔性红外温

度采集模块，可通过蓝牙将采集到的信号以无线方式发送至手机予以实时显示和存储，而同时这些器件则可以适形化方式贴合于身体表面。

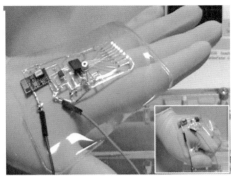

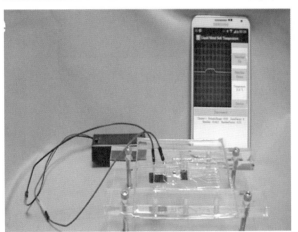

图 5.30　利用转印方法打印并集成的柔性可编程腕带及
采用手机操控的微型无线红外测温仪[29]

　　相较于传统的硬质电路，柔性电子具有重量轻、韧性好以及可承受一定形变等优势，这使其应用范围更为宽广。基于相变转印原理的液态金属柔性电路加工方法突破了传统工艺的局限性，更加简便、快捷、稳定，并与现有集成电路技术较为兼容。除了能高质量、快速加工以满足可穿戴设备、皮肤电子、医学植入、柔性显示、太阳能电池板等诸多前沿的需求外，新方法的重要意义还在于，随着液态金属打印技术的普及，人们将有望随心所欲地在任意物体表面实现各类柔性功能器件的定制化快速开发，这会显著扩展传统电子工程学的技术范畴，继而推动个性化柔性电子应用向前快速发展。

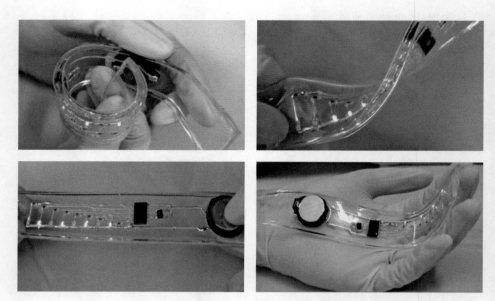

图 5.31 基于相变转印效应制备的液态金属柔性电路[29]在卷曲、扭转、拉伸及柔软顺应状态下均能正常工作

参 考 文 献

[1] Yi L, Ding Y, Yuan B, Wang L, Tian L, Chen C, Liu F, Lu J, Song S, Liu J. Breathing to harvest energy as a mechanism towards making a liquid metal beating heart. RSC Advances, 2016, 6: 94692 - 94698.

[2] Yuan B, He Z, Fang W, Bao X, Liu J. Liquid metal spring: Oscillating coalescence and ejection of contacting liquid metal droplets. Science Bulletin, 2015, 60: 648 - 653.

[3] Zhao X, Tang J, Liu J. Surfing liquid metal droplet on the same metal bath via electrolyte interface. Applied Physics Letters, 2017, 111: 101603.

[4] Zhao X, Tang J, Liu J. Electrically switchable surface waves and bouncing droplets excited on a liquid metal bath. Physical Review Fluids, in Press, 2018.

[5] Leidenfrost J G. On the fixation of water in diverse fire. International Journal of Heat & Mass Transfer, 1966, 9(11): 1153 - 1166.

[6] Biance A L, Clanet C, Quéré D. Leidenfrost drops. Physics of Fluids, 2003, 15(6): 1632 - 1637.

[7] Bernardin J D, Mudawar I. The Leidenfrost point: Experimental study and assessment of existing models. Journal of Heat Transfer, 1999, 121(4): 894 - 903.

[8] Quéré D, Reyssat M. Non-adhesive lotus and other hydrophobic materials.

Philosophical Transactions of the Royal Society A: Mathematical, Physical & Engineering Sciences, 2008, 366(1870): 1539-1556.

[9] Linke H, Alemán B J, Melling L D, et al. Self-propelled Leidenfrost droplets. Physical Review Letters, 2006, 96(15): 154502-154502.

[10] Hendricks R C, Baumeister K J. Liquid or solid on liquid in Leidenfrost film boiling. Advances in Cryogenic Engineering, 1971, 16: 455-466.

[11] Snezhko A, Ben Jacob E, Aranson I S. Pulsating gliding transition in the dynamics of levitating liquid nitrogen droplets. New Journal of Physics, 2008, 10(2): 317-322.

[12] Mudawar I, Bernardin J D. A cavity activation and bubble growth model of the Leidenfrostpoint. Journal of Heat Transfer, 2002, 124(5): 864-874.

[13] Morley N B, Burris J, Cadwallader L C, et al. GaInSn usage in the research laboratory. Review of Scientific Instruments, 2008, 79(5): 112-192.

[14] Dupeux G, Baier T, Bacot V, et al. Self-propelling uneven Leidenfrost solids. Physics of Fluids, 2013, 25(5): 416-423.

[15] Ding Y J, Liu J. Dynamic interactions of Leidenfrost droplets on liquid metal surface. Applied Physics Letters, 2016, 109: 121904.

[16] Tang J, Zhao X, Zhou Y, Liu J. Triggering and tracing electro-hydrodynamic liquid-metal surface convection with a particle raft. Advanced Materials Interfaces, 2017, 4: 1700939.

[17] Tang J, Zhao X, Li J, Zhou Y, Liu J. Liquid metal phagocytosis: Intermetallic wetting induced particle internalization. Advanced Science, 2017, 5: 1700024.

[18] Wang L, Liu J. Graphite induced periodical self-actuation of liquid metal. RSC Advances, 2016, 6: 60729-60735.

[19] Hu L, Wang L, Ding Y, Zhan S, Liu J. Manipulation of liquid metals on a graphite surface. Advanced Materials, 2016, 28: 9210-9217.

[20] Yao Y, Liu J. A polarized liquid metal worm squeezing across localized irregular gap. RSC Advances, 2017, 7(18): 11049-11056.

[21] Wang L, Liu J. Liquid phase 3D printing for quickly manufacturing conductive metal objects with low melting point alloy ink. Science China Technological Sciences, 2014, 57(9): 1721-1728.

[22] Yu Y, Liu F, Zhang R, et al. Suspension 3D printing of liquid metal into self-healing hydrogel. Advanced Materials Technologies, 2017, 2(11): 1700173.

[23] 刘树勋,李培杰,曾大本. 液态金属腐蚀的研究进展. 腐蚀科学与防护技术,2001,13(5): 275-278.

[24] 王梦雨,王辉,张康. 液态金属腐蚀与防护技术研究. 新材料产业,2015,11: 60-62.

[25] Nicholas M G, Old C F. Liquid metal embrittlement. Journal of Materials Science, 1978, 14(1): 1-18.

[26] Wang L, Liu J. Ink spraying based liquid metal printed electronics for directly making smart home appliances. ECS Journal of Solid State Science and Technology, 2015, 4

(4)：3057 - 3062.

[27] Sivan V，Tang S Y，O'Mullane A P，et al. Liquid metal marbles. Advanced Functional Materials，2013，23(2)：144 - 152.

[28] Lu J，Yi L，Wang L，Tan S，Gui H，Liu J. Liquid metal corrosion sculpture to fabricate quickly complex patterns on aluminum. Science China Technological Sciences，2017，60：65 - 70.

[29] Wang Q，Yang Y，Yang J，Liu J. Fast fabrication of flexible functional circuits based on liquid metal dual-trans printing. Advanced Materials，2015，27：7109 - 7116.

第6章
液态金属基础流体效应

6.1 引言

流体效应是液态金属最为基本的物理行为之一，然而这类经典问题以往却未被充分加以研究，而就液态金属与各种溶液或流体组成的复合流体流动问题的研究更为稀少。近年来，由于大量液态金属及其复合流体相关应用的出现，使得对其探索的科学价值日益凸显。本章介绍液态金属的一些代表性流动行为，如基于重力作用下液态金属流体特性的水平仪、液态金属液滴撞击加热固体壁面的行为，以及水膜保护下的金属液滴撞击基底的规律。进一步地，以印刷电子应用为背景，阐述了纯的液态金属以及经处理得到的液态金属墨水液滴与印刷基底之间的撞击黏附效应。此类行为可以通过在基地表面制造特定结构加以改变，本章进一步介绍了液态金属在纤维丛材料表面的弹跳行为。近年来，对液态金属纯流体动力学行为也获得深入认识，比如此类流动过程可出现生电效应。在小尺度上，液态金属由于本质上属于可随意变形的流体，而自身表面张力很高，因而可通过机械振动、沸腾效应等机制调控液态金属的分散和重新聚合，这可用于制作金属液滴，冷却后则易于形成金属颗粒。这些液态金属流动相关效应在本章也得到了介绍，包括系列微流体行为，如液态金属微液滴在电场作用下的介电电泳效应、在微流道中产生合金液滴的流体剪切机制，以及液态金属无管虹吸效应等。本章内容可为研究更广层面上的液态金属流体行为打下基础。

6.2 基于液态金属流体特性的水平仪

镓单质密度是 $5.9\,\mathrm{g/cm^3}$，镓基合金密度同样大于水以及一般无机及有机溶液。利用其重力和导电效应可以实现电子水平仪功能[1]。此类装置的主要构造为：一个绝缘密闭管道内镶有上下两个不同阻值的电阻，分别与外接导线相连，上下电阻通过封装有非电解质溶液的绝缘管中的常温液态金属液滴相连，导线连接电源以及信号分析装置，形成完整电路。基于低熔点金属液滴的导电特性，当液滴处于管内的某一位置时，会将上下两电阻相连形成通路，根据电路中总电阻值的情况分析，即可得到液滴的相对位置。此外，处于黏度较小、密度小于液态金属的非电解质溶液中的低熔点金属液滴，会由于重力作用在管内运动，并向管两端相对低处运动。

这种利用低熔点金属液滴的导电性与流动性构成的装置，可借助电信号来较为精确地检测液滴所处位置、偏移量等，操作及装置原理与普通的气泡水平仪相近，使用简单。此外，由于常温液态金属液滴在升温时体积变化不明显，避免了如气泡水平仪中气泡大小随温度变化对读数的影响。而且，可以将该水平仪置于人眼无法观察的机械或物体内部，利用数字信号，得到类似于电子水平仪的输出结果。多个镶有不同长度的分段下极板的此类水平测量装置可以集成，利用指向开关控制工作管道，从而调节灵敏度。值得指出的是，此类装置通过测定电路中阻值变化来确定常温液态金属液滴所处的位置，经信号处理得到所测物件的水平程度，由于电阻值连续变化，因此可以进行精准测量。

6.3 金属液滴撞击液池的飞溅现象

英国诗人拉加托斯曾以"一滴水"为题写下这样一首诗：

这一滴水也许是尼格拉瀑布的一部分，它也许曾经有过显赫的奇迹呢。
也许只是脸盆里的一个肥皂泡，但它却有洗净劳动者污垢的功效。
……
也许只是天上落下来的一滴雨。
也许是快乐得发狂的一滴泪；不然，就是痛苦得哭出声来的一滴泪。
一滴水而已……麻雀喝了，使它得到片刻的精神安慰。可是一下子，麻雀会忘记了的。
再也许，只是花丛里的一滴小露水，被花的小口吸进去之后，这花便给一个可爱的小姑娘采去了，做了香水，洒在身上，这水就成了她的爱人迷惑地追求她的东西。

　　你别小看了它。它，一滴水，本身简直就是宇宙的缩影。

　　这首诗把水滴的神秘和丰富展示得淋漓尽致。而较之水更复杂的金属流体，又会是怎样的情形呢？

　　一滴液态金属中有多少个原子？大约有 2 000 000 000 000 000 000 000 个。这个数字非常庞大，一下子难以想象，让我们来从头计算。一滴液态金属的体积大概是 0.05 mL，而最常见的液态金属——汞——的密度是 13.6 g/cm^3，则一滴汞的质量是 0.68 g。汞原子的摩尔质量是 200.6 g/mol，意即单位物质的量的汞原子的质量是 200.6 g。因此，我们得到一滴液态金属所包含的原子数量为 $0.68 \div 200.6 \times 6.02 \times 10^{23} \approx 2.0 \times 10^{21}$ 个。打个比方会有助于想象这个数字，如果将一个原子比作一个星星，那么一滴液态金属中原子的个数相当于有十分之一宇宙恒星的数量（据估计宇宙中有 10^{22} 颗恒星）。正如拉加托斯所说："一滴水，本身简直就是宇宙的缩影。"有趣的是，对于不同的液滴（水滴、液态金属镓液滴等），其中所包含的原子数目似乎都非常接近，对这个数字有待进一步理解。

　　液滴在自然界与人类生产生活中极为常见。天空中落下的雨滴，波涛翻滚中的浪花，水龙头滴下的水滴，以及内燃机中的燃油喷射，打印机或喷涂设备的喷雾喷漆，农药喷洒等，都包含着液滴的运动与撞击现象。液滴撞击不同表面（干表面，湿表面，液池等），不仅是一个基本的流体力学问题，而且对于许多技术应用都具有指导意义，人们对此已进行了很多研究。根据撞击前液滴的速度大小，会出现不同的现象。当液滴以很小的速度撞击液面时，在液滴的冲击作用下，液面上形成毛细波并逐渐向外传播，液滴与液面融合。当液滴撞击速度达到一特定值时，撞击点周围的液体会涌起，形成水花。当撞击速度更大时，形成的水花顶部会发生失稳而破裂为小的液滴，形成王冠状水花，即发生飞溅现象。

　　液态金属液滴既遵循与水滴相同的流体力学规律，自身又具有一些独特的属性，笔者实验室 Li 等对液态金属液滴的撞击现象进行了大量系统性研究[2]。以 GaIn$_{24.5}$ 合金液滴为例进行讨论。

　　对不同液滴大小、碰撞速度情况的液滴-液池表面碰撞特性进行研究发现，碰撞过程基本上分为涡、王冠、液柱、二次涡、扩散五个阶段，只是随液滴大小和碰撞速度不同，各阶段出现的时间有所区别[2]。图 6.1 为其中一个液态金属液滴颇具代表性的碰撞过程，这时液滴最大宽度和碰撞速度分别为 3.4 mm 和 4.2 m/s，液池温度为 25℃，液滴 Fr 数为 23，We 数为 604，Re 数为 52 889。鉴于拍摄速率为 5 000 帧/秒，则高速摄影机记录的每两张图片的间隔为 0.2 ms，这里选取液滴和液池碰撞前的最后一张图片的时间为初始时刻。液滴碰撞开始时，惯性力驱动流体形成涡，碰撞点周围的流体由于连续性而向上涌动。在 2.6 ms，极小的液滴从涡顶部溅起，这时的涡由于近似王冠形状，故称为"王冠"。前人研究表明，"王冠"主要由池中液体组成，不过通常也包含一部分液滴液体。另外，还可以注意到溅射出的液滴并非球形，而是梭形，这是由于液滴和池中液体表面氧化造成的。"王冠"的大小和高度随时间持续增长，产生更多二次液滴，最终在 20 ms 达到最大高度 9 mm（从液池表面到王冠上边沿），然后开始收缩，直到 50 ms 时成为一个小包。中心液柱即从此小包处生成，110 ms 时液柱高度达到最大，为 28 mm，液柱顶端为液滴液体。这里，液柱高度定义为液柱顶部与自由液面间的距离。随着液柱生长，由于液池表

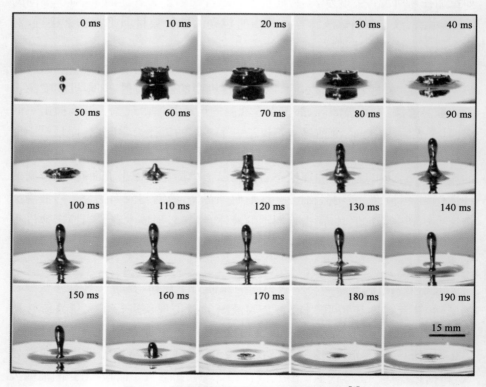

图 6.1　金属液滴碰撞常温液池的溅射形态[2]

面张力的内聚力作用其中部逐渐变细,形成"颈",但液柱并未出现"颈"顶端液滴脱离的现象。之后,液柱收缩形成二次涡(距初始时刻约 200 ms)。随着液体持续向下运动,液池中围绕涡出现表面张力波,向四周扩散。

图 6.2 为液池温度升高到 200℃情况下的碰撞情况[2],除液池温度外,其他参数均与图 6.1 情况相同。在碰撞开始后 20 ms,王冠达到最大高度 8 mm。在约 50 ms 后王冠塌陷,继而一个细长液柱迅速向上升起,在约 85 ms 时其高度达到最大值 40 mm。该高度明显大于图 6.1 中液池未加热时所达到的最大高度。与图 6.1 的另一个不同之处在于,随着液柱上升,液柱中部逐渐形成两个"颈",将液柱分成三部分。90 ms 时,液柱上面两部分一起脱离液柱,向上飞出。推测这是由于防止液体分离的拖曳力减小造成的,从能量角度也可以用黏性耗散来解释。脱离的顶部液滴持续向上运动,而剩下的液柱部分同时向下运动,直到重新融入液池。脱离液滴在 100 ms 左右离开镜头视野,在此之前,脱离部分未进一步分离。除上述现象外,整

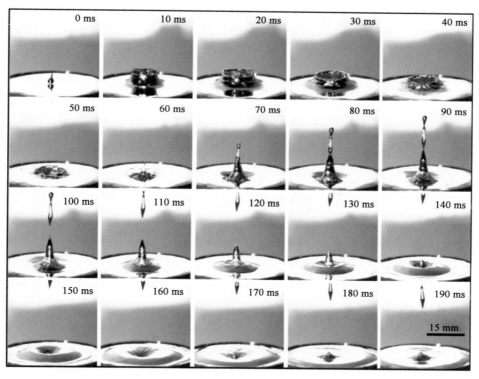

图 6.2　金属液滴碰撞高温液池的溅射形态[2]

个碰撞过程基本与图 6.1 中常温液池时的状况相同。王冠形成和/或中心液柱生长通常被认为是溅射的主要性质,而王冠和中心液柱顶端产生二次液滴一般认为是由王冠和中心液柱的 Rayleigh-Taylor 不稳定性造成的。所谓 Rayleigh-Taylor 不稳定性,是由两种密度不同的流体的界面加速度引起的,这里 $GaIn_{24.5}$ 液体在空气中做加速运动,而加速度的方向由空气(密度小的流体)指向 $GaIn_{24.5}$(密度大的流体),于是出现 Rayleigh-Taylor 不稳定性。

图 6.3 展示了 $GaIn_{24.5}$ 金属液滴在空气中与在 NaOH 溶液中下落,以及去离子水滴在空气中下落的形状。三种液滴脱离针头瞬间都与针头有一定粘连,在尾部形成一小"尾巴"[2]。当一滴水从针头落下时,由于表面张力的作用,迅速形成一个近似球体,自由下落的过程中也始终保持球形。然而,$GaIn_{24.5}$ 在大气环境中极易氧化,其液滴在脱离针头下落过程中其表面很快生成氧化层,主要为镓的氧化物 Ga_2O_3。金属液滴表面氧化物的存在妨碍了液体自由释放表面能. 从而导致液滴一直保持非球形形状,如图 6.3a 所示. NaOH 溶液有去除氧化物的作用,而且它也可为金属液滴提供一个惰性环境。在 NaOH 溶液中下落的 $GaIn_{24.5}$ 液滴很快形成类似球形的形状,只是下落过程中逐渐成为扁椭球形(图 6.3b),这是由于空气和 NaOH 溶液的浮力不同造成的。

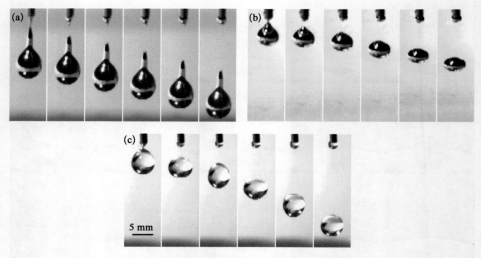

图 6.3　液态金属液滴与水滴的形态比较[2]

a. $GaIn_{24.5}$ 液滴在空气中下落;b. $GaIn_{24.5}$ 液滴在 NaOH 溶液中下落;c. 去离子水滴在空气中下落。

　　图 6.4 比较了去离子水液滴碰撞常温去离子水池，$GaIn_{24.5}$ 液滴碰撞常温
$GaIn_{24.5}$ 液池及 $GaIn_{24.5}$ 液滴碰撞高温 $GaIn_{24.5}$ 液池三种情况下液滴、王冠和
液柱的形态[2]。液滴最大直径和碰撞速度分别为 3.4 mm 和 4.2 m/s，前两种
情况液池温度为 25℃，第三种情况液池温度为 200℃。对于去离子水，毫无意
外地观察到了球形液滴和二次液滴。但是，$GaIn_{24.5}$ 液滴的黏度（$1.7 \times$
10^{-3} m^2/s）大于水的黏度（1.002×10^{-3} m^2/s），而且当表面氧化后，金属液滴
的黏度会更大，增加的黏性力导致二次液滴很难形成，如图 6.4b 所示。随着
液池温度的增加，如图 6.4c 所示，与高温 $GaIn_{24.5}$ 液池融合后液滴的黏度降

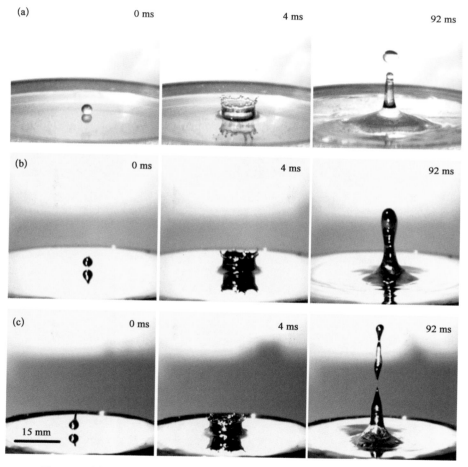

图 6.4　溅射过程中液态金属与去离子水的液滴形态和溅射形态的比较[2]

a. 去离子水，25℃液池；b. $GaIn_{24.5}$，25℃液池；c. $GaIn_{24.5}$，200℃液池。

低,拖曳液体的黏性力减弱,于是二次液滴得以形成。但是,与水滴最大的区别是,液态金属二次液滴是梭形而非球形。这是由于高温下液态金属表面受到严重氧化导致的。

下落高度、针头内径和液池温度对 $GaIn_{24.5}$ 液滴的影响如图 6.5 所示[2]。可以发现,当针头内径增加时,"尾巴"更显著,而下落高度和液池温度的影响看起来小得多。针头内径的影响可归结为:针头内径越大,液滴表面积越大,液滴表面形成的氧化物更多,导致黏性拖曳力越大。而针头内径越大,$GaIn_{24.5}$ 液滴的形状偏离球形程度越高的事实同图 6.3 中情况一致。而下落高度越高,液滴的下落时间越长,不过液滴表面的氧化层防止液滴受到进一步氧化,所以表面氧化物的含量并没有随着液滴在空气中停留时间的延长而增多。随着液池温度的升高,液滴"尾巴"并未出现明显变化。已知 $GaIn_{24.5}$ 液滴的表面氧化物会随着温度的升高而快速增多,可知碰撞前液池的温度并未

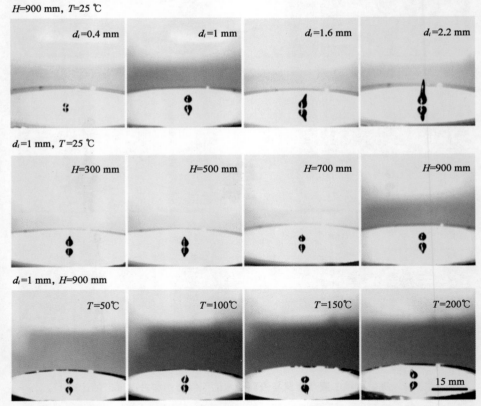

图 6.5　不同针头内径、下落高度和液池温度下,初始时刻 $GaIn_{24.5}$ 液滴的形态比较[2]

对液滴温度造成较大影响,推测是由于空气的热导率较低的缘故。

另外,Li 等在实验中还观察到一个现象[2],即液滴的"尾巴"在下落过程中并不总能保持竖直,受到其与针头脱离瞬间脱离部位的影响。图 6.6 为水平最大宽度为 4.3 mm 的 GaIn$_{24.5}$ 液滴以速度 4.2 m/s 碰撞温度为 25℃液池的例子。图 6.6a 是当下落液滴几乎完全竖直下落时形成的王冠,图 6.6b 是当下落液滴的"尾巴"偏离竖直方向时形成的王冠。可以看出,"尾巴"偏离竖直方向会导致王冠破裂,在尾巴方向处形成缺口,不过二次液滴的溅射方向仍是以缺口位置而成轴对称形式的,这可能是由于液滴的轴对称性质引起。

图 6.6　液滴"尾巴"方向对液态金属"王冠"形态的影响[2]

a. 液滴竖直下落;b. 液滴下落过程中"尾巴"倾斜。

6.4　常温液态金属液滴撞击加热固体壁面的行为

液滴撞击固体壁面的实验研究可以追溯到 19 世纪,1876 年 Worthington 首先对液滴撞击金属壁面的流动过程进行了研究[3]。最初的这项研究即采用了水银这种最为常见的常温液态金属作为实验对象，作者观察了液滴撞击后的铺展、收缩、反弹等阶段的形态变化，定性描绘了液滴撞击的图案。

目前，大量研究确定了水及水相溶液撞击加热壁面过程中的一些典型特性，但是少有探讨常温液态金属撞击特性的文章。Wachters 和 Westerling 于 1966 年研究了水滴撞击加热不锈钢表面的现象[4]，发现随着固体壁面温度不断升高，液滴与固体壁面间的接触逐渐减少，直至飘浮在蒸汽上完全脱离固体表面，由此导致热量传递随着温度的升高而减小，液滴完全蒸发所需时间延长。

常温液态金属具有很高的沸点与热导率，在撞击过程中始终保持液态，其临界热流密度与 Leidenfrost 点所对应的温度均远高于一般的液体冷却剂，因此有望打破传热极限，达到更高效的冷却。至今已有大量针对高熔点金属熔融液滴的撞击特性的研究。由于涉及凝固、氧化等物理化学过程，使得高温熔融金属液滴撞击成为一个独特而复杂的问题，其结果与常温液态金属液滴的撞击规律存在巨大差异。

20 世纪 60 年代，因认识到特定的合金在撞击过程中可以形成亚稳态晶相与非晶固相，熔融液滴在固体表面的撞击与凝固问题开始引起人们的注意。这些现象的原因被归结为金属液滴的高速冷却（冷却速率大于 10^5 K/s）。Madejski 率先开始对急冷凝固（splat-quench solidification）中的传热规律进行实验与理论研究[5]。通过将铺展液滴近似为一个铺展的圆柱体，建立了基于 Stefan 解的有移动固液界面的一维导热模型。Collings 实验研究了铜、铝、石英等不同表面上的液态金属撞击过程[6]。通过忽略液滴的初始表面能，根据能量守恒提出了预测铺展直径的简化模型。从更直接的角度出发，笔者实验室开展了常温液态金属液滴撞击加热固体壁面的实验研究[7]。

图 6.7 是直径 2.61 mm 的液滴以 1.90 m/s 的速度（$Re = 13\,758.7$，$We = 88.4$）撞击在不同初始温度的不锈钢板上的运动过程[7]。从图 6.7a 中反映出的液滴形态变化可以看到，根据液滴铺展直径随时间的变化，可以将液滴的运动过程分为铺展阶段、收缩阶段和平衡阶段。在液滴铺展阶段的早期，由于表面张力的作用，液滴仍能部分维持球形；随着液滴继续向下运动，撞击压力使得液滴的速度由轴向急剧转为径向，动量和能量发生显著变化，在壁面上形成了壁面射流；在铺展的过程中，由于 Rayleigh-Taylor 不稳定性，在圆盘状的壁面射流边缘出现指状凸起；随着铺展的进行，指状凸起不断变

粗,直至 2.32 ms 时达到液滴的最大铺展直径,此时液滴中心铺展为具有一定厚度的薄液。之后,由于黏性力和表面张力的作用,液膜开始收缩,而边缘指状凸起在表面张力的作用下变短收缩,最后形成了环状铺展液层;在收缩阶段结束时,在液滴顶端中心形成凸起。在平衡阶段,经过在固体平壁上的多次振荡后,液滴最终在 49.14 ms 时达到稳定,形成接近于球冠形的液层。图 6.7 b—d 分别是初始直径 2.61 mm 的液滴撞击在初始温度为 50℃、80℃ 与 120℃ 的不锈钢板上的运动过程。虽然壁面温度条件与图 6.7a 的温度略有不同,但三者的液滴撞击壁面后的流动形态基本相同,均是在铺展阶段、收缩阶段紧贴加热固体壁面运动,经过平衡阶段的振荡后,最终铺沉在加热固体壁面上,形成球冠状的液层。

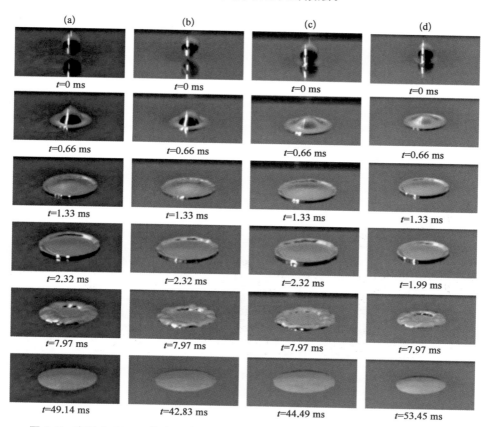

图 6.7 直径 2.61 mm 的金属液滴以 1.90 m/s 的速度撞击不锈钢板的动态过程[7]

a. 不锈钢板的初始温度为 26.4℃;b. 不锈钢板的初始温度为 50℃;c. 不锈钢板的初始温度为 80℃;d. 不锈钢板的初始温度为 120℃。

若通过温度传感器记录液滴撞击不锈钢板后相应部位的温度变化曲线，可以看到，在液态金属液滴撞击加热固体壁面的瞬间，液滴吸收壁面的热量，导致壁面温度迅速下降。不过，由于液滴吸收的热量有限，壁面温度降至最低值之后逐渐攀升；经过一段时间，壁面温度恢复至初始水平，液滴也被壁面加热至同一温度。

6.5 表面含包覆膜的金属液滴撞击基底现象

常温液态金属的高热导率、导电性和良好的可变形性使得这种金属具有相当广泛的应用价值。虽然镓基合金有许多可取的性能，但其表面在大气环境中通常立即氧化并形成一个薄的氧化层。这层氧化物可以轻松地黏附在任何固体表面，从而导致流动性的失效。为了防止液态金属黏附到周围环境，并保持灵活的可变形性，Sivan 等通过用纳米级疏水粉末封装液态金属液滴，展示了一种液态金属弹珠（liquid metal marble）[8]。相比于传统的液体弹珠，这种液态金属弹珠具有许多非凡的物理特性和电子功能。图 6.8 对比了金属液滴与液态金属弹珠撞击固体表面的过程。由于表面的纳米颗粒涂层，液态金属弹珠表现得像一个柔软的固体，失去其变形性和流动性。

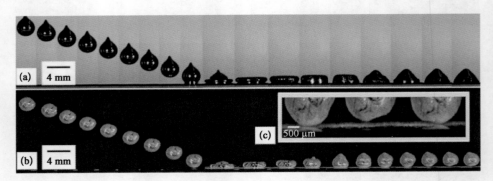

图 6.8 镓合金液滴(a)与 WO$_3$(b)包裹的镓合金液态金属弹珠分别从 25 mm 高度下落至硅片表面的连续摄影[8]

图像之间时间间隔为 1.875 ms。c. 最后三帧的放大图。

通过将液态金属液滴包裹在水及水溶液的液滴中，Ding 等提出了一种液态金属双流体液滴[9]。与现有的液体弹珠相比，双流体液滴呈现出鲜明的特征,如:无氧化物层,变形能力强,流动性高,易于制备且成本低。

图 6.9a 和图 6.9b 分别展示了金属液滴带有或不带水层时撞击基底的示意[9]。当镓合金表面暴露在大气中时,易形成氧化层,能防止内部进一步氧化。报道称,在大气环境条件下的液滴表面张力约为 0.624 N/m,而在无氧环境中的表面张力为 0.435 N/m。这样的物理性质差异使得液态金属会显示出一些独特的行为如变形或运动。制备双流体液滴的工艺可为:首先将一个直径 4.77 mm 的水滴挂在一个不锈钢点胶针头上;然后液态金属被缓缓泵入水滴直到液滴开始下落。其结果是,金属液滴完全被封装在水中。由于隔绝了空气,从而避免了金属表面的氧化。

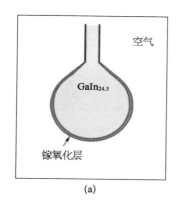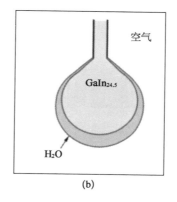

图 6.9 不同条件下液态金属液滴的展示与制备[9]

a. 空气中氧化层覆盖的金属液滴;b. 包裹了水层的液态金属双流体液滴。

图 6.10 对比了金属液滴与双流体液滴的撞击特性[9]。利用高速摄影机以 3 000 帧/秒连续拍摄了液滴撞击的动态过程。图 6.10a、c 显示在金属液滴尾部出现了一条"尾巴",这是氧化层的作用引起的。根据液滴直径随时间的变化,金属液滴在测试表面上的动态变化过程分为初始、铺展、收缩和振荡阶段。双流体液滴随时间的变形过程如图 6.10b、d 所示。很显然,水层的存在影响了金属液滴的运动。液滴在空气中下落时形成球形,而没有"尾巴"。在初始阶段,水层首先接触钢板表面,这相当于降低了不锈钢板的粗糙度,甚至隔绝了液态金属与钢板。水层也导致了液滴边缘指状凸起数量和大小的变化。在铺展阶段,指状凸起形成较早,成长迅速,最终在中部撕裂产生二次小液滴。

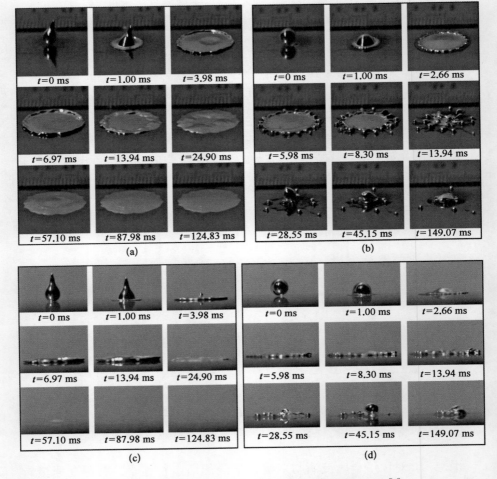

图 6.10　液滴以 1.90 m/s 的速度撞击基底的动态过程[9]

a. 4.77 mm 的金属液滴；b. 5.38 mm 的双流体液滴；c、d. 侧视图[9]。

6.6　液态金属与印刷基底之间的撞击黏附效应

　　液态金属印刷电子学方法是近年来出现的一种全新电子制造模式[10]，其特征是以金属流体替代传统电子墨水，通过印刷方式在基材上直接制备出各种电路及元器件，因其显著的方便高效及低成本优势，已显示出极为广阔的发展前景。液态金属在印刷过程中，墨水液滴与表面的碰撞是一个普遍存在的现象。无论是喷墨打印电子电路过程中，还是在 3D 打印金属器件时，均涉及墨水液滴碰撞固体基底表面的问题。液态金属墨水与表面（干、湿、液池等）的碰撞与黏附特性作为一个崭新的科学问题，在印刷电子学领域具有重要的基础意义和实际参考价值。

传统的液滴碰撞研究已持续有一个多世纪，大量文章研究并确定了水及水相溶液碰撞过程的一些典型特性。然而，这些结果却不能直接用于常温液态金属。我们知道，真实的液态金属电子打印是在大气环境中进行的，此过程中金属容易受到氧化，继而改变其与印刷基底的黏附性乃至印刷质量。以往，由于常温液态金属的应用并未引起注意，因而围绕低熔点液态金属碰撞特性的研究较为鲜见。曾有学者就水银液滴及水滴的碰撞过程做过对比研究。但是，水银的毒性限制了其规模化应用。而且水银是少数在空气中不会形成表面氧化层的液态金属之一，因而其研究结果对液态金属墨水来说并不具指导意义。此外，许多学者在研究金属液滴时，为简化起见，通常都通过保护性气氛规避了氧化效应对液滴碰撞的影响。以往，学术界比较缺乏对氧化气氛中液态金属碰撞特性的资料，而这些因素严重制约了电子打印质量甚至会导致印刷失效。为澄清大气环境下液态金属及其墨水与印刷基底的碰撞特性，笔者实验室 Li 等[11]借助高速摄影机的拍摄和图像分析功能，首次定量评估了金属墨水中氧含量、金属液滴下落高度、液滴出射管径等参数对液态金属液滴与各种固体表面碰撞特性的影响。限于篇幅，这里仅限于考察单个液滴自由下落到表面的状况，可为多个液滴、倾斜碰撞等更为复杂的状况提供基础数据，对于筛选高质量印刷基底及提升液态金属电子打印质量有重要意义。

图 6.11 为 $GaIn_{24.5}$ 金属与搅拌约 1 h 后的 $GaIn_{24.5}$ 金属墨水的形貌对比图[11]。可见，经长时间搅拌后，$GaIn_{24.5}$ 金属墨水从液态逐渐变为半固态，黏度远大于纯 $GaIn_{24.5}$ 金属。实验发现，通过控制搅拌时间，可以得到不同黏度的 $GaIn_{24.5}$ 金属墨水，比如，液态金属样品氧化 10 min 后氧含量为 0.026wt.% 的 $GaIn_{24.5}$ 墨水，为能够实现顺利书写的氧含量最少的墨水。为此，以下提到的液态金属墨水均指氧含量为 0.026wt.% 的墨水。

从印刷电子的应用角度而言，液滴与固体表面的碰撞是影响印刷质量极为关键的问题[11]。为揭示其中的机理，以下选取三种典型柔性基底材料，即打印纸、硅胶和橡胶，分别介绍液态金属液滴与其之间的碰撞特性。实验时，将装有墨水的注射器（10 mL）水平装卡在注射泵（Longer，LSP10-1B）上，由注射

图 6.11　液态金属形貌对比[11]

a. GaIn$_{24.5}$；b. GaIn$_{24.5}$ 墨水。

泵控制液体以 0.5 mL/min 的速度前行，在竖直布置的针头端部形成液滴，之后液滴由于重力作用下落。采用高速摄影机（IDT，NR4-S3）捕捉液滴动态，拍摄速率 5 000 帧/秒。高速摄影机前端配有尼康 85 mm 微距镜头，后端连接到计算机，由计算机中的配套软件控制摄影机动作并记录图像。为得到最佳拍摄角度，摄影机与水平方向成 10°俯角。采用 1 000 W 钨灯作为光源，并采用一大功率 LED 灯作为碰撞区域的加强光源。光源尽可能与实验区域保持一定距离，以减弱对液滴和液体表面的加热作用。光源只在液滴下落到碰撞结束期间打开，每次不超过 5 s。

　　在高度 $H=900\,\mathrm{mm}$，针头内径 $d_i=1.6\,\mathrm{mm}$ 时，分别使 GaIn$_{24.5}$ 下落到打印纸、硅胶板和橡胶板表面。碰撞后 GaIn$_{24.5}$ 液膜的形态如图 6.12 所示[11]。可以看出，对于打印纸和橡胶板，液滴碰撞后形成的 GaIn$_{24.5}$ 液膜在 2 ms 左右很快从中间收缩破裂，而硅胶板上的液膜则一直保持完整，肉眼观察可见，约 3 min 后，液膜才会开始出现收缩迹象，但由于该时间超出高速摄影机的记录时间，所以此处未予以展示。推测这是由于相较打印纸和橡胶板，GaIn$_{24.5}$ 与硅胶板的黏附性较好所致。另外，在硅胶板上的液膜边缘，出现清晰可见的指状凸起，这主要是由于 Rayleigh-Taylor 不稳定性造成的[11]。事实上，通过对三种基底材料的比较，我们发现指状凸起还与基底材料有关，打印纸和橡胶板上的液膜的指状凸起不明显，而硅胶板上的液膜则存在显著的指状凸起。另外，在各组实验中均未观察到 GaIn$_{24.5}$ 溅射的情况，这可以解释为其表面张力比常见液体大很多。

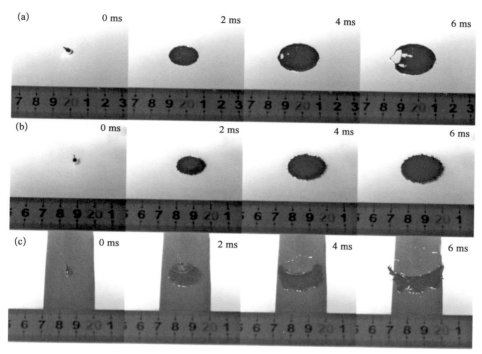

图 6.12 GaIn$_{24.5}$ 和不同基底材料的碰撞特性[11]

a. 打印纸；b. 硅胶板；c. 橡胶板。

针对不同金属液滴碰撞速度的情况，相应测试结果如图 6.13 所示[11]。图中 a、b、c 序列下落高度分别为 300 mm、600 mm 和 900 mm 时，GaIn$_{24.5}$ 和硅胶碰撞形成的液膜，通过软件量取碰撞速度分别为 2.1 m/s、3.2 m/s 和 3.9 m/s 时，对应的液膜直径如图 6.13 中所示。这里的液膜直径是指状凸起内部圆形液膜的直径。从中可以发现，不仅在同一碰撞速度下液膜直径会随时间不断生长，而且随着碰撞速度的提高，同时刻的液膜直径也有增大的趋势。

此外，液滴尺寸对液膜形态的影响不言而喻，研究揭示，液滴下落到基底上时，在同一液滴宽度下液膜直径会随时间不断生长，只是对于直径小的液滴，该趋势不明显，可以认为是其生长时间较快，在 2 ms 时液膜已达到最大。另外，随着液滴水平最大宽度的增大，液膜直径也基本呈增大趋势。

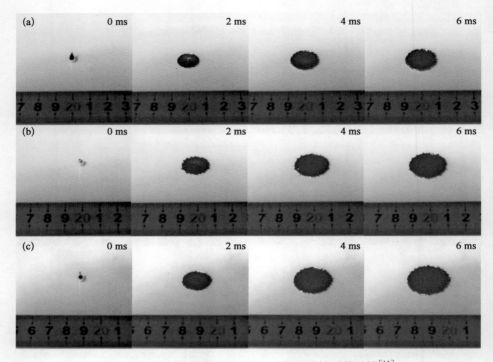

图 6.13 不同碰撞速度下 GaIn$_{24.5}$ 与硅胶的碰撞特性[11]

a. 2.1 m/s；b. 3.2 m/s；c. 3.9 m/s。

6.7 经处理得到的液态金属墨水液滴撞击柔性材料表面情形

以下工作[11]通过量化 GaIn$_{24.5}$ 液滴及由其氧化形成的墨水与柔性基底材料表面的碰撞特性，揭示出了基底材料、碰撞速度和液滴尺寸对碰撞后形成的液膜形态及直径的影响规律，并澄清了 GaIn$_{24.5}$ 墨水与匹配柔性基底材料具有更好黏附性的问题。

在高度 $H=900$ mm，针头内径 $d_i=1.6$ mm 时，分别使经处理得到的 GaIn$_{24.5}$ 金属墨水下落到打印纸、硅胶板和橡胶板表面。碰撞后的液膜形态如图 6.14 所示[11]。从中看出，对于打印纸和橡胶板，液滴碰撞后形成的 GaIn$_{24.5}$ 墨水液膜在 6 ms 左右才出现收缩破裂现象，而硅胶板上的液膜仍能一直保持完整。可见，与改性前的 GaIn$_{24.5}$ 相比，GaIn$_{24.5}$ 墨水和三种基底的黏附性均在一定程度上得到了改善[11]。而且，与改性前的 GaIn$_{24.5}$ 形成的液膜相比，

GaIn$_{24.5}$ 墨水所形成液膜的指状凸起更为明显，尤其是硅胶板上的液膜。推测 GaIn$_{24.5}$ 墨水因内部均匀分布有氧化物，导致其密度发生一定变化，从而与空气的界面加速度发生改变，由此造成的 Rayleigh-Taylor 不稳定性反映到液膜上，即出现更为明显的指状凸起。

图 6.14　处理过的 GaIn$_{24.5}$ 墨水与不同基底材料的碰撞特性[11]

a. 打印纸；b. 硅胶板；c. 橡胶板。

在金属墨水碰撞速度的影响方面，从测试可以看出，不仅在同一碰撞速度下液膜直径会随时间不断生长，而且随着碰撞速度的提高，同时刻的液膜直径也呈增大的趋势。当碰撞速度小时，GaIn$_{24.5}$ 墨水液膜边缘的指状凸起明显更小，这与前人对锡（高熔点金属）液滴的研究结果是一致的，即碰撞速度是液膜边缘指状凸起的一个影响因素。

在金属墨水液滴尺寸的影响方面，实验表明，随着液滴水平最大宽度的增大，同时刻液膜直径也随之增大。另外，液滴尺寸的减小也使得 GaIn$_{24.5}$ 墨水的液膜边缘的指状凸起更小，说明金属墨水液滴尺寸也是液膜边缘指状凸起的一个影响因素。

6.8 液态金属在纤维丛材料表面的弹跳行为

液态金属的高密度性能，导致其很容易在撞击基底后摊开在基底表面，这样就影响了液态金属的再次使用，也不能够达到长程传输的目的。为此，笔者实验室 Wang 等通过制备一种柔性的针状基底结构，实现了液态金属的弹跳作用[12]。

图 6.15 为液态金属在不同的长径比的针结构表面的弹跳效果对比[12]。当长径比达到 5 时，液态金属可以弹跳。这是因为液态金属撞击柔性的针结构时，动能部分转化为柔性针结构的弹性势能。这部分储存的弹性势能可以在液态金属撞击结束时转化为液态金属的内能，从而促使液态金属实现反弹。

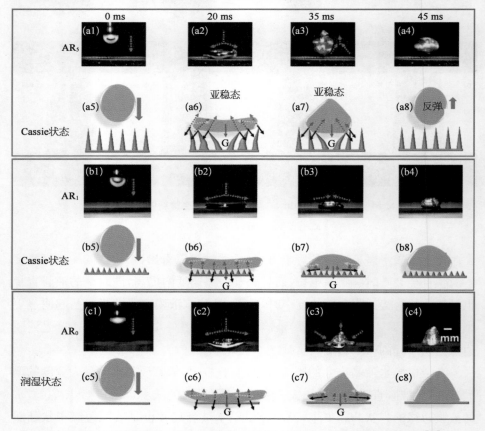

图 6.15 金属液滴撞击三类不同长径比微/纳结构针尖丛表面的动态过程[12]

Wang 等[12] 系统研究和总结了液态金属液滴在由柔性微/纳尺度针状丛林构成的表面上的撞击、接触、反弹、扩展或收缩行为。总的说来，在特定针尖长径比情况下，金属液滴可发生无任何黏附性的全反弹现象。该项研究为采用微/纳尺度结构实现液态金属的高效输运或黏附提供了新思路。

6.9　液态金属的流动生电效应

　　Takahashi 等[13] 的研究揭示出，液态金属在运动过程中会产生电压。实验表明，在一根 2 m 长的圆形石英管道中，用泵驱动液态金属快速流动，可在管道两头检测到电压信号。这个电压信号非常小，只有 50 nV，但是其产生的原理却不简单。研究者将此现象命名为"水动力学反自旋霍尔效应发电"（hydrodynamic inverse spin hall effect generation）。

　　为理解该问题，以下先通过自旋量子霍尔效应了解自旋电子、自旋电流及自旋电势的概念。如图 6.16 所示，考虑一个二维金属面，在竖直方向存在磁场[13]。通上电流之后，由于电子自旋的方向不同，自旋向上和自旋向下的电子会向相反方向移动，从而形成自旋电流。自旋电流是由于自旋电子的规律移动造成的，规定自旋向上的电子运动形成的电流方向为正，而反自旋霍尔效应是在外界作用下，使得自旋电子规律移动从而产生可测的电流。

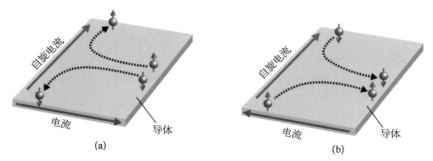

图 6.16　自旋霍尔效应(a)和反自旋霍尔效应(b)[13]

　　了解了自旋电子和自旋电流之后，接下来介绍自旋电子的水动力学发电问题。研究者发现[13]，在没有外界磁场的情况下，自旋电子在纯粹的流动过程中也会产生规律移动。其原因是，在一个管道中，流体的速度中间大边界小。而涡量是速度的旋度，所以边上大中间小，如图 6.17 所示[13]。根据理论分析，自旋向上的电子总是倾向于沿与之相同方向的涡量减小的方向运动。这可以表述为,自旋电压的大小 u^s 正比于涡量。自旋电流 j^s 是自旋电压的梯度,所以其方向正比于涡量的梯度。综上,自旋电流总是指向截面中心的。这样一来,导致的反自旋霍尔效应电势是沿着管道方向的。如果管道足够长,速度梯度够大,反自旋霍尔效应电势就够大。但即使是一个 2 m 长的管道,0.5 MPa 的驱动压力,产生的电势也才 50 nV,所以这种现象的价值更多体现在学术意义上。

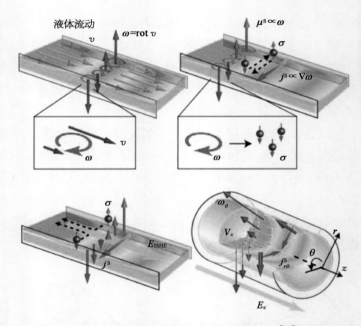

图 6.17　水动力学反自旋霍尔效应发电[13]

6.10　通过振动频率和强度调控液态金属的分散和重新聚合

如何利用液态金属高表面张力和密度,来实现液态金属的任意变形,是研究重点。笔者实验室发现[14],通过将液态金属浸润到乙醇和弗硅烷的有机溶剂中,可以有效减弱液态金属和溶液之间的界面张力,从而使得液态金属易于被修饰。在大振幅小频率的振动作用下,液态金属被分散成微米甚至是纳米级别的颗粒。如图 6.18a 所示,振动频率在 2～5 Hz 范围内,振幅约为 20 cm 时,液态金属因为撞击培养皿的壁面,而导致被分散。这种分散的程度取决于振动次数,主要是因为液态金属在碰壁过程中,获得了大量的能量,当液态金属自身的表面张力不足以束缚这种能量时,就会被打散。而溶液中的有机物恰巧可以把分散的液态金属小颗粒加以包裹,由此形成胶囊装,也即实现了液态金属的分散。这种分散作用颇有意义,例如在液态金属通过小空隙时,可以通过这种低频率的振动分散自身,顺利通过空隙后再重新聚合。

解决了液态金属分散的问题后,如何再将分散的液态金属团聚起来,恢复到分散之前的状态呢?这种借助弗硅烷包裹的液态金属小颗粒,彼此是不接触的,每一个相邻的液态金属之间均存在着弗硅烷层。打破了这层弗硅烷,液态金属就可以团聚起来。同样,通过高频率超声振动,可以迅速实现液态金属的团聚[14],如图 6.18b 所示。分散的液态金属可以在 7 ms 内达到团聚,这是因为高频振动导致了弗硅烷膜层的破裂,从而实现了液态金属的再团聚。

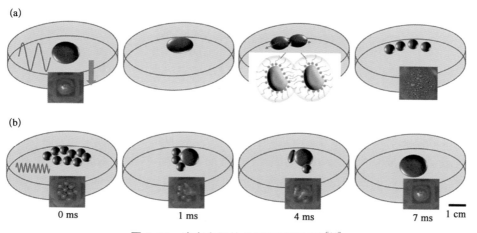

图 6.18　液态金属的分散和团聚过程[14]

a. $f=2\sim5$ Hz;$A=20$ cm;b. $f=100\sim1\,000$ Hz;$A=0.01$ cm。

那么低频率振动对液态金属分散以及高频率对液态金属团聚的具体影响是什么呢? 图 6.19 所示是在不同的振动时间,液态金属所呈现出的结构特征[14]。可以看到,液态金属颗粒越小,球形特征越明显。通过统计分析,可以得到一定的规律:振动次数对于液态金属的分散作用是十分明显的;高频振动对于分散的小液态金属的团聚效率同样是高效的,液态金属可以在很短时间内团聚。这种方法对于液态金属机器人的发展有积极作用。

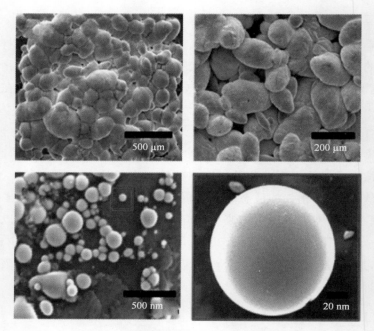

图 6.19 液态金属分散的 SEM 图[14]

6.11 通过溶液沸腾诱发的液态金属分散现象

液态金属由于自身很高的表面张力,不易被分散成为更小的液滴。例如液态金属小液滴,在 NaOH 碱溶液中很容易发生团聚,形成大的液滴,不利于液态金属液滴的应用。同时,在现有技术中通常通过添加表面活性剂来防止液态金属液滴团聚,这会引入多余的物质。为此,笔者实验室尝试了一种简单有效且成本很低的液态金属分散方法:溶液沸腾法[15],解决了液态金属不易分散和团聚的问题,并且可以通过调整液态金属的组成及加热功率,实现对分散颗粒的大小和生成速率的调控。

这一方法的基本原理为:在 pH 值合适的溶液中,通过溶液沸腾过程产生的高能量的气泡撞击液态金属,使液态金属不断分散成小液滴;同时,溶液与液态金属反应会使其表面产生很薄的氧化层,有效隔离液态金属小液滴,从而防止了团聚的发生。

以下给出两组典型实验结果。

去离子水环境情形 取 100 mL 去离子水放置在 150 mL 烧杯中,再将 1.2 g

液态金属(GaIn$_{10}$)滴入；将烧杯放置在恒温加热器上，加热器设定温度250℃，加热到沸点后继续加热，即可分散液态金属。图6.20两个画面分别显示液态金属在去离子水中沸腾前后的情况[15]。从中可以看出，液态金属由初始的整滴，最终变成了许多棒状金属液滴，粒径分析结果为平均短轴长0.33 mm。

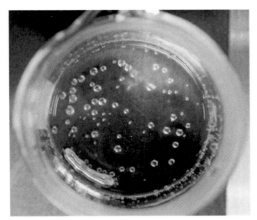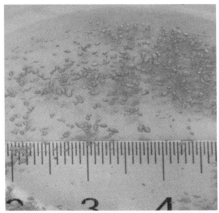

图 6.20　去离子水沸腾制造金属液滴[15]

　　磷酸盐缓冲液(PBS)环境　取100 mL pH＝6的PBS加入到150 mL的烧杯中，再将1.13 g液态金属(GaIn$_{10}$)滴入；将烧杯放置在恒温加热器上，加热器设定温度250℃，加热到沸点后继续加热，即可分散液态金属。实验结果如图6.21两个画面所示，分别表示液态金属在pH＝6的PBS中沸腾前后的情况[15]。由图可知，液态金属由初始的整滴，最终变成了许多球状金属液滴，

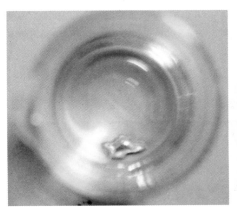

图 6.21　PBS 溶液沸腾制造金属液滴[15]

粒径分析结果为平均直径 0.17 mm。

6.12 液态合金微液滴在电场下的介电电泳效应

根据介电电泳理论[16]：$F_{DEP} = 2\pi\varepsilon_m \mathrm{Re}[K(\omega)]a^3 \nabla E_{rms}^2$，位于非匀称电场 E 中，半径为 a 的中性微粒，会由于介电极化的作用而产生平移运动。这里，$\mathrm{Re}[K(\omega)]$ 为 Clausius-Mossotti (CM)因子的实数部分。产生在微粒上的偶极矩可以由两个带电量相同但极性相反的电荷来表示，当它们在微粒界面上不对称分布时，产生宏观的偶极矩。当偶极矩位于不匀称电场中时，在微粒两边局部电场强度的不同会产生一个净力，这个净力被称为介电电泳力。由于悬浮于媒介中的微粒与媒介有着不同的介电能力（介电常数 ε_m），微粒会向电场强度更强的方向移动，称为阳性介电电泳，或者向着更弱的电场强度的方向移动，称为阴性介电电泳。

对于液态金属镓基合金，$\mathrm{Re}[K(\omega)]$ 趋近于 1，因此在不均匀的电场中，液态金属液滴恒受阳性介电电泳力，也就是说，液滴会趋近于电场强度高的地方。这种特性为液态金属微液滴在微流道中的操控提供很好的途径。通过设计并制作相应芯片，以连续相为不导电的硅油，分散相为镓铟合金，并补充 NaOH 溶液去除产生液滴的氧化膜，可以得到大小均匀的液态金属微液滴[17]。如图 6.22 所示，在流道两边施加不均匀的交流电场，可实现金属液滴

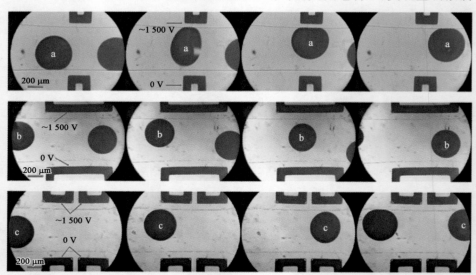

图 6.22 液态金属液滴在不同电极结构下的介电电泳操控及对应的液滴跟踪路线[17]

的操控。实际操控证明,缩短电极长度,增加电极数量可以实现液滴较好的操控。

6.13 在微流道中产生液态合金液滴的流体剪切机制

在微流体芯片中,液滴通常是由两种不相溶的流体通过其间的剪切力实现对流体的分割而形成的。

近年来,将液态金属作为分散相应用于非连续流微流控系统的研究逐渐兴起。液态金属液滴兼具金属和流体的双重优点,这使其在传热载药方面具有很大的发展潜力。关于液态金属液滴的生成,可设计并制作用以生成金属液滴的微流控芯片(图 6.23)。中国科学院理化研究所的 Tian 等利用自制的芯片来探究液态金属液滴生成的实验条件[17],将甲基硅油作为连续相,镓铟锡合金作为分散相,从经典的 T 型流道开始生成液滴实验,在典型 T 型流道的基础上,增加分支流道可得到 F 型流道,从而改善液滴形态,制得规则球形液滴(图 6.24),并可以通过对各项流体流速比例的控制实现对液滴大小的操控。

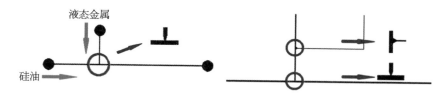

图 6.23 液滴产生流道示意:T 型流道以及 F 型流道[17]

6.14 液态金属无管虹吸效应

无管虹吸是一种在非牛顿流体中发现的特殊虹吸效应,1908 年 Fano 首次对该效应进行了报道[18]。在牛顿流体的虹吸过程中,将管口提高至脱离液面,虹吸过程会立刻停止。对于聚合物流体或者聚合物悬浮液而言,当管口上升到自由液面之上时,液体仍然源源不断地被吸入虹吸管中。这一特殊的流动现象吸引学者进行了系统研究[19,20]。该效应可以用来测量非牛顿流体的拉伸黏度[21,22]。

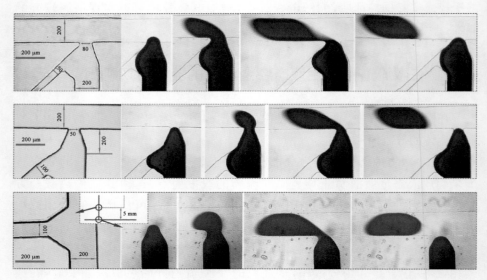

图 6.24　三种 F 型流道中液滴产生过程[17]

　　液态金属与合金的流动特性对于理解冶金、核能、焊接和热喷涂等工业过程具有重要意义。在 20 世纪,大量的实验和理论研究一直致力于金属流体的流动行为。在过去的研究中的一个基本假设是液态金属系牛顿流体,这意味着流体中任意点上的黏性应力与应变率存在线性关系[23]。然而,最近的研究揭示了液态金属系统的非牛顿流体特性。Jeyakumar 通过旋转流变仪实验评价锌、锡与铬液体及其合金的流动行为[24]。结果表明,这些金属液体具有非牛顿流体的剪切变稀和时间依存流动行为。

　　笔者实验室 Ding 等的研究首次揭示了液态金属无管虹吸流动[25]。实验研究了流量与管径对虹吸行为的影响。根据流场中的力平衡,建立了纯液态金属虹吸的理论模型,并通过在金属液体中加入微米尺度铜颗粒来调节其黏度和流动行为。采用的实验装置如图 6.25 所示。液态金属 $GaIn_{24.5}$ 放置在直径 60 mm 的培养皿中,液态金属的初始体积为 150 mL。橡胶管的一端固定在支架上,插入液态金属自由表面,另一端连接到 10 mL 注射器,安装在注射泵(Longer LSP10 - 2A)上。实验发现,当流量过大或过小时,无管虹吸流动很难维持,为此特别用注射泵在 10~50 mL/min 的恒定流量范围内吸取液态金属。随着液面的下降,管口逐渐离开液体表面,但液体仍被持续不断地吸进管中,从而在管口与自由液面之间形成无支撑的液柱。

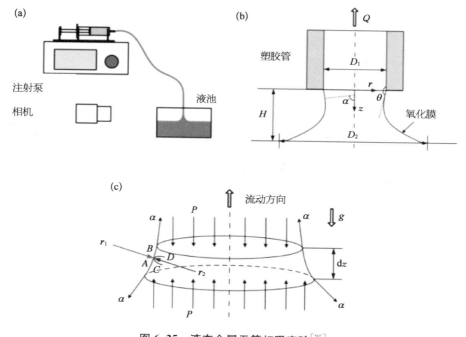

图 6.25　液态金属无管虹吸实验[25]

a. 装置示意；b. 液态金属无管虹吸形态；c. 液柱控制单元。

笔者实验室通过一系列实验，揭示了虹吸速度和管径对于纯金属和含颗粒液态金属的影响[25]。如图 6.26 所示，一个高度约 3 mm 的液柱在液面下降到管口以下后逐渐建立。当液态金属液柱达到临界高度时，由于力平衡的破坏出现颈缩，液柱从中部断裂，虹吸流动停止。整个虹吸过程持续了约 8 s。

含有 2％铜颗粒的悬浮液的实验结果显示[25]，无管虹吸效应明显增强，液柱的最大高度增加，而且虹吸效应的时间延长到 9 s。当微米铜颗粒的质量分数达到 4％时，悬浮液变得灰暗粗糙。虹吸实验表明，该悬浮液具有较强的黏弹性。液柱附近的液态金属被吸走后，表面形成一个凹坑，且长时间（＞10 min）后不会恢复平滑。

在聚合物流体的无管虹吸液柱建立时，管口与自由液面之间的流体重力由垂直方向的法向应力 σ_{zz} 所支撑。该应力是由流动方向上的速度梯度所导致的，即 $\sigma_{zz} = \eta_e \, \mathrm{d}U/\mathrm{d}z$，$\eta_e$ 为流体的拉伸黏度。聚合物溶液的拉伸黏度是由分子链在流动方向上的取向和延伸所致[25]。液态金属在空气中极易氧化，在

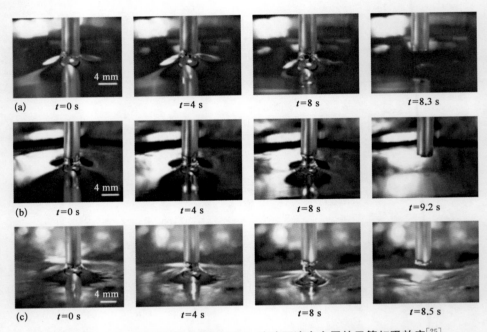

图 6.26　内径 3 mm 管道中 20 mL/min 流速下液态金属的无管虹吸效应[25]

a. 纯镓铟合金；b. 颗粒质量分数 2% 的金属流体；c. 颗粒质量分数 4% 的金属流体。

表面形成一层厚度在纳米量级的半固态氧化膜,该氧化膜具有较大的黏弹性。在液态金属流体的虹吸实验中,随着虹吸管的拉伸,表面氧化膜形成了一个柔性管道,液态金属在泵的抽吸作用下继续向管道流动。当液柱高度过大时,氧化膜中应力过大发生断裂,虹吸流动随之停止。

参 考 文 献

[1] 田露,桂林. 液态金属液滴电子水平仪: 中国, No. 201310042851. 8. 2013.

[2] Li H, Mei S, Wang L, Gao Y, Liu J. Splashing phenomena of room temperature liquid metal droplet striking on the pool of the same liquid under ambient air environment, Int J Heat and Fluid Flow, 2014, 47: 1 - 8.

[3] Worthington A M. On the forms assumed by drops of liquids falling vertically on a horizontal plate. Proceedings of the Royal Society of London, 1876, 25: 261 - 272.

[4] Wachters L H J, Westerling N A J. The heat transfer from a hot wall to impinging water drops in the spheroidal state. Chemical Engineering Science, 1966, 21(11): 1047 - 1056.

[5] Madejski J. Droplets on impact with a solid surface. International Journal of Heat & Mass Transfer, 1983, 26(7): 1095 - 1098.

[6] Collings E W, Markworth A J, McCoy J K, Saunders J H. Splat-quench solidification of freely falling liquid-metal drops by impact on a planar substrate. Journal of Materials Science. 1990, 25(8): 3677 - 82.

[7] 丁玉杰, 刘静. 室温液态金属液滴撞击加热固体壁面的实验研究. 北京: 中国工程热物理学会 2016 传热传质年会: 163209.

[8] Sivan V, Tang S, O'Mullane A P, et al. Liquid metal marbles. Advanced Functional Materials, 2013, 23(2): 144 - 152.

[9] Ding Y, Liu J. Water film coated composite liquid metal marble and its fluidic impact dynamics phenomenon. Frontiers in Energy, 2016, 10(1): 29 - 36.

[10] Zhang Q, Zheng Y, Liu J. Direct writing of electronics based on alloy and metal ink (DREAM Ink): A newly emerging area and its impact on energy, environment and health sciences. Frontiers in Energy, 2012, 6(4): 311 - 340.

[11] 李海燕, 刘静. 液态金属电子墨水与印刷基底之间的撞击作用机制研究. 电子机械工程, 2014, 30(3): 36 - 42.

[12] Wang L, He Z, Ding Y, Zhou X, Liu J. The rebound motion of liquid metal droplet on flexible micro/nano needle forest. Advanced Materials Interfaces, 2016, 3: 1600008.

[13] Takahashi R, Matsuo M, Ono M, et al. Spin hydrodynamic generation. Nature Physics, 2016, 12(1): 52 - 56.

[14] Chen S, Ding Y, Zhang Q, Wang L, Liu J. Intelligent dispersion and reunion of liquid metal droplets. Science China Materials, 2018. https://doi. org/10. 1007/s40843 - 018 - 9325 - 3.

[15] 杨利香, 刘静. 一种通过沸腾去除液态金属氧化及产生金属液滴的方法: 中国, 2018106434360. 2018.

[16] Pohl H A. Dielectrophoresis: the behavior of neutral matter in nonuniform electric fields (Vol. 80). Cambridge: Cambridge University Press, 1978.

[17] TianL, GaoM, GuiL. A microfluidic chip for liquid metal droplet generation and sorting. Micromachines, 2017, 8(2): 39.

[18] Fano G. Contributo allo studio dei corpi filanti. Arch Fis, 1908, 5: 365 - 370.

[19] Bird R B, Armstrong R C, Hassager O, Curtiss C F. Dynamics of polymeric liquids. New York: Wiley, 1977.

[20] Joseph D. Fluid Dynamics of Viscoelastic Liquids. New York: Springer, 1990.

[21] Astarita G, Nicodemo L. Extensional flow behaviour of polymer solutions. Chem Eng J, 1970, 1: 57 - 65.

[22] Otsubo Y, Umeya K. Tubeless syphon flow of viscoelastic suspensions. J Appl Polym Sci, 1984, 29: 1467 - 1470.

[23] Assael M J, Kakosimos K, Banish R M, Brillo J, Egry I, Brooks R, Quested P N,

Mills K C, Nagashima A, Sato Y. Reference data for the density and viscosity of liquid aluminum and liquid iron. J Phys Chem Ref Data, 2006, 35: 285 – 300.

[24] Jeyakumar M, Hamed M, Shankar S. Rheology of liquid metals and alloys. J Non-Newtonian Fluid Mech, 2011, 166: 831 – 838.

[25] Ding Y, Tan S, Zhao X, Cui Y, Tang J, Liu J. Tubeless siphon flow of room temperature liquid metal. arXiv: 1810. 03354, 2018.

第7章
液态金属的操控及驱动

7.1 引言

　　液态金属的操控及驱动有着十分重要的应用背景。比如,芯片冷却中不可或缺的就是对流体的泵送过程,以便通过液态金属或周围冷却液的流动将芯片热量从发热端传输到远端,再释放到空气中。本章介绍操控及驱动液态金属过程中的一些非常规现象和效应,其中两类效应即温差驱动的液态金属热虹吸效应和触发液态金属双流体运动的相变热气驱动效应,具有自适应特点,在发展自驱动冷却技术方面具有独特价值。而利用液态金属与特殊金属形成的伽伐尼腐蚀电偶效应,可以诱发液态金属产生 Marangoni 流动。此外,利用溶液中的 pH 梯度差以及光化学效应,也可促成液态金属的相应运动。众所周知,液态金属表面张力很高,因而在机械作用下,液态金属注射到添加有表面活化剂的溶液中时会出现自剪切现象,若此机械作用采用电场替代,则溶液中液态金属会对应出现射流效应。这些现象在本章中均得到介绍和解释。接下来,本章进一步阐述了可用于产生一定真空度的液态金属引射效应,以及液态金属在电场激发下的形变效应。此外,正如近年来实验发现的那样,处于溶液中的液态金属,易于通过电场加以操控,因此,可利用特殊设计的分布电场,实现对液态金属与水形成的复合流体的定向驱动,继而达到冷却芯片的目的。为避免电解产氢问题,进而提升相应泵送系统的实用性,可采用交流电场达到泵送液态金属液滴及其周边流体的目的,依据于对应的频率,液态金属中可诱发出共振往复流动现象,且在特定频率范围内,产氢强度得以有效抑制。这些问题也在本章中予以讨论。最后,本章介绍了结合电场和磁场驱动溶液中液态金属流动的问题,阐述了产生旋转效应的条件,以及溶液中液态金属在电磁驱动下旋转时表面出现的褶皱波现象。这些基础问题丰富了传统流体力学以及液态金属物理学的相关研究内容。

7.2 温差驱动的液态金属热虹吸效应

热虹吸是基于流体自然对流的一种被动型热传递现象,是流体因加热发生密度变化而产生浮升力驱动的自身流动。在一定温差作用下,液态金属可实现虹吸效应[1]。由于液态金属的高导热性,基于热虹吸效应实现的液态金属自驱动,可发展出对应的流动控制系统或装置,由此实现对电子芯片自动散热[1]以及捕获低品位热能的目的[2]。如图 7.1 所示,热源出口温度高于入口温度时,导致出入口两端液态金属密度不同,于是形成压力差,驱动液态金属逆时针循环流动。高温液态金属通过翅片往外界散热,降低温度后流入热源,从而完成电子芯片散热循环。此类散热方式具有安全、经济、节能与无噪声的特点,可用于电子自动冷却,低品位能量回收等。

液态金属散热器的性能受环路方向、环路管径大小等因素影响,其中热虹吸流速是散热器性能的重要表征参数。液态金属的热虹吸流速大小不但与其物性参数(包括膨胀系数、密度和运动黏度)有关,还与系统的几何参数以及冷热端的高度差、环路长度、局部结构以及热端的表面积和横截面积、加热功率有关。在各类热虹吸效应驱动的流体散热方式中,液态金属较之常用散热介质(如水、空气)的散热效果强,如图 7.2 所示。

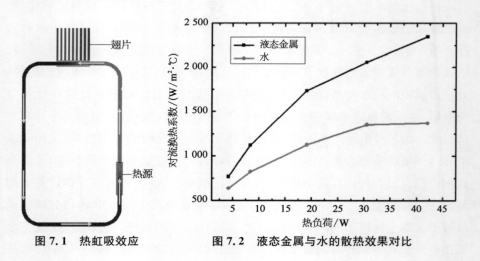

图 7.1 热虹吸效应 　　　　图 7.2 液态金属与水的散热效果对比

7.3 相变热气驱动效应触发液态金属双流体运动

通过特殊的液态金属双流体设计,还可实现小温差驱动下的芯片自动冷却与能量捕获。中国科学院理化研究所的 Tang 等证实[3],对封装于循环通道内的液态金属与低沸点工质,如异戊烷,进行加热,可克服重力实现复合流体的闭式循环往复运动,这种基于相变热气效应的自驱动甚至可在 10℃ 左右的小温差下运行。相应装置结构紧凑,有很高自适应能力。该技术在太阳能、低品位热量捕获以及高热流密度芯片冷却领域有重要用途。

热气驱动原理在本质上与蒸汽机一样,利用工质受热后压力升高的效应来获得驱动力。因此,该方法依赖于工质蒸气压与温度的饱和关系,利用工质的温度梯度来产生压力梯度。热气驱动原理依靠蒸汽产生驱动力,并不依赖于运动部件,因此特别适用于液体工质的驱动。热气驱动方案对于减少机械运动部件来说是一个很好的选择。此外,借助该原理还可以根据冷热源温差的不同,灵活利用气体的热气动压差来实现对不同系统的驱动和控制。正因为具有这些优点,热气驱动原理被广泛用来为各种驱动装置和传感系统提供动力。早在 17 世纪,这一原理就被用于为钟表提供动力,这种依靠温差来提供动力的钟表因而被命名为空气钟(atoms clock)。历史上空气钟曾使用过水银和氯乙烷作为工质。因为其运行时消耗的功率非常小($< 0.1~\mu W$),因此环境温度很小的变化(1℃)即可以维持钟表长时间的运行。热气驱动原理也在能量转换装置中得到利用,包括脉冲热管和虹吸系统。

图 7.3 展示的是 Tang 等设计的使用热能驱动液态金属循环流动的结构[3],图 7.4 为实际装置。该系统呈竖直布置,主要由底部热腔(内置加热模块)、上部冷腔以及之间的出流和回流管道组成。液态金属自身蒸汽压极低,因此单一的加热液态金属需要很高的温度才能获得很小的压差。为此,设计中引入了另一种高蒸汽压的辅助液体(如烷类或制冷剂)与液态金属配合使用。这样,通过加热模块加热,就可以实现液态金属在系统流道间的自驱循环流动。

该系统在实际运行过程中各部件的温度变化如图 7.5 所示[3],可作为一种无需额外电功输入的自驱散热方案。从中可以看出,当加热开启后,加热模块、热腔和冷腔内的温度均逐渐升高。维持恒定的加热功率,三者之间逐渐建立起稳定的温度差异,系统能在长时间内稳定运行。通过液态金属和辅助工质的流动,该装置既实现了热量从热腔到冷腔之间的传递,又实现了能量从热

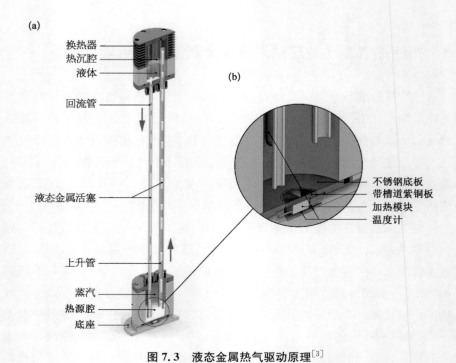

图 7.3　液态金属热气驱动原理[3]

a. 液态金属热量捕获器结构；b. 热腔内部结构放大图。

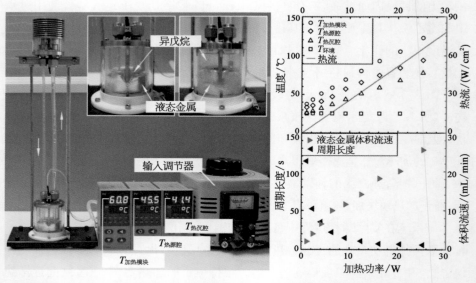

图 7.4　小温差驱动下的液态金属与低沸点工质双流体自循环系统及其工作性能[3]

能到机械能的转化。图 7.5b、图 7.5c 分别截取了系统运行过程中不同时间段,加热模块、热腔和冷腔温度在 2 min 内的变化情况。可见,系统各部件处的温度均出现周期性的波动变化,这与实际观察到的管道中液态金属液柱的周期性流动相对应。

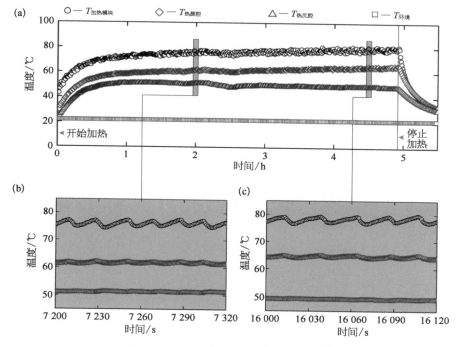

图 7.5 液态金属热气系统工作情形[3]

　　a. 液态金属热量捕获器在完整工作过程中,加热模块、热腔和冷腔温度随时间的变化(恒定加热功率 12.25 W);b、c. 不同工作时间段,加热模块、热腔和冷腔温度在 2 min 内的周期性变化。

　　这种液态金属和辅助流体共同作用的双流体体系实现了热量从热腔到冷腔的传递,因此该方案可视为一种自驱运行的散热方案。同时该系统实现了能量从热能到液态金属机械能的转换,通过进一步的设计,可以将液态金属的机械能转换为可输出的动能或者电能。

7.4　Galvani 腐蚀电偶效应诱发的液态金属 Marangoni 流动效应

　　液态金属与各种材料直接相互作用的复杂性远超人们的一般认识。在题为"Galvani 腐蚀电偶诱发的液态金属 Marangoni 流动"的论文中[4]，Tan 等报道了液态金属与另一类金属接触时所诱发的流动现象（图 7.6），并揭示了导致表面流动的起因。通过测量液态金属的电势降落，引入电化学腐蚀理论，作者定量研究了 Ga-Cu 腐蚀电偶所诱发的液态金属 Marangoni 流动机理。

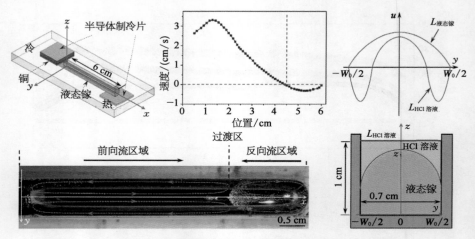

图 7.6 腐蚀电偶及温度梯度诱发的液态金属 Marangoni 流[4]

在探究上述现象起因的过程中，首先可以排除 Rayleigh-Bénard 对流的影响，这是因为 Rayleigh-Bénard 对流产生的流动，会使得表面流动与实验所观察到的流动方向相反。研究进一步表明，同样可以排除单纯由温度导致的表面张力变化。原因在于，温度与表面张力成反比，这就使得冷端表面张力更高，所以也会使得表面流动与实验观测相反，而去除了铜的影响之后，实验观测表明，在单纯温差下，处于 HCl 溶液中的镓表面并不会产生 Marangoni 流动。

排除了诸多因素之后，Tan 等[4]将主要原因归结到两种金属接触导致的腐蚀电偶电极电位的分布不均上。通过测量镓上的电极电位，发现电极电位的变化与液态金属-溶液表面的 Marangoni 流动有着紧密的联系。基于所获取的镓在酸性溶液中的零电极电位，并将实验所测电极电位代入电毛细方程，可以求得表面张力梯度，将其与液态金属流动求得的理论值进行对比，发现两者差别并不大，从而证明此处的 Marangoni 流动确实是由腐蚀电偶的电极电位分布不均所致。此项工作拓展了人们对液态金属界面流动的认识。

7.5　溶液中 pH 梯度驱动液态金属运动

澳大利亚的一个研究团队发现,液态金属液滴在 pH 梯度下也能产生表面张力差,从而实现驱动[5]。如图 7.7 所示,一滴液态金属在两侧的 pH 差驱动下,发生了运动,其 pH 差为 13。

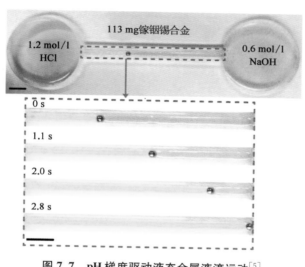

图 7.7　pH 梯度驱动液态金属液滴运动[5]

这里,液态金属液滴的运动是因为两侧的 pH 环境改变了表面的双电层结构[5]。根据 Lippman 方程可知,两侧的表面张力会出现不平衡,从而产生形变或者运动。如图 7.8 所示,在一个 PDMS 上加工两个 U 型管道,管道两侧放置一个液态金属滴,U 型管道中分别灌入 HCl 和 NaOH 溶液,从而在液态金属液滴两侧产生 pH 差。当 pH 差较小的时候,液态金属液滴两侧可观察到明显的形状变化;当 pH 差较大时,液滴两侧压力差足以驱使其运动。

7.6　光化学驱动的液态金属弹珠运动现象

双氧水(H_2O_2)在催化条件下会分解成氧气和氢气,光催化剂氧化钛(TiO_2)或氧化钨(WO_3)能够加速这一分解反应。那么如果给液态金属小球穿上一层光催化剂 WO_3 外衣会有什么奇妙的现象呢?让镓铟锡液态金属小

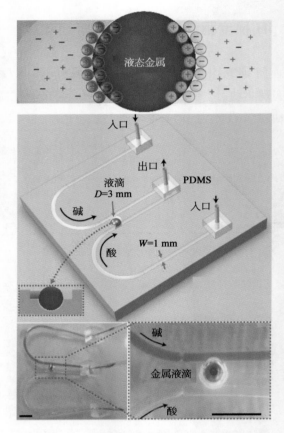

图 7.8 液态金属液滴在浓度差下的形变

球在 WO_3 纳米堆里打个滚,便穿上了一层 80 nm 厚的纳米外套,形成液态金属纳米弹珠[6]。接着将弹珠放到双氧水中,从底部给液态金属的固定位置加以紫外线光照,液态金属弹珠仿佛被激活了。光照处,光催化剂发生作用,双氧水快速分解,产生大量的气泡,气泡能推动液态金属弹珠向前滚动,如图 7.9 所示[6]。

研究人员还发现[6],随着双氧水浓度的增加,弹珠滚动得越来越快,增强光照强度也能加速弹珠的运动。另外,在光驱动下,小弹珠滚得比大弹珠要快。所以通过控制双氧水浓度、光照强度以及弹珠尺寸,可以控制弹珠的运动速度;通过调节光照位置,可以控制弹珠运动的方向。因此,在图 7.9b 系统中增设监测反馈装置,就可以让液态金属弹珠任由摆布了!

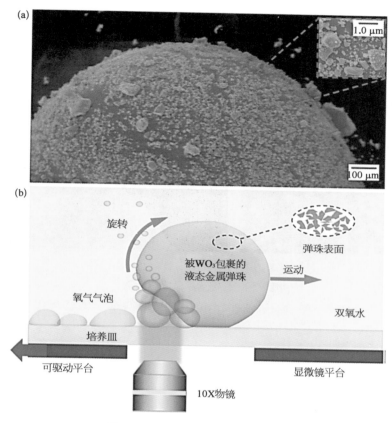

图 7.9 液态金属弹珠及其运动[6]

a. SEM 图像：镓铟锡金属球外包裹 80 nm WO₃ 纳米颗粒；b. 运动示意图：纳米包裹液态金属弹珠在双氧水中由光驱动。

7.7 溶液内液态金属喷射过程中的自剪切现象

笔者实验室发现[7]，液态金属在加入表面活性剂（如十二烷基硫酸钠）的溶液里以一定速度喷射时，会由于液态金属表面张力和周围溶液的剪切力的平衡作用，导致液态金属断裂成大量微米尺度球体（图 7.10）。应用高速摄像机可以清晰地观察到现象的全过程。如图 7.11 所示[7]，液态金属首先以一定的流速形成一条连续的细流，在距离针头一定距离的地方，细流前端的液态金属逐渐减速，随着速度的减小，先出现凹口，然后断开，形状从梭形变为最后的球形。

图 7.10 液态金属自剪切现象[7]

a. 原理图;b. 实验现象。其中,i. 表面活化剂浓度 10 g/L 情形;ii. 表面活化剂浓度 20 g/L 情形;iii. 金属液滴大量生成情形。

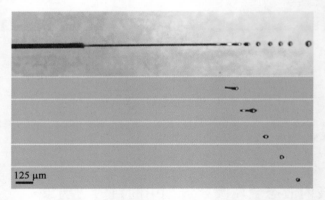

图 7.11 高速摄像机拍摄的液态金属自剪切形成微球的详细过程[7]

液态金属断裂成若干微球是由液态金属表面张力和周围溶液的剪切力的平衡作用导致的[7]。根据流体力学的规则,影响喷射液体的主要因素之一是黏性剪切应力和表面张力之间的平衡。当剪切应力有足够的强度可以克服表面张力时,液态金属保持喷射,否则会断裂成小滴。同时,喷出液态金属的前端流动会受到外部液体带来的阻力,这个阻力与周围液体的密度成正比。影响微球大小和稳定性的因素主要有针头直径、推射速度、溶液黏度、溶液密度等。比如,水和酒精的黏度分别为 0.957 9 mm^2/s 和 2.341 mm^2/s,密度分别为 0.975 g/cm^3 和 0.870 g/cm^3。酒精的黏度比水高很多,液态金属在酒精中的黏性剪切力更强,因此液态金属在酒精中的喷射长度比在水中更长。同时由于水和酒精的密度相差不大,所以液态金属流动时由于溶液密度带来的阻力效果相差不大,黏度是影响两者差异的主要原因。10 mg/mL、20 mg/mL SDS 溶液的黏度分别为 0.957 mm^2/s 和 0.958 mm^2/s,密度分别为 0.985 g/cm^3 和 0.995 g/cm^3,两种溶液的密度和黏度几乎相同,表面张力差别仅是由于不同的 SDS 浓度所致。溶液的表面张力随着 SDS 浓度的增加而减小,液态金属在 20 mg/mL 溶液中的界面张力比在 10 mg/mL 溶液中的大,因此液态金属射流会更快断裂。

利用这种独特的常温液态金属射流自剪切现象,可以极低成本快速制备大量微米尺度液态金属球体,无需借助复杂昂贵的其他设备,且形成的微球在溶液中可以保持良好的分散性和稳定性。

上述有趣现象的发现纯属偶然。最初,笔者实验室启动了探索液态金属血管成像方法的研究,实验中需不时配制金属流体并将其注射于组织器官,科研人员惊奇地发现,由注射针头不经意间射入样品液池中的金属流体,会出现迅速分散现象,继而形成大量粒径均一的金属微滴,在灯光照射下熠熠生辉。这一独特现象当即引起重视。研究小组通过系列对比试验,发现了其中的关键机制在于金属流体自身的高表面张力及表面活化剂的双重作用,当利用微细孔径注射器将液态金属快速注入添加有表面活性剂的水中时,两种流体表面张力上的显著差异与相互作用会导致金属射流出现自剪切现象,继而收缩形成最小直径在 50 μm 左右的微球,表面活性剂的存在则确保了这些微液滴不会在碰撞下重新融合。这是一种以往从未被报道过的液态金属流体力学新现象,基于该效应,可在几秒内快速制备出数以千计的液态金属微球,整个操作过程十分简便,所生成的金属微滴可在室温下稳定存在数周以上,冷却后即形成固态金属微球。

近年来,微小尺度球体(微球)的制造对于生物、化学、药学乃至电子制造等的价值日益重要,其产生机制本身也是微流体研究的重点主题;相较于其他材料,液态金属微球更在微开关、微泵乃至金属零部件加工等方面具有独特价值。然而传统的微球制备需采用流体共聚焦等方法,微滴系单颗产生并收集,这类微流道制造途径成本高、工艺复杂、程序繁琐且产生效率低。研究小组此次发现的新方法简单而快捷,免去了复杂昂贵的制造过程和设施,大幅降低了液态金属微球获取的难度和成本。以上研究揭示了金属射流与周围流体之间的相互作用对微球生成的影响,还进一步将微球堆积成型(图 7.12),经降温后制成坚硬的多孔金属结构[7],这一特性也有望为液态金属微加工等技术创造条件。

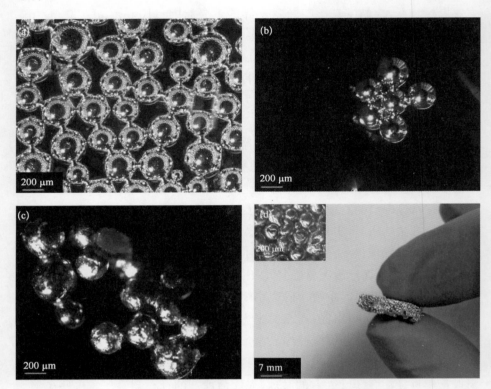

图 7.12 喷射出的金属液滴堆积冻结后形成的多孔金属块体[7]

a. 随机连接的金属液滴;b. 6 个金属液滴的 2D 结构;c. 金属液滴的 3D 结构;d. 连续沉积金属液滴后形成的泡沫金属。

7.8 溶液中液态金属在电场诱导下的射流效应

笔者实验室 Fang 等[8]发现了一种独特的极低电压诱发的液态金属射流现象和电毛细效应,为金属微滴乃至固体颗粒的快速制备和精确操控打开了一条新途径。实验观察到,在无电压作用时,盛放于容器腔出口毛细管内的液态金属前沿会因表面张力和外界静压的作用而保持静态。一旦施加电场,浸没于 NaOH 溶液中的毛细管内液态金属会自动喷射而出形成微滴,仿佛喷泉一般，这些液滴在电场作用下朝着阳极方向快速移动，可控性强，到达阳极后形成"大珠小珠落玉盘"的景象（图 7.13）。将持续生成的液滴冷却收集后，即可获得金属固体微粒，整个过程仅需极低电压（2～20 V）。电压越高，金属液滴生成率及移动速率越快。

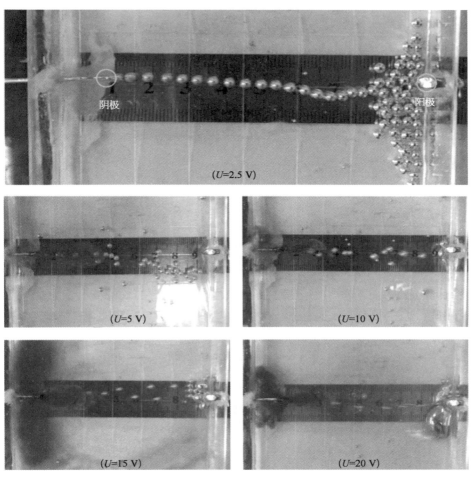

图 7.13　低电压电场诱导出的液态金属射流与微滴生成现象[8]

系统的对比实验表明[8]，液态金属从喷射到液滴产生与运动包含三个关键流动相态。在喷射伊始，外界电压产生的电场力会打破液态金属界面的力学平衡，并使其沿电场方向发生变形和运动。当液态金属从毛细管喷射出来进入 NaOH 溶液时，由于自身的低黏、高表面张力与电场力相互作用，液态金属射流随即发生 Plateau-Rayleigh 不稳定现象,撕裂离散成粒径均一的液滴。金属液滴在电场作用下易于形成电双层,液滴自身的高导电性会使其界面切向电场力消失,而电双层内的切向电场力必须通过金属液滴运动产生的剪切应力来实现力学平衡,由此诱导了液滴运动方向与电场方向保持一致。

在上述过程中,外界电场力是促成液态金属液滴喷射和运动的主要动力来源,而 NaOH 溶液则有效及时地消除了界面电化学反应生成的金属氧化物。值得指出的是,传统的胶体或金属颗粒电泳现象需要上千伏电压驱动,这里的金属液滴快速运动只需数伏电压即可,其本质原因正在于液态金属优良的导电性和流动性。此前,电压诱导的液态金属喷射现象从未被报道过,这种微滴生成与运动效应无需复杂设备,能耗极低,操控极为简便快捷,十分有利于应用。

此效应,除了在快速制备金属液滴方面的独特价值外,也引申出十分丰富有趣的物理学图景,为今后探索室温液态金属独特的流体力学行为指出了新的方向。

7.9　液态金属的超强引射效应

较高速度的流体射流将另一静止或低速的流体吸入并相互混合,然后一起流动,这一现象称作引射效应。引射效应是一种在生活、工业和航空航天等领域中广泛应用的流体现象[9]。从家用燃气灶,到工业引射真空泵,再到航天发动机的助推器,都包含着结构各异的引射部件。从结构复杂程度和功能上来说,引射器无疑是流体工程领域的一项伟大发明。引射器结构简单,内部无需任何机械运动部件。如图 7.14 所示,引射器的基本结构通常包括工作喷嘴(nozzle)、吸气室(suction chamber)、混合段(mixing section)和扩压段(diffuser)等流通截面积各不相同的几个部分。以液体为工作流体的引射器是引射器的一大类,其工作原理基于流体力学的基本方程——伯努利方程,在不考虑流动损失的情况下,伯努利方程具有以下形式:

$$\frac{1}{2}\rho V_1^2 + \rho g h_1 + P_1 = \frac{1}{2}\rho V_2^2 + \rho g h_2 + P_2, \tag{7.1}$$

其中,ρ 为流体密度,g 为重力加速度,V、h 和 P 分别代表流体的速度、参考高度以及静压,小标 1 和 2 代表流体流动时不同的位置。方程(7.1)左右两边的三项分别代表了流体的动能、重力势能和压力势能,等号意味着流体在流动

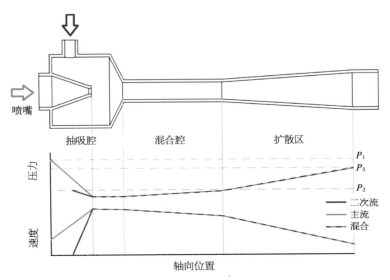

图 7.14　引射器的基本结构以及引射器内部流体压力和速度的变化情况示意[9]

过程中机械能守恒。流体流经小流通截面流道时，由于流动质量守恒，流体的流速将增大。在高度变化不大的情况下，由伯努利方程可知流体的静压是减小的。因此流体在较宽流道处具有较小的流速和较大的静压，而在较窄的流道处具有较大的流速和较小的静压。对于引射器来说，当流体从喷嘴喷射入引射腔时，流体的速度达到最大，压力降至最低，形成真空。在此真空吸力的作用下，使得工作流体（primary fluid）能够将被引射流体（secondary fluid）吸入引射腔，并在混合室中进行混合和能量交换。在扩压器中，再一次进行动能和势能的转化，将混合后气体的一部分动能转换为压力势能。可见，通过引射器内流道的变化，便可以实现被引射流体的压缩、输送和两种流体的混合等多种功能。

仔细审视伯努利方程，可以发现，引射器的工作参数与工作流体的密度有着密切的关系。密度越大的工作流体，相同速度变化所带来的压力变化也越大，也即引射器具有更强的真空吸力。因此从原理上来说，使用高密度的流体可以提高引射器的工作性能。在液体引射器中普遍使用的工质是水。将无机盐溶于水通常可以得到密度更高的溶液。对于追求极致的人来说，在寻找更高密度的流体时往往会想到液态金属这一特殊的流体[9]。水银作为一种室温下的液态金属流体具有超高的密度（13.55 g/cm³）。但是我们这里所涉及的是另一种室温下的液态金属,一种以镓和铟(和/或锡等其他金属)为主要成分的合金材料。这种液态合金的密度大约为 6.3 g/cm³(金属组分不同),和水银一样在室温条件下具有很好的流动性。但是这种液态金属无毒,比水银更具有应用优势。同时,虽然镓铟液态金属的密度仅为水银的 1/2 左右,但是其引射性能要优于水银[9]。

引射器的引射真空,即被引射流体流量为零时吸气室内的真空压力,是衡量其工作性能的主要指标。图 7.15 中对比了水(密度 1 g/cm³)、碘化钠溶液(密度 1.5 g/cm³)、镓铟合金(密度 6.3 g/cm³)三种不同密度流体的引射性能[9]。可以看出,三种不同液体作为引射器工作流体时能够获得的极限引射真空具有很大差异。对比水和碘化钠溶液可以看出,在相同的输入功率下,碘化钠溶液驱动的引射器所获得的极限引射真空压力值要明显小于以水为工作流体的运行工况。而以液态金属为工作流体的运行工况与常规水和水溶液的运行工况相比,引射器的极限引射真空具有量级上的区别。这说明了使用高密度流体可以提高引射器的性能,而使用镓铟液态金属能够获得优于常规流体的超强引射效应。

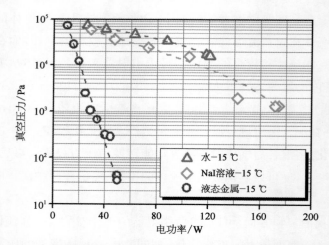

图 7.15 相同驱动泵功下不同工作流体运行工况引射器的引射真空[9]

引射器是依靠高速流体产生的真空吸力来工作的,在高引射真空下,流体自身的蒸汽压会对其性能产生明显的影响。流体的蒸汽压与温度存在对应关系,因此这一影响可以从引射真空和温度的变化关系中体现出来[10]。从图 7.16 可以看出,在其他条件不变、温度升高时,以水和碘化钠溶液为工作流体的运行工况的引射真空压力逐渐升高,这与温度升高时液体饱和压力上升相吻合。同时可以看出,以镓铟液态金属为工作流体的运行工况的引射真空基本不受温度升高的影响,其原因在于这类液态金属具有极低的蒸汽压($<10^{-6}$ Pa,500℃),同时也说明了镓铟液态金属在引射性能上相较于水银的优势。水银虽然具有超高的密度,但是由于水银蒸汽压较高(1.7×10^{-1} Pa,20℃),所以不利于高引射真空的获得。

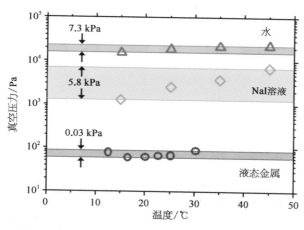

图 7.16　温度对不同工作流体引射真空的影响[10]

7.10　多相体系中的液态金属电激发效应

在多相体系中,外场诱导的液态金属流动行为会变得异常复杂。多相流体的电动力学复杂性主要源于界面(或附近)电荷所引起的麦克斯韦电应力的间断。典型的流体电动力学机制包括电润湿、电渗、电泳、电喷雾及电纺丝等,并被广泛应用于流体的流动和变形控制。室温液态金属可以通过与介电基底材料之间润湿与去润湿切换来实现发电功能。

Collins 等的研究表明[11],空气中室温液态金属液面在高强度电场作用下形成凸起的奇异尖端(图 7.17)。但对于水溶液等介质而言,凸起的顶部具有有限的曲率并在较大的电场作用下出现破裂。这一奇异现象的机理在于,室温液态金属完美导体属性使得电场线垂直并终止于液态金属表面,从而使其表面受力呈球对称性并均匀集中于某一点,最终导致尖端的形成。介电液中导电性液滴会沿着外界电场方向变形,其表面富余电荷还会促发液滴沿着电场方向运动。而电解液中导电性液滴由于电场极化作用,界面附近形成双电层,所诱导的导电液滴变形和电解液流体动力学机理远未得到认识。基于这些奇异现象,可以发展出室温液态金属运动控制方法和新颖的电解液微泵。

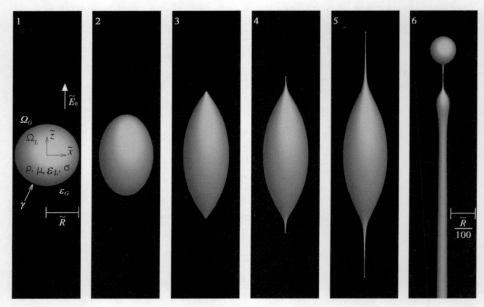

图 7.17　液态金属液滴沿电场方向形变特性[11]

7.11　分布电场驱动的液态金属与水复合流体定向流动现象

芯片冷却中较常遇到的传统液体工质为水,其运行一般采用机械泵驱动,然而水的导热率较低,因此使得散热效果并不理想。作为水的替代散热工质,近年来出现的液态金属受到广泛关注,其可以实现较高功率密度的散热。笔者实验室的研究发现,处于水溶液环境中的液态金属如镓基合金流体,易于在纯电场的作用下实现定向驱动,这可用于发展体积上十分紧凑且厚度较薄的散热器。

Tan 等为此展示了一种双流体芯片散热器[12],其同时集液态金属高导热性与水溶液高热容性优势于一体,只需极低电压即可驱动液态金属及周边水溶液循环往复地流动,由此将发热对象表面热量由近及远输送出去,功耗极低。比如,该器件在 3 W/cm² 热流密度下可有效维持热源温度低于 55℃,驱

动功率仅需 $0.8\,W$。图 7.18 中展示了 Tan 等[12] 设计的散热机构，其中在一个
有机玻璃中雕刻有一个一个环形朝上的开口流道，截面宽度和深度为 $5\,mm\times$
$5\,mm$。将 $0.5\,M$ 的 NaOH 溶液灌注到环形流道中，流道中放置一滴液态金
属液滴。将流道的右段部分直接截取掉，用一个带有翅片的铜流道结构替代，
作为远端散热器。在铜翅片结构底部设置两个小风扇使得翅片上为强制对流
换热，而在流道的左侧底部用一个 $50\,mm\times10\,mm\times2\,mm$ 的铜片替代流
道底部，铜片下部贴有一个电阻加热片。电阻加热片电阻值为 $35.4\,\Omega$，用来模
拟发热源。由于铜片直接与散热流体接触，所以热量更容易被传走散热到远
端。在流道上部分覆盖一个有机玻璃片并用 705 硅胶粘连。这里液态金属选
用 $GaIn_{20}$。

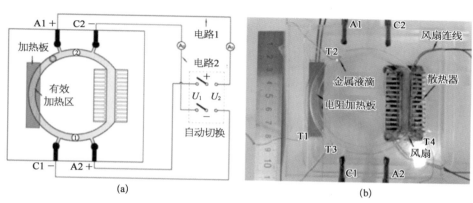

图 7.18　电极阵列控制下的液态金属水溶液双流体芯片冷却器[12]

a. 原理图；b. 实物图。

　　为了使得一个液态金属液滴在流道中持续形成环形运动，在这里沿着环
形流道两侧设置了两对石墨电极。A1（阳极）/C1（阴极）为一对，A2（阳极）/
C2（阴极）是另外一对，如图 7.18a 所示（其中①、②为流道中两个特殊位置）。
此外这里还设置了一个定时转换开关，开关的转换频率应当与液滴圆周运动
的频率一致，从而保证液滴能够一直在流道中逆时针运动，若无这一开关，液
滴的运动将会变得混乱无序。

　　当液滴运动到位置①时，开关电压加载到 U_1 上，从而电路 1 工作，驱动液
滴从位置①向着位置②运动（逆时针），到达位置②后，电路 1 关闭，电压加载
到 U_2 上，从而液滴向着位置①运动。由此周而复始，液滴在流道中可形成环
形运动，从而将电阻加热板处的热量持续不断地传输到远端散热器，最后释放

到空气中。

这种纯电控驱动的流体冷却器(图 7.18b)在无需外部机械泵甚至磁体的情况下,就实现了双重流体的同时高效泵送,结构相当紧凑,此类技术可在笔记本电脑、手机、LED、激光等光电器件冷却乃至更多能量转换与利用场合发挥作用。

7.12 交流电场诱发的液态金属流动与共振现象

在恒定电场作用下,浸没在电解质溶液中的液态金属液滴会朝着一端电极单向移动。不难想象,在交流电场作用下,液态金属液滴将会在两电极之间来回运动,且其往复运动的频率应与电场频率保持一致。

Yang 等的工作发现[13],处于电解质溶液中的金属液滴在交变电场作用下会体现出非常规的往复运动规律。实验发现,在特定电场频率下,液滴自身运动出现了强烈的共振现象;同时,在交变电场作用下,电解质溶液的电解以及由此产生的氢气得以有效抑制。此种液态金属泵更能满足实际需要,且结构简单、功耗低,在电解质溶液乃至血液泵送、芯片冷却、流体混合等场合有重要用途。

图 7.19 展示了在电压为 ±5 V、频率为 0.55 Hz 的交流电场作用下,浸没

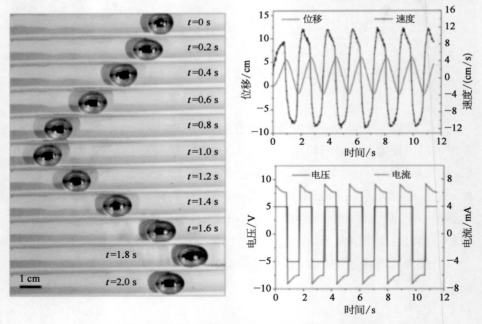

图 7.19 金属液滴在交变电场驱动作用下的往复运动情形[13]

在 0.5 mol/L NaOH 溶液中直径为 10 mm 的 $GaIn_{10}$ 液滴的往复运动行为[13]。从图 7.19 可以看到,液滴的运动表现出很好的周期性,运动速度达到 8~12 m/s,转向加速度高达 67 cm/s^2,也就是说具有很高的灵敏度。

理论分析表明,液态金属液滴振荡幅度的大小主要受到液滴大小、电场强度和频率以及电解质溶液浓度等的影响[13],如图 7.20 所示。可以看到,液滴尺寸在 10 mm 左右时振荡幅度最大;振荡强度几乎与电场强度线性正相关,而与电场频率呈现负相关关系;增加溶液浓度可以显著提高振荡幅值,但是存在一个饱和极限。

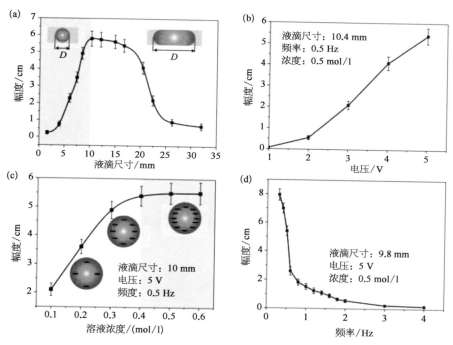

图 7.20　振荡幅度的影响因素[13]

a. 液滴大小;b. 电场强度;c. 电解质溶液浓度;d. 电场频率。

实验发现,在特定的电场频率下,液态金属液滴将会展现出强烈的共振行为[13]。此时,液滴整体上几乎保持静止,但液滴表面却存在强烈的往复流动。利用高速摄像仪可以记录下这一共振行为,见图 7.21a。通过对不同尺寸的液滴进行研究,我们发现共振频率会随着液滴尺寸的增加而减小。液态金属强烈的表面流动会对周围电解质溶液的流动产生影响,利用这一特点,可以开发出相应的应用器件。

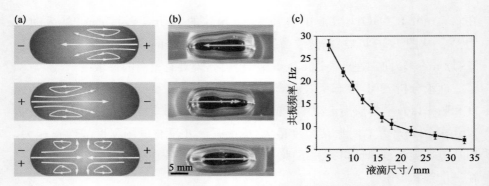

图 7.21　高频交流电场下液态金属的共振行为[13]

a. 示意图；b. 实物图；c. 共振频率随液滴尺寸变化。

7.13　交流电场下液态金属液滴的泵送效应

通过上一节的讲解，可以了解到，在较高频率的电场作用下，液态金属表面将会出现强烈的表面流动，而这种表面流动可以带动周围流体运动。通过特定的流道和电极布置，笔者实验室发现，浸没在电解质溶液中的液态金属在交流电场作用下可以对周围流体进行泵送或混合。

图 7.22a 展示了环形槽道内液态金属的泵送效应[13]。为了便于观察，我们向槽道内注入墨水以示意其中的流动情况，可以清楚看到，槽道内的流体沿

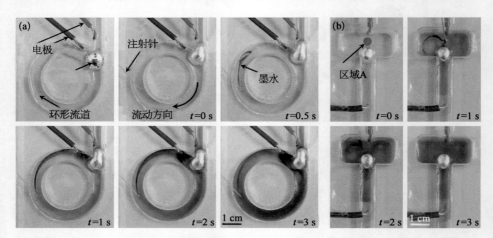

图 7.22　交流电场下液态金属的泵送与混合效应[13]

a. 环形槽道内液态金属的泵送效应；b. 交流电场下液态金属液滴对溶液的混合作用。

顺时针方向流动。初步计算表明，其流量约为 17 mL/min，而其消耗的电功率仅约 33 mW。类似地，图 7.22b 展示了交流电场下液态金属液滴对溶液的混合作用，同样展现出很好的效果。利用这一特点，可以将其应用于微小器件中流体的泵送或混合，它具有结构简单、控制方便、功耗低等优势。

值得一提的是，利用液态金属在电场作用下的表面运动来泵送流体，前人已在此方面开展过一定的研究。主要包括 Sheng 等[14]、Yun 等[15] 以及 Tang 等[16] 的工作。不同的是，Yun 等利用的是液态金属的整体往复运动，这就导致系统结构复杂，功耗大；Tang 等则是在间断性直流电场下进行研究。这里的液态金属泵通过特定的流道和电极布置实现了交流电场下的泵送效应[13]，能很好地抑制电极对电解质溶液的水解，这在实际应用中是非常重要的。

7.14　电场下水电解产氢强度的交流抑制效应

我们知道，当直流电流通过水时，在阴极，水被还原形成氢气；在阳极，则通过氧化形成氧气，即发生了电解反应：$2H_2O \xrightarrow{\text{电流}} 2H_2 + O_2$。

尽管水的电解可以产生有用的氢气和氧气，并且有望成为制备氢原料的有效方法。但是，在实际的微流体器件应用当中，电解产生气泡往往是不利的，在特殊场合特别是人体内应用时更是如此，因此应该予以避免。令人兴奋的是，在交流电场作用下，水的电解得到了很好的抑制[13]。如图 7.23 所示，当给电极通以直流电时，电极上产生大量气泡。切换为交流电时，电极上将会交替产生氢气和氧气。随着交流电频率的增加，气泡的产量迅速下降。实验中，当交流电频率>4 Hz 时，几乎没有气泡生产，也就是说，水的电解得到了很好的抑制。

事实上，发生在电极附近的水电解反应并不是一次性完成的，而是由多个中间子过程组成。例如，氢气的产生过程是 $2H_2O+2e \longrightarrow 2H+2OH^-$，$H+H \longrightarrow H_2$；氧气的产生过程至今仍不明了，比较受认可的一种说法是：$2OH^- \longrightarrow 2OH+2e$，$2OH+2OH^- \longrightarrow 2O^-+2H_2O$，$2O^- \longrightarrow 2O+2e$，$O+O \longrightarrow O_2$。 这里以氢气的产生为例，简要说明为什么交流电场下水的电解会被抑制，相应的氧气的抑制过程是类似的。

在直流电下，水失去电子产生单个氢原子。由于静电极化作用，氢原子很

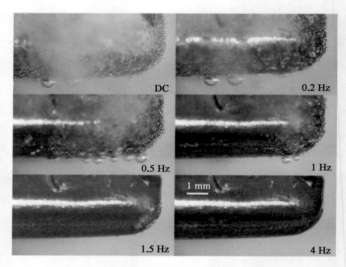

图 7.23　交流电场下水解的抑制[13]

容易被电极吸引而吸附在电极表面。当电极表面所有的吸附点都充满氢原子后,便会有氢原子结合生成氢气。然而,在交流电场下,氢原子的极化随着电场变化而周期性转变,这会大大降低其吸附速率,从而影响到氢气的产生。当电场频率增加到一定值时,电解作用几乎被完全抑制。

7.15　溶液中液态金属在磁场与电场耦合作用下的旋转效应

　　笔者实验室 Wang 和 Liu 发现[17],利用外加磁场和电场,可控制液态金属液滴在电解溶液中离心运动,继而驱动周围流体运动。研究揭示,将液态金属和电解液置于加有磁场的同心圆环形电极之间,当电极通电时,液态金属将在洛伦兹力的驱动下作离心旋转运动(图 7.24),电解液起到减小运动阻力的作用。这种装置可称之为液态金属电动机,它将电磁能转换为机械动能,在芯片冷却、液态金属泵、材料配置、柔性旋转机器等方面有重要的应用前景。

　　Wang 和 Liu 设计的旨在控制液态金属小球旋转运动的电场-磁场耦合系统,装配视图如图 7.25 所示。其中,一对同心圆环形石墨电极置于一个塑料培养皿中,培养皿的正下方是一个圆形永久磁铁,两极之间填充 NaOH 电解液,电解液中放入液态金属小球,磁铁表面的磁感应强度 **B** 呈圆对称分布,方向垂直于圆环电极的上表面。

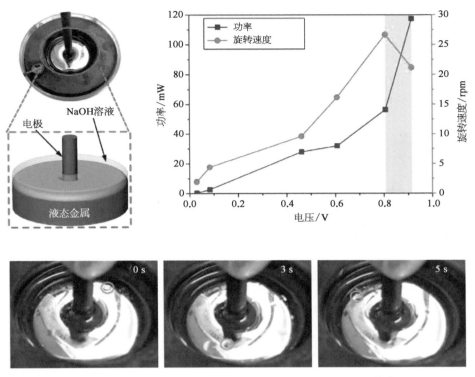

图 7.24　液态金属与电解液被外加磁场和电场联合驱动[17]

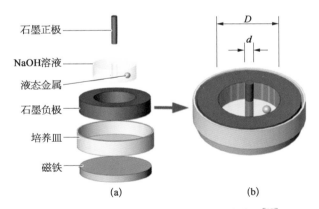

图 7.25　同心圆环形电极和永久磁铁装置[17]

a. 爆炸视图；b. 侧面视图。

Wang 和 Liu 使用尺寸为 $D=30$ mm, $d=20$ mm 的电极研究了液态金属小球的可控性运动（D 和 d 分别代表中间棒状电极的直径和外环形电极的内径），B垂直于圆环电极上表面，液态金属小球（质量为 84.28 mg）没入两极之间的 NaOH 电解液。当电极通电时，即产生施加在小球和溶液上的洛伦兹力，根据左手定则判断其方向为逆时针，如图 7.25 所示。由于电解液的密度（1.045 g/cm³）远小于液态金属小球，因而它的运动速度较大，并给金属小球提供了推动力。

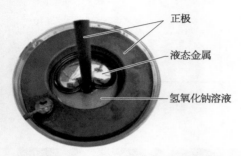

图 7.26 $D=30$ mm，$d=4$ mm 的同心圆环形电极之间的肾状体液态金属[17]

我们将两极之间的液态金属小球增加至同时接触两极壁面而形成一个肾状体[17]，在电极通电时观察到与前述金属小球不同的运动现象。实验装置如图 7.26 所示，1 mL 的 NaOH 溶液填充在两电极（$D=30$ mm，$d=4$ mm）之间。NaOH 溶液为液态金属提供了一个推动力，并可以及时去除液态金属表面的氧化物，使之转变为 GaOOH，降低了氧化层的强度。另外，在液态金属、石墨电极、培养皿底部之间形成界面滑动层，滑动层会大大减小液态金属的摩擦力，同时也避免了电极之间的短路现象。当电极通电时，液态金属受洛伦兹力的驱动而环绕中心电极转动，电流-时间和电压-时间测量曲线如图 7.27 所示，可以看出，正负极的电压几乎保持为常量（1.63 V），而电流则呈周期性变化。

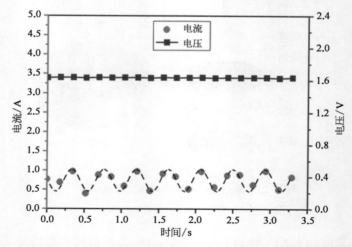

图 7.27 肾状体液态金属匀速圆周运动时的电压-时间和电流-时间关系曲线[17]

短划线曲线是对电流测量值的拟合。

7.16 溶液中液态金属在电磁驱动下旋转时表面出现的褶皱波现象

　　笔者实验室 Wang 和 Liu 实验中发现[18]，处于液体中的液态金属，在电磁场联合作用下其表面会出现有趣的对称性褶皱波。实验中，可采用镓铟锡共晶合金(质量比例为：镓 68.5％，铟 21.5％，锡 10％，其熔点为 11℃)，将其浸没在 1 mol/L 的 NaOH 电解液中，以去除液态金属表面的氧化物，减小摩擦阻力。液态金属和电解液均置于一对双环形石墨电极之间，在电极的下面是一块永久磁铁，整个装置的纵剖面如图 7.28 所示。在电极之间通电时，会出现如图 7.28b、c、d 所示的液态金属形状图案。

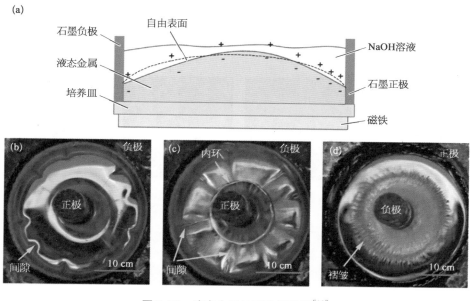

图 7.28　液态金属的对称褶皱波[18]

　a. 实验装置和通电时液态金属的表面电荷分布，虚线表示液态金属在无电时的状态；b 和 c 分别是在内外电极的极间电压为 1.7 V，时间分别为 $t=0$ s 和 $t=0.04$ s 时的液态金属表面状态；d. 内外电极的极间电压为 -18.78 V 时液态金属的表面状态。

　　我们拍下了在实验中所产生的几种液态金属图案并显示在图 7.29 中，还给出了对应的图案结构[18]。图 7.29a 为表面致密褶皱的环形液态金属，形似折扇。图 7.29b 液态金属被撕裂成了 20 等份，像玉米的横截面。该环形液态金属也可以被分为 5 等份、4 等份、3 等份,分别如图 7.29c、d、e 所示。另外,液态金属还可以分成两个同心环形,图 7.29f 的内环如细线一般。图 7.29g 的两个圆环表面都是细密的褶皱。图 7.29h 的内环则为三角形。以上所有图案都是对称的形状,类似于 Rayleigh-Bénard 对流中的六边形斑图。

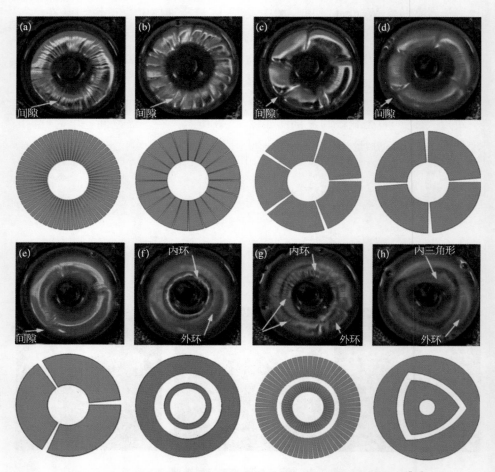

图 7.29 处于环形电极之间的液态金属形成的几种典型对称图案[18]

a. 具有致密表面褶皱的环形;b. 分为 20 等份的环形;c. 分为 5 等份的环形;d. 分为 4 等份的环形;e. 分为 3 等份的环形;f. 内环细如线的双环形;g. 具有致密表面褶皱的双环形;h. 中间为三角形的双环形。每幅图的上半部分为实物图,下半部分为该斑图的结构示意。

与传统流体(如水)相比,液态金属具有较高的电导率和表面张力,当它处于电解液中时,表面张力的大小会因外加电场而发生改变,这正是上述液态金属形状图案出现的直接原因,这种独特的现象有助于推动金属流体力学的发展。

参 考 文 献

[1] Li P, Liu J. Self-driven electronic cooling based on thermosyphon effect of room temperature liquid metal. ASME Journal of Electronic Packaging, 2011, 133: 041009.

[2] Li P, Liu J. Harvesting low grade heat to generate electricity with thermosyphon effect of room temperature liquid metal. Applied Physics Letters, 2011, 99: 094106.

[3] Tang J, Wang J, Liu J, Zhou Y. A volatile fluid assisted thermo-pneumatic liquid metal energy harvester. Applied Physics Letters, 2016, 108: 023903.

[4] Tan S, Yang X, Gui H, Ding Y, Wang L, Yuan B, Liu J. Galvanic corrosion couple induced Marangoni flow of liquid metal. Soft Matter, 2017, 13: 2309 - 2314.

[5] Zavabeti S, Daeneke T, Chrimes A, O'Mullane A, Ou J, Mitchell A, Khoshmanesh K, Kalantar Z K. Ionic imbalance induced self-propulsion of liquid metals. Nature Communications, 2016, 7: 12402.

[6] Tang X, Tang S Y, Sivan V, et al. Photochemically induced motion of liquid metal marbles. Applied Physics Letters, 2013, 103: 174104.

[7] Yu Y, Wang Q, Yi L, Liu J. Channelless fabrication for large scale preparation of room temperature liquid metal droplets. Advanced Engineering Materials, 2014, 16 (2): 255 - 262.

[8] Fang W, He Z, Liu J. Electro-hydrodynamic shooting phenomenon of liquid metal stream. Applied Physics Letters, 2014, 105: 134104.

[9] Tang J, Zhou Y, Liu J, Zhu W. Liquid metal actuated ejector vacuum system. Applied Physics Letters, 2015, 106: 031901.

[10] Tang J, Zhang Z, Li L, Wang J, Liu J, Zhou Y. Influence of driving fluid properties on the performance of liquid-driving ejector. International Journal of Heat and Mass Transfer, 2016, 101: 20 - 26.

[11] Collins R T, Sambath K, Harris M T, et al. Universal scaling laws for the disintegration of electrified drops. Proceedings of the National Academy of Sciences, 2013, 110(13): 4905 - 4910.

[12] Tan S, Zhou Y, Wang L, Liu J. Electrically driven chip cooling device using hybrid coolants of liquid metal and aqueous solution. Science China Technological Sciences, 2016, 59(2): 301 - 308.

[13] Yang X, Tan S, Yuan B, Liu J. Alternating electric field actuated oscillating behavior of liquid metal and its application. Science China Technological Sciences, 2016, 59 (4): 597 - 603.

[14] Sheng L, Zhang J, Liu J. Diverse transformations of liquid metals between different morphologies. Adv Mater, 2014, 26(34): 6036 - 6042.

[15] Yun K S, Cho I J, Bu J U, et al. A micropump driven by continuous electrowetting actuation for low voltage and low power operations// The IEEE International Conference on MICRO Electro Mechanical Systems, 2001: 487 - 490.

[16] Tang S Y, Khoshmanesh K, Sivan V, et al. Liquid metal enabled pump. Proceedings of the National Academy of Sciences, 2014, 111(9): 3304 - 3309.

[17] Wang L, Liu J. Electromagnetic rotation of a liquid metal sphere or pool within a solution. Proceedings of The Royal Society A-Mathematical Physical and Engineering Sciences, 2015, 471: 0150177.

[18] Wang L, Liu J. Liquid metal patterns induced by electric capillary force. Applied Physics Letters, 2016, 108: 161602.

第 8 章
液态金属热学效应

8.1 引言

本章介绍液态金属最为基础的物理性质之一,热学效应。此方面涉及大量问题,如升降温过程中的金属液滴相变特性、过冷度特性等。利用液态金属热导率远高于常规热界面材料如导热膏,但又能以液态工作的优势,可以显著降低界面热阻。而高导热纳米颗粒的加载,可实现更为优良的导热材料,此思路同样可用于对液态金属复合材料导热导电和力学效应的纳米改性上。不过,若采用的加载物为绝缘硅油,则可以将金属液滴有效分散隔离开来,从而同时确保液态金属的高导热特性和电绝缘性,这在电子封装领域有独特价值。而关于液态金属固液相变效应的认识,对于发展芯片吸热、储能应用、低温焊接乃至确保 3D 打印过程中的高质量液固相变成型至关重要。除这些知识外,本章也介绍了液态金属的蒸发相变问题及其在发展高温热管技术方面的应用。最后,就利用液态金属发展微热控制技术的特殊效应问题也进行了阐述,如:液态金属各向异性导热薄膜效应、液态金属微热控制生物芯片、微流控芯片温度梯度聚焦分离效应,以及基于液态金属微热控制下的微混合效应等方面。对这些热学效应的认识有助于发展各种对应的实用技术。

8.2 金属液滴的升降温特性

不同体积、不同组分液态金属的升降温规律在大量的热学应用中有重要意义,这里仅以最为常见的常温液态金属镓为例予以介绍[1]。镓液滴典型的升降温测量曲线如图 8.1 所示。可以看出,升、降温曲线具有明显不同的特点。在降温曲线上会出现一个脉冲,镓在低于熔点(29.8℃)的某个温度 T_s 开始凝固,随后温度迅速跳跃至 T_h(接近熔点 T_m),曲线在 T_h 附近保持短暂时间(即出现一个平台),之后又迅速降低,表明已完成凝固,然后液滴以与温度跳变前几乎相同的速率继续降温。升温过程中,曲线在熔点附近出现一个较宽的平台,表明在此区间镓处于由固态向液态的相变过程。

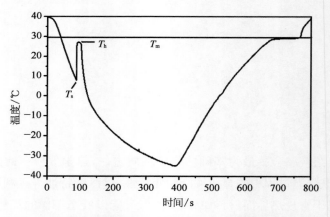

图 8.1 典型的镓液滴(质量为 79.6 mg)的升降温曲线[1]

在多次重复测量中,可以发现升温曲线呈现相似的规律,平台总是出现在熔点附近,但降温曲线差别较大。图 8.2 画出了不同质量镓液滴的降温曲线[1],可以看出如下规律:

(1) 对于同一质量的镓液滴来说,降温曲线跳变的平台高度 ΔT_H($=T_h-T_s$)越大,平台宽度就越小,反之亦然;

(2) 镓液滴质量越大,平台越宽。

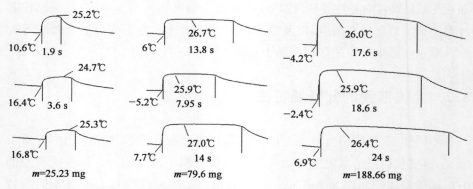

图 8.2 质量分别为 25.23 mg、79.6 mg 和 188.66 mg 的镓液滴的降温曲线[1]

一般来说,出现平台时温度 T_h 的值并不总在镓液滴熔点 T_m 附近,当把液滴放置于表面光滑的基底上进行测量时,降温曲线出现平台时的温度 T_h 也较小,图 8.3 给出了将镓液滴分别放置于载玻片上和硅油中时的降温曲线[1]。

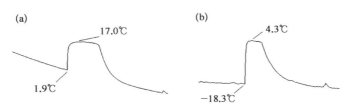

图 8.3　平台温度 T_h 较小的降温曲线[1]

a. 镓液滴(57.17 mg)放置于载玻片基底上的降温曲线;b. 镓液滴(58.43 mg)放置于硅油中的降温曲线。

以上研究表明,镓液滴在降温时会出现液体过冷现象,即使温度低于熔点液滴也不会立即凝固;而在升温过程中,则没有观察到液体过热现象,体现出升降温曲线的不同。另外,降温曲线上的平台宽度远小于升温曲线,显示出凝固时间远小于熔化时间。此类问题对于极端低温环境下的应用十分关键[2]。

8.3　金属液滴的过冷度效应

将质量相近的镓液滴分别放置于三种基底 Al_2O_3(液滴质量为 36.65 mg)、盖玻片(液滴质量为 36.51 mg)和云母(液滴质量为 36.26 mg)上进行 DSC 测量,对三个样品设置相同的升降温程序,其过冷度测量结果如图 8.4 所示[1]。可以看到,镓液滴在基底上的过冷度大小排列顺序为:云母>盖玻片>Al_2O_3。对这一结果可以做如下解释:金属的结晶过程包括成核和晶体生长过程,成核指的是以液态金属中原子聚集或外来杂质为基础而形成晶核,晶体生长是指围绕晶核的原子按一定规律排列,使晶体点阵发展长大。上述三种基底按表面粗糙度排列由小到大依次是:云母、盖玻片、Al_2O_3。由于在降温过程中,镓液滴与基底始终直接接触,基底表面的凸起就成为液态镓的成核中心。对于表面光滑的云母,可使镓液滴凝固的成核中心较少,因此不易结晶,而对于较为粗糙的 Al_2O_3 表面,结晶情况刚好相反。

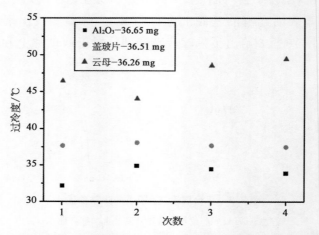

图 8.4 镓液滴(质量分别为 **36.65 mg、36.51 mg、36.26 mg**)分别放置于
不同基底(**Al₂O₃**、盖玻片、云母)上时过冷度的测量结果[1]

图 8.5 为同一镓液滴降温速率不同时过冷度的变化情况[1]。设定的温度
程序为:以 10℃/min 的升温速率先由常温升至 100℃,再分别以 10℃/min、
15℃/min、20℃/min、25℃/min 的速率降至−60℃。从测得的镓液滴(质量为
49.62 mg)的过冷度可以看出,随着降温速率的增大,过冷度有变大的趋势。
其原因可能与淬冷法的原理类似,随着降温速率的加大,同一温度下体系发生
相变的可能性降低了。

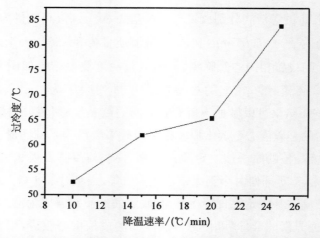

图 8.5 镓液滴(质量 **49.62 mg**)在不同降温速率时的过冷度[1]

8.4　液态金属的热界面效应

在芯片封装与冷却技术领域[2]，还有一大类需要关注的问题是界面热阻问题。任意一对相互接触的固体表面，实际上都不是完美的贴合，在微观尺度上，两接触面之间存在大量的空气间隙，如图 8.6a 所示。由于空气的导热能力很差（热导率 0.02 W/m·K），两接触面之间会形成较大的界面温差，这显然不利于降低芯片温度。特别是在热流密度较大时，界面温差效应将非常显著。因此，必须采取有效措施来减小界面热阻和界面温差。

使用膏状的热界面材料来填充接触面的空气间隙是一种有效的方法。目前，市场上常用的热界面材料主要由有机硅脂制成，其最大的不足是热导率较低，一般在 0.2 W/(m·K)左右，导热能力十分有限。在导热硅脂中添加高导热纳米颗粒可以提升其等效热导率，比如，添加铜或铝纳米颗粒可以使其热导率达到 1 W/(m·K)左右。据文献报道，添加石墨烯类纳米材料可以使传统热界面材料的等效热导率达到 6～8 W/(m·K)。

2012 年，笔者实验室发现实现液态金属高黏附性的氧化机制，建立了使用镓基液态金属作为热界面材料的方法[3]。液态金属自身拥有良好的导热能力，比如镓的热导率高达 33 W/(m·K)，经过一定的氧化制成具有很好黏附性的热界面材料时，其热导率仍然可以维持在 15 W/(m·K)左右，远高于传统的硅脂材料。此外，通过适当的高导热纳米颗粒掺杂可以进一步获得更高性能的金属热界面材料。

为了直观地说明液态金属热界面材料相比于传统导热硅脂的优势，这里做一个简单的对比。假定芯片与冷板之间的接触界面的表面粗糙度约为 100 μm，通过界面的热流密度为 500 W/cm²，图 8.6b 展示了使用不同热界面材料时界面附近的温度分布云图。可以看到，当不使用界面材料时，界面两侧的温差高达 76℃（冷端 25℃，热端 101℃），远超出芯片冷却系统可以接受的范围。使用添加了金属纳米颗粒的导热膏时，可以将界面温差减小到 62℃，但仍然较高。即使是使用石墨烯掺杂的导热硅脂，界面温差仍然高达 38℃。而当使用液态金属热界面材料时，则可以有效地将界面温差控制在 23℃。不难看出，使用高性能液态金属热界面材料对于改善超级芯片界面热阻至关重要。

目前，笔者实验室研发的液态金属系列热界面材料产品已经实现产业化

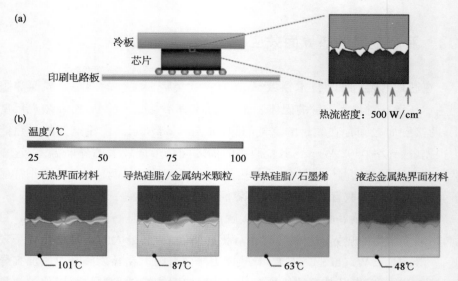

图 8.6　芯片与冷板之间的界面接触热阻(a)，以及热界面材料对接触温差的改善(b)

批量生产(图 8.7)。针对部分应用场合要求热界面材料电绝缘的需求,还成功研制出了相应的液态金属/硅脂复合热界面材料,攻克了"高导热不导电"这一看似矛盾的技术难题。

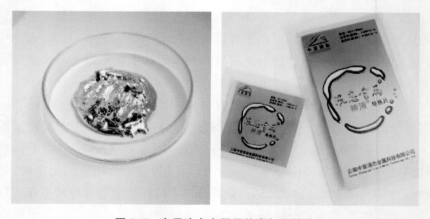

图 8.7　商用液态金属导热膏与导热片

　　总体上,液态金属可以作为一种高性能的界面材料,其具有很高的热导率。当前市场上,用作界面材料的液态金属散热贴的热导率已经达到 80 W/(m·K),远高于传统的导热硅脂。而且,由于液态金属的柔性、流动性和可塑性,使之能够完美地贴合在材料上,而且挥发性不强、纯金属、无毒、能长时间保持热性能和机械性能。不过,液态金属热界面材料使用时,应明了材料之间的匹配和腐蚀性问题,比如镓基界面材料不能用于铝质界面,两者之间存在腐蚀性,需作特殊处理后才可使用。

8.5　纳米液态金属材料及其导热效应

　　液态金属虽然导热性远高于传统流体,但与高导热金属相比,其导热率仍然是相对有限的。为此,Ma 和 Liu 提出并定义了纳米金属流体材料[4],旨在实现自然界导热率最高的流体,即终极冷却剂。这里的纳米金属流体,是以液态金属或低熔点合金作为基液,添加导热性更好的纳米颗粒,以达到进一步增强其导热目的的材料。如图 8.8 所示,将碳纳米管加入液态金属镓中,随着其含量的逐渐增大,纳米金属流体的外观颜色发生变化,其导热系数也逐渐增大。

　　经典的纳米流体概念是由美国 Argonne 国家实验室的 Choi 博士提出的。纳米流体常被用于替代传统流体,以提高热的交换和传

纯液态镓　　　　加载10%碳纳米管

加载20%碳纳米管　　　纯碳纳米管

图 8.8　液态金属镓与碳纳米管的混合物[4]

递效率。近年来,国内外众多学者在此领域做了大量工作,促成了纳米流体研究的繁荣。通常,传统的纳米流体以水、乙二醇等作为基液,加入纳米颗粒来增强其物理性能,纳米颗粒含量越高,纳米流体的物理性能增强得越明显。一般情况下,纳米颗粒在传统流体中易于沉淀,发生堵塞。与此不同的是,在纳米金属流体中,由于液态金属的密度比较大,因此可允许加载较大份额的纳米颗粒[4]。此外,不同于传统纳米流体的是,纳米金属流体是一种高导电、高导热功能流体,而且根据需要也可加载磁性纳米颗粒,来获得特定的电、磁、热性能俱佳的多功能流体材料。从流动的角度看,液态金属的表面张力很大,可以减小纳米颗粒的沉降。如图 8.9 所示,不同种类的纳米颗粒加入液态镓基液中,纳米流体的导热系数随纳米颗粒含量的增加而增大。

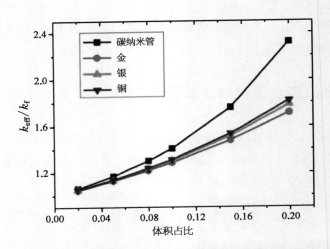

图 8.9　理论预测的几类纳米颗粒加入液态镓中引起导热系数变化[4]

8.6　液态金属复合材料导热导电和力学效应的纳米改性

　　笔者实验室在其发现的液态金属胞吞效应基础上,研发出一系列电学、热学及力学性能可调的高性能液态金属功能材料。Tang 等发现[5],结合液态金属胞吞效应并采用真空干燥的方法快速排除液态金属混合物中的溶液成分,可得到均匀、稳定的功能物质(图 8.10)。由此,通过在液态金属中可控性掺入不同比例的铜颗粒,可研发出一系列物态介于液体和固体之间的金属混合物(图 8.11)。

　　系列测试揭示出这些材料显著的电学、热学及力学性能:在 20% 的颗粒质量掺比情况下,分别可获得相对于液态金属约 80% 的电导率增强和约 100% 的热导率增强。与此同时,研究还发现,颗粒物的掺入显著地提升了材料对各种基底表面的黏附性以及材料自身的可塑性。这些性质的增强和改变,使得液态金属混合材料在印刷电子电路(图 8.12)、3D 快速塑形(图 8.13)、增材制造以及界面热管理等领域的应用优势更为突出。同时,材料可控增强与设计方法的建立,也使得未来制备用以满足特殊需求的液态金属功能材料成为可能。

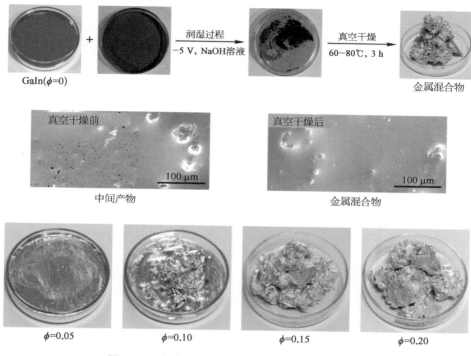

图 8.10　功能液态金属材料制备原理及生成物[5]

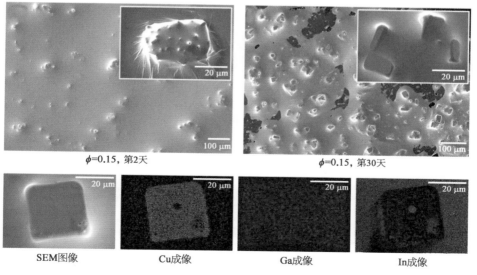

图 8.11　功能液态金属材料成分与性能表征[5]

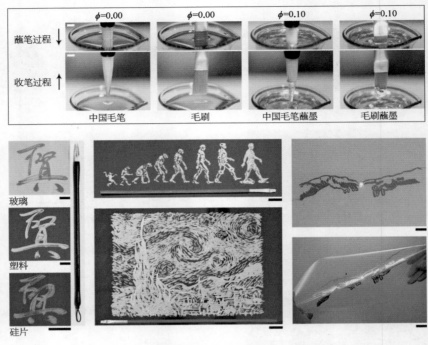

图 8.12　功能液态金属墨水书写应用情况[5]

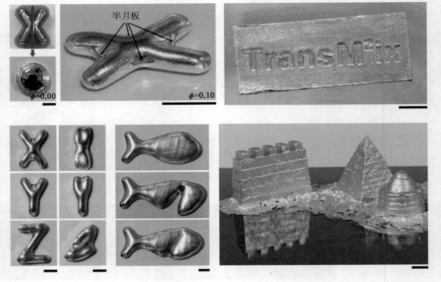

图 8.13　功能液态金属复合材料印压塑形应用情况[5]

8.7　液态金属中高导热电绝缘性材料的隔离分散效应

对于低熔点液态金属而言,其导电率高、导热性能优良,十分适合制作高导热的热界面材料。然而,液态金属极易腐蚀某些基底如铝合金结构材料,造成其失效。因此,液态金属热界面材料必须经过一定的材料改性,达到安全可靠的标准之后,才能满足应用需求。笔者实验室为此发展了对应的高导热电绝缘液态金属材料[6]。

图 8.14 所示为液态金属填充型导热硅脂的制备工艺[6]。在实验过程中,采用液态金属镓基合金 $Ga_{67}In_{20.5}Sn_{12.5}$ 作为导热填料,201 -甲基硅油作为基体介质,可制备出一种新型液态金属填充型复合导热硅脂。

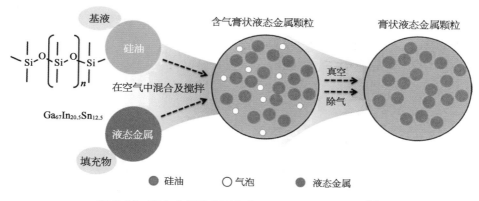

图 8.14　液态金属填充型复合导热硅脂的制备工艺[6]

具体工艺如下:(1)首先称量不同体积比例的液态金属 $Ga_{67}In_{20.5}Sn_{12.5}$ 与 201 -二甲基硅油,将二者倒入洗净的烧杯之中。(2)通过电磁搅拌器对二元混合物进行充分搅拌,实验中设定搅拌速度为 200 rpm,搅拌时间 20～30 min。(3)当二元混合物在空气中搅拌时,空气被混入混合物之中对液态金属实施氧化,但空气穴的存在很大程度上降低了二元体系的等效热导率。为此,在搅拌之后,还需要进行一段时间的真空除泡。在真空除泡的过程中,样品被放置在接近 0.1 MPa 的环境中约 3 h。此时,复合二元体系中的大部分空气已被排除。

高速摄影仪记录了两种材料混合的过程,如图 8.15a—e 所示。通过实验观察[6],在空气中搅拌期间,液态金属在硅油之中被迅速地均匀分散开。分散之后的液态金属颗粒的尺寸随着搅拌时间不断减小。与此同时,复合二元体系的黏稠程度也随着搅拌而不断增加。由于黏度升高,搅拌阻力不断增大,因此电磁搅拌的速度随之不断降低。图8.15f是硅油、液态金属,以及通过上述工艺制备的液态金属填充型复合导热硅脂的陈列图。与纯的液态金属和硅油相比,其颜色偏灰色,与市售的导热硅脂颜色相似。图8.15g—i所示为液态金属、硅油,以及液态金属填充型导热硅脂的涂覆效果。由图可知,液态金属复合导热硅脂能够均匀地涂覆在铜板的表面,适合作为热界面材料用于LED灯具及各种发热器件。

图8.15 液态金属填充型复合导热硅脂的制备及应用情况[6]

a—e. 制备过程;f. 硅油、液态金属以及液态金属填充型导热硅脂;g—i. 液态金属、硅油、液态金属填充型复合导热硅脂涂覆在铜板上。

研究还表明[6],液态金属填充型导热硅脂作为新型热界面材料,其界面导热性能远高于市售的大部分导热硅脂。相对于无掺杂的液态金属而言,其高电阻抗的特性大大降低了电子设备发生电路短路的风险,有望应用于LED等高功率密度的电子设备之中。

图8.16为理论模型估测热导率与TCi实测热导率分别随液态金属体积分数的变化[6]。如图所示,二元复合材料的热导率并非与液态金属的填充比例线性相关。当填充量较小时,经搅拌分散之后,液态金属在硅油基体中大部分以独立微液滴的形态存在,各液态金属微液滴之间没有发生相互作用。同

时,由于液态金属表面张力的存在,微液滴近似为球形。因此,在低填充比例的情况下,TCi 测量的热导率数值较为接近理论模型估测数值。而当填充比例较高时,经搅拌分散后,液态金属仍然在硅油基体中以微液滴的形式分散开。然而,此时液态金属微液滴的体积分数较高,微液滴相互之间极易发生接触和相互作用,从而容易形成大量的导热通路,致使复合二元复合体系的实测热导率大于理论模型估测数值。

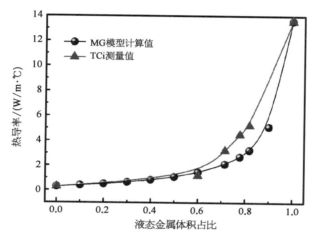

图 8.16　液态金属填充型复合导热硅脂的热导率随液态金属体积分数的变化[6]

图 8.17 为液态金属填充型复合导热硅脂的电阻率随液态金属体积分数的变化[6]。在实验测量过程中,为了保证测量准确性,需要将样品再次抽真空除去其中的气泡,避免由气泡带来的电阻率误差。从图 8.17 可以看出,纯硅油拥有很强的电绝缘性能(>10^{16} Ω•m)。经过氧化后的液态金属为电的优良导体,其电阻率仅为 $3.2×10^{-7}$ Ω•m。而经过混合工艺制备出的液态金属填充型复合导热硅脂的电阻率约为 $1.07×10^{7}$ Ω•m,远远大于液态金属的电阻率。因此,在电子器件散热器中,若直接使用液态金属作为热界面材料,泄漏时高导电的液态金属将直接使得电路板发生短路从而烧毁。但是,若采用本文制备的液态金属填充型复合导热硅脂,此类电流短路的风险将会被大大降低,从而保护了电子设备的安全。

在实际应用过程中,不仅要考虑到热界面材料的热导率和电绝缘性能,同时还要考虑到材料的黏度。近年来,某些商用导热硅脂为了获得极高的热导率,采用了大比例填充的方式。由于采用的填料为传统的固体颗粒,采用这一

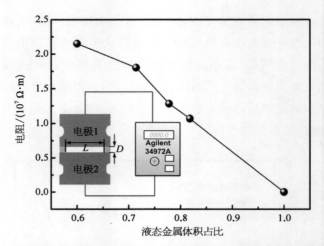

图 8.17 液态金属填充型复合导热硅脂的电阻率随液态金属体积比的变化[6]

方式获得的导热硅脂的黏度极大，十分难以涂抹在散热器之上。因此，为了获得硅油基体、液态金属填充型复合导热硅脂，以及氧化后液态金属的黏度数据，笔者实验室采用 Brookfield DV-III+流变仪进行测量。经过多次测量，硅油基体、四种配比导热硅脂，以及氧化后的液态金属的黏度分别为[6]：0.35 Pa·s、37.4 Pa·s、300.3 Pa·s、534.3 Pa·s、760.0 Pa·s、328.7 Pa·s，如图 8.18 所示。从中可知，随着液态金属体积分数的不断增加，复合二元体系的黏度不断增大。原因在于：当液态金属体积分数较大时，经搅拌分散后，液态金属在硅油基体内部形成大量的微型液滴。由此，材料内部形成了大量

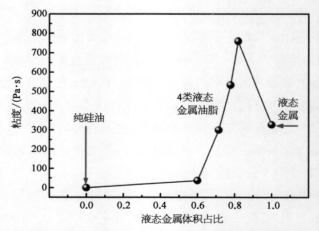

图 8.18 液态金属填充型复合导热硅脂的黏度随液态金属体积分数的变化[6]

的"液态金属-硅油"界面,导致了复合材料黏度的增高。然而,值得指出的是,这里仅实现了 81.8vol.％的最大填充比例。当进一步增大填充比例时,液态金属与硅油的复合二元体系呈现饱和状态,液态金属液滴容易析出。此外,在极高填充比例下获得的复合导热硅脂的黏度非常大,直接超出了黏度计的测量量程,不易于涂抹。

　　为了进一步阐述该复合导热材料高导热、低导电的原因,Mei 等[6]采用 FEI Quanta200 扫描电子显微镜观察了四种不同填充比例的液态金属填充型复合导热硅脂的微观形貌。从图 8.19a 和图 8.19b 可知,纯液态金属的微观

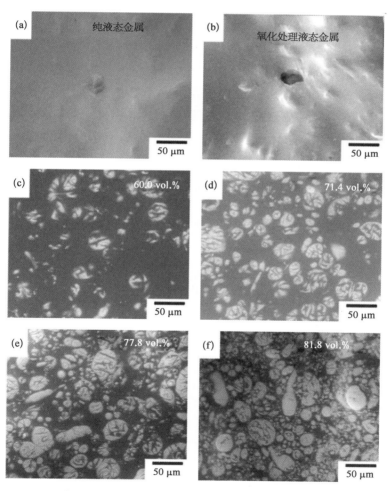

图 8.19　纯液态金属(a)、经氧化后的液态金属(b)以及四种配比的液态金属填充型复合导热硅脂(c—f)的微观形貌[6]

形貌较为平滑,而氧化后的液态金属中含有大量的杂质颗粒。其原因在于:液态金属在空气中极易被氧化,从而在表面形成一层薄薄的氧化层。当在空气中进行搅拌时,表面氧化层不断地形成并随之被破坏,不断地被混入液态金属之中,从而导致了氧化后液态金属中含有大量的氧化物颗粒。在图 8.19a 和图 8.19b 中,液态金属氧化前后的微观形貌变化也直接解释了为何经过氧化处理液态金属的黏度会大幅度提升。

图 8.19c—f 分别为四种不同液态金属体积分数的复合导热硅脂的微观形貌[6]。通过观察和对比图 8.19c—f,即可进一步验证上述实验猜想和数据分析。通过微观形貌观察实验可知,经过一定时间搅拌和真空除泡后,液态金属微型液滴可以均匀分布在硅油基体之中,形成一个均匀的复合二元体系;在复合体系之中,液态金属微型液滴的最大尺寸约为 50 μm,该尺寸接近传统导热硅脂填充的固体颗粒的尺寸。此外,在填充量较低时,液态金属微液滴在硅油基体之中均匀分散开,没有发生相互接触。而随着液态金属填充量的增加,复合体系中液态金属微型液滴的聚集程度越来越高,由此导致复合导热硅脂的有效热导率增高、电阻值降低,以及黏度增大。

8.8 低熔点金属相变吸热效应

相变是指物质在某一临界温度发生物态突变的过程。相变材料正是通过其状态变化而提供潜热的物质,在相变过程中材料将吸收或释放大量的潜热。相变材料实际上可作为能量存储器。这种特性在节能、温度控制等领域有着极大的意义。以固-液相变为例,在加热到熔化温度时,就产生从固态到液态的相变,熔化的过程中,相变材料吸收并储存大量的潜热;当相变材料冷却时,储存的热量在一定的温度范围内要散发到环境中去,完成从液态到固态的逆相变。在这两种相变过程中,所储存或释放的能量称为相变潜热。物理状态发生变化时,材料自身的温度在相变完成前几乎维持不变,形成一个宽的温度平台,虽然温度不变,但吸收或释放的潜热却相当大。

相变材料主要包括无机、有机和复合三类。其中,无机类低熔点金属合金是一种独特的相变材料,具有热导率高、热膨胀率小、单位体积热容大及熔点可调等优势。这些独特的优势为其带来巨大应用潜力,可以广泛推广到民用和军用上。

笔者实验室将低熔点金属及其合金作为相变材料引入电子散热领域[7],

从而使手机等移动电子设备中日益严峻的发热问题得以消除,也为各类瞬态高功率电力电子设备的灵巧冷却开辟了一条全新途径。

长期以来,电子芯片的集成度始终如摩尔定律预测的那样随时间呈指数增长,如今手机的 CPU 主频已从过去的 MHz 提升至当前的 GHz,对应功耗则从毫瓦到十几瓦。在手机如此狭小的空间里,大量热量很难及时排散到外部环境,这给用户带来了很大不适,比如,手机持续通话、游戏一段时间后,外壳会很快出现过热乃至发烫的现象,严重者甚至会对人体皮肤造成低温烫伤。无疑,出于对超小体积、低功耗、低噪声乃至高品质体验的要求,常规的风扇、热管和水冷散热并不适用。可以说,相较于体积大许多的笔记本电脑乃至台式计算机,手机散热更显棘手,业已成为制约高端手机发展的瓶颈。

Ge 和 Liu[7]借助金属材料的蓄冷及固液相变吸热机理,将手机在高负荷运行中产生的热量迅速吸收掉,手机温度得以保持在 30℃ 附近 10 余分钟(图 8.20),由此确保了无发热情况下的通话。一旦当手机处于待机状态,熔化成液态的相变材料则可通过向环境释放热量而发生凝固,从而为下一次吸热作好准备。整个过程仅由嵌于机壳内的金属吸热薄片承担,无需额外装置和能源,因而手机体积并不会因此明显增大,且全程无噪声。研究中,科研人员还发现了十分有趣的现象:金属材料因吸热而变成液态后,必须及时将热量释放到空气中并重新返回到固态,才能满足后续的吸热需要。然而,由于过冷度的存在,液态金属材料在温度低于熔点时并不立即发生凝固。研究小组为此引入了成核剂,还尝试对液态金属辅以振荡和敲击作用,结果证实两种途径均可显著降低材料的过冷度(从 30℃ 降至 2℃)。在手机类消费电子设备的使

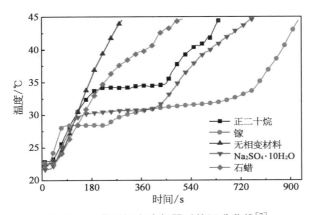

图 8.20　典型相变冷却器受热温升曲线[7]

用过程中,晃动和敲击是时有发生的现象,由此易于确保相变吸热功能的持续高效发挥。这种因机械力作用而诱发的相变效应,也是热科学领域饶有兴味的新颖问题。

进一步地,研究小组还将上述方法扩展用于冷却高速数据传输中的 U 盘、闪存及固态硬盘等[8]。实验证实,设置有金属相变材料的 U 盘在运行中由原来的 42℃降到了 28℃并能维持 1 刻钟以上。显然,较低的工作温度一方面保障了数据传输的可靠性,也延长了 U 盘的使用寿命。事实上,对于更大功率如数十瓦的瞬态发热设备,研究还表明,金属相变冷却技术的优势更加明显,系统热响应时间可呈数量级缩短,而散热装置体积则减小数倍,且加工工艺得以大为简化。此外,中国科学院理化研究所的工作也揭示出,低熔点金属相变吸热方法还易于与风冷、热管或水冷方法相结合,来提升电子设备的抗热冲击性能,这在许多计算机超频应用中有独特价值。除电子设备外,低熔点金属相变热管理方法在更多光电器件,以及太阳能、风能、潮汐能等间歇式能源的高效储存,乃至建筑保温节能、人体热舒适、特殊功率电力电子设备领域,也有得天独厚的优势[9]。

总的说来,借助如冰蓄冷一般的金属相变材料的交替性蓄冷-熔化过程,可以达到灵巧的冷却目的,这种无需额外设置专用冷却系统的热管理方式,特别适合于手机等移动电子设备[9]。以往,尽管学术界也曾尝试采用相变方法来冷却手机,但因受限于既定材料的物性而制约了实际应用。比如,传统有机类相变材料如石蜡、烷烃、醇类以及脂肪酸等虽然性能稳定、过冷度小、成本低,但热导率小、热响应慢、相变时体积变化率较大从而会使系统体积显著增加;而无机类相变材料如结晶水和盐、熔融盐等,虽价格便宜、储热密度大,但过冷度高、熔化之后会因无机盐与结晶水之间的密度差而造成相分离,同时还会因结晶水蒸发引起再凝固继而产生低水化合物,最终使得相变材料的长期工作稳定性变差。高熔点金属作为相变材料虽有提出,但因在常温下无相变行为,无法用于电子设备热管理。综合而言,常温附近即可熔化的金属及其合金材料则体现出诸多诱人的优势[9]:① 热导率高,是传统相变材料的数十甚至上百倍,这有利于吸热系统的快速响应,同时也减小了热源与环境之间的热阻;② 金属材料稳定性好,在相变过程中不会出现相分离、相分层现象,经无数次熔化凝固之后依然表现出完好的相变特性;③ 低熔点金属密度大、单位体积相变潜热高,且相变过程中体积变化率小,远低于传统材料,这有利于实现高度紧凑的热管理系统。

8.9　纳米颗粒或运动触发的液态金属加速性液固相变效应

实验表明,室内温度为 27℃时,轻轻敲击或震荡容器外壳镓,液态镓就会迅速凝固。液态镓与手机的发热部件紧密结合,可作为手机散热的相变材料[10]。手机在高负荷工作过程中产生的热量被容器内部的相变材料融化吸收,当手机处于待机等低功耗情况或关机时,融化的相变材料通过向周围环境散热释放吸收的热量。因此,加快液态镓的凝固可迅速将手机产生的热量传出去,由此可防止手机由于长时间使用而导致过热损坏。

常常发现,液态金属镓温度降低到熔点以下时并未凝固,实验揭示,这是由于纯镓的过冷度高达 30℃所致。笔者实验室通过向纯镓中添加二氧化硅粉末,并且在凝结过程借助振荡和敲击外壳容器,有效降低了纯镓的过冷度[10]。二氧化硅在凝固过程起到成核剂的作用,由于其过冷度小,可以优先结晶,然后通过其凝结的晶体诱发液态镓结晶。如图 8.21 所示,掺入二氧化硅粉末后可有效降低镓的凝固点。

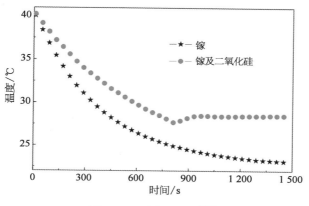

图 8.21　过冷度对比[10]

8.10　液态金属相转变储能材料

液态金属通过加入其他金属元素,同时调节比例,可以得到不同熔点的液态金属。将这种金属材料放置在需要散热的设备上,可以有效地将热量储存起来[9]。例如风车在发电的过程中,需要很大的功率去散热,从而保证其安全工作。如果在风车运行过程中，我们将其需要散的热通过合适的传热途径有效储存在液态金属里，可以实现能源的再利用。固态金属因为吸收能量，而变成液态，这样就可以将能量储存起来。当然，此类材料如铋基、镓基金属在实际应用中，还需考虑成本问题，但对于特殊应用，对应的限制因素可以忽略。

已经清楚的是，相变材料在储能发电领域可望发挥强劲作用，但是传统相变材料如熔融盐一般存在热导率低、凝固点高、相变过程体积膨变化率大等缺点，亟需一种能够解决诸如此类问题的新型相变材料。低熔点金属或合金相变材料的出现，可望很好地解决对应问题，因而在将来的市场应用中会较具竞争力。金属和金属合金材料具有许多优点，如高导热、低腐蚀性和较小的体积变化率。虽然其单位质量的熔化焓小，但是单位体积的熔化焓却非常大，这对于应用是十分有利的。事实上，近年来金属合金正被逐步提议和研究作为相变材料用于某些发电系统中，此方面发展空间很大。

8.11　3D打印中的液态金属液固相变成型效应

由于常温液态金属材料在常温下是液态的，所以可在低于液态金属熔点的液体环境中实现3D打印过程[11,12]。比如，可以用冷铸的方法实现3D模型（图8.22a）[12]，此时工作环境换为冷冻台，但需要提前制作出可供充填液态金属的槽道，尚非自由成型。

传统金属3D打印的冷却环境往往是空气或真空，可以称之为"干式打印"，冷却速度较慢。为了加快金属件的冷却，笔者实验室提出液相冷却方法[11]，将金属的沉积成型过程置于液相流体环境中进行，液相流体可以是特定温度下的水、无水乙醇、酸或碱的电解液。

图8.22b展示出由液相3D打印过程实现任意形状堆叠的情形[11]，通过计算机程序来控制微阵列，在低温液体环境下对要打印的3D模型进行液态金属的逐层添加，相比于传统在空气中的3D打印过程，这种自由成型方法由于引入周围流体的大热容冷却，液态金属凝固迅速，实施起来较为简便快捷，能高效打印出不同形状的金属物体。

与传统气相流体冷却相比，液相3D打印方法实现的液态金属液固成型具有以下优点：

（1）快速的制造速度，在打印过程中采用了流体控制的机制，可以打印各

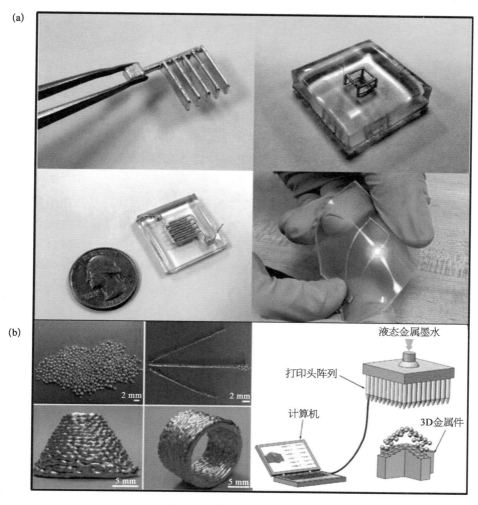

图 8.22　液态金属 3D 成型

a. 冷冻 3D 打印技术打印的模型[12]；b. 液相 3D 打印技术打印的模型[11]。

种 3D 结构，冷却流体的温度和流速也可以灵活控制，例如通过调整冷却流体的流速和方向，可以打印一些独特的 3D 结构（如旋转体）。

（2）易于实现 3D 机电器件的打印，将金属打印和非金属（如塑料等）打印结合起来形成 3D 功能器件，将液相 3D 打印与传统打印方法结合起来将会是一种有前景的打印技术。

（3）金属部件的打印能耗将大大降低，由于采用了低熔点金属墨水，材料的液固相转变易于实现,与传统的高熔点金属打印相比,制造的困难程度大大降低。

8.12 激光熔化处理金属中诱发的表面涟漪效应

激光表面熔化在金属表面熔凝处理和表面合金化处理方面有着重要应用。例如,经过表面熔凝处理的钢铁表面会形成 4 倍硬度的马氏体,大大增强其耐磨性和抗疲劳强度。表面合金化处理可以在金属表面形成功能合金,改善表面性能,同时,又不必对整个金属进行合金化处理,从而大大节约成本。

所谓激光表面熔凝,是指利用高能激光束照射金属表面使其迅速熔化,然后再急剧降温冷却使其凝固,从而在表面形成特定晶格和功能属性的金属。类似地,表面合金化处理是利用高能激光加热熔化金属表面,然后通过添加其他金属元素,使表面形成具有特定功能或具有理想物理化学属性的合金材料。

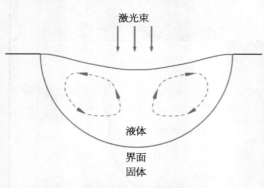

激光束
液体
界面
固体

图 8.23　金属表面激光熔化处理时的流动

在金属表面熔化处理中经常遇到的一个不利因素是表面涟漪造成表面不平整[13],如图 8.23 所示。形成这种表面涟漪的原因是,被激光束加热的液态金属区域温度高,而周围液体温度较低。一般情况下,液态金属的表面张力与温度呈负相关关系,也就是温度越高,表面张力越小。表面张力大的地方将对表面张力小的地方产生拖曳力,于是就形成如图 8.23 所示的对流和表面涟漪。深入研究这种涟漪的形成机理和控制方法,对于低熔点金属表面熔化处理有着重要意义。

8.13 水银的蒸发相变效应

是否还曾记得,年幼时无意打碎的体温计要迅速包裹,小心翼翼? 是否还记得,银幕、小说上看到的王侯墓穴,里面水银泻地、机关重重? 这些都与液态金属的一种热力学性质紧密相关:汞的蒸气压[14]。

　　打碎的体温计会使里面的水银散落出来,散落的液态金属汞易挥发成气体分子,进入空气进而被人呼吸入体内,对身体造成极大的损伤。墓穴中的水银,经过排布,似湖泊星辰,象征着权利财富,同时也因为挥发,使汞蒸气遍布整个墓室,成为盗墓者致命的陷阱。那么汞作为一种液态金属,为何会具有如此特殊而又令人着迷的特性呢?

　　这些特性是由于汞外部的电子排布形式,汞外部有 80 个电子,最外层的轨道上有两个电子,可称为惰性电子对,它们的存在使得汞原子无论获得或失去电子都需要很高的能量,这一点使其性质相对稳定,汞原子之间无法形成牢固的连接形式,仅仅靠分子间的作用力维系。正如两个大球之间存在吸引力,当吸引力牢固时,大球间连接的是无法移动的木棍,整个结构牢固坚硬,即固态金属;当吸引力很弱且不牢固时,大球间连接的是柔软的铁链,虽然相互无法分开但是却可以流动变形,即体现为液态金属的形式。

　　相较其他金属而言,汞具有很大的饱和蒸气压,即挥发性(图 8.24)。表层的液体分子都具有向外部逃逸的趋势,当分子逃脱了控制范围,变成气体分子的一部分,这些气体又会反过来作用在液体上产生压强,达到平衡时这种压强即为饱和蒸气压。因为汞原子间作用力较小,液体对表面的那些"活跃"的成员没法牢牢掌控,就会使其脱离变成气体,脱离的越多,饱和蒸气压就越大,这也是汞易挥发的原因[15]。

　　所以当遇到汞洒落时,要以硫粉覆盖,这样汞和硫就可通过化学反应形成不会挥发的硫化汞。另外还要注意室内通风,以让汞蒸气尽快散出。

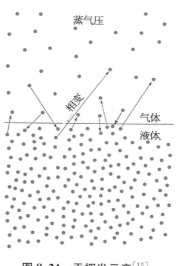

图 8.24　汞挥发示意[15]

8.14　液态金属的热管效应

　　热管技术是 1963 年美国 Los Alamos 国家实验室的 George Grover 发明的一种传热元件,它充分利用了热传导原理与相变介质的快速热传递性质,透过热管将发热物体的热量迅速传递到热源外(图 8.25),其导热能力超过任何已知金属。

图 8.25　一种常规的商用热管实物

热管利用介质在热端蒸发后在冷端冷凝的相变过程（即利用液体的蒸发潜热和凝结潜热），使热量快速传导[16]。一般热管由管壳、吸液芯和端盖组成。热管内部被抽成负压状态，充入沸点低、易挥发的适当液体。管壁有吸液芯，其由毛细多孔材料构成。热管一端为蒸发端，另一端为冷凝端，当热管一端受热时，毛细管中的液体迅速汽化，蒸气在热扩散的动力下流向另外一端，并在冷端冷凝释放出热量，液体再依靠毛细作用沿多孔材料流回蒸发端，如此循环，直到热管两端温度相等（此时蒸汽热扩散停止）。这种循环是快速进行的，热量可以被源源不断地传导开来。

　　高温热管选用工质的使用温度上限，受限于相应的饱和蒸汽压力，压力对热管的强度要求具有决定性的影响[16]。必须考虑高温下外壳的机械性能及外壳材料与工质的相互作用，特别是会出现特殊的破损机理，如热腐蚀性疲劳、蠕变断裂、总体腐蚀及晶间腐蚀、液态金属及氢气脆化等，这些过程决定了系统的可靠性及工作寿命。此外，工质及外壳材料的选择还取决于高温热管的制造工艺。在 $570\sim870$ K 范围内，传输最好的工质是汞，但汞热管的制造很困难，且汞蒸汽对人体危害极大，在使用过程中一旦烧毁管壳或发生泄漏均会造成严重后果，因此汞热管的使用受到了限制。此外，工业上应用的高温热管在选用工质时必须考虑价格问题，不同液态金属的价格相差非常大。以往高温热管较多地用于航天尖端技术，为了追求高性能，对工质的成本考虑相对较少。但工业应用的高温热管，成本问题就显得格外重要。目前，Na 是最便宜的常用液态金属工质，其次是 K。

　　最常用的高温热管工质是 Na、K[17]，钠的熔点为 98℃，钾的熔点为 63℃。但当钠钾合金的质量百分比为 77.12% K 和 22.18% Na 时，有最低熔点－12.13℃。钠钾合金导热系数稍低于纯钠和纯钾，其独特性在于常温下为液态，因此具有下列优点：

　　（1）充装工质方便，不需熔化。

（2）容易启动、运行安全，由于不会凝固，避免了在启动、工作中蒸发段烧干过热。

（3）可以根据不同的工质温度和工作要求，合理选择钠与钾的配比。

8.15　低熔点合金的聚能与焊接效应

射流聚能效应可驱动低熔点液态金属以流体的方式高速射出。如果将液态金属射流集中在很小的金属表面，会产生很大的穿透作用。由于这些液态金属射流的能量分布集中，冷却后能够将各种不同的金属焊接起来。因此，低熔点液态金属可用于特殊环境下或高精度领域的无缝焊接。

焊接是一种运用加热和加压条件，添加或不添加填充材料，将构件不可拆卸地连接在一起或者在基材表面堆叠覆盖层的加工工艺。现有焊接技术由于高度集中的瞬时热输入，在焊接过程中和焊接后，将产生相当大的残余应力和变形。焊接残余应力和变形不但可能引起热裂纹、冷裂纹、脆性断裂等工艺缺陷，甚至使得焊缝特别是定位焊缝部分完全断裂，而且在一定条件下严重影响焊接件的强度、刚度、受压稳定性、加工精度和尺寸稳定性[18]。研究低熔点液态金属的聚能与焊接效应，实现低温、高效的焊接技术，有利于避免现有焊接技术的工艺缺陷。

8.16　液态金属各向异性导热薄膜效应

液态金属镓是热的良导体，其热导率为 35 W·m^{-1}·K^{-1}，是水的 60 倍左右，PDMS 的 230 倍左右。如果将液态金属按照一个方向封装在 PDMS 薄膜里面，由于 PDMS 和液态金属的热导率具有较大差异，可以做成各向异性导热薄膜[19]。

图 8.26 左侧是利用异性导热薄膜加热人体脚掌后，温度的红外分布图，可以看出，脚掌中间位置温度要明显高于脚趾与脚跟处的温度。为了保护脚趾或脚跟在寒冷环境下免于冻伤，就可以利用图 8.26 右侧所示的各向异性导热薄膜鞋垫。该图还反映出，由于液态金属的存在，沿脚掌纵向方向的热导率要远大于横向热导率。在冬天的时候，当人们穿上这种"导热"鞋垫时，脚心的热量就可以"快速地"传给脚趾或脚跟，在一定程度上可以避免脚趾或脚跟发生冻伤。

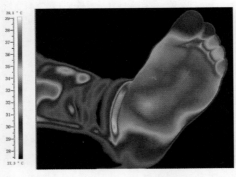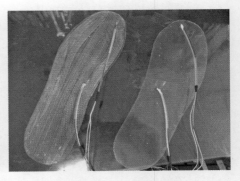

图 8.26 由红外热像仪获得的脚掌温度分布及各向异性导热薄膜鞋垫[19]

8.17 液态金属微流体效应及应用

液态金属在微流体领域有着独特而重要的作用,近年来引起持续广泛的关注。以下介绍几类典型的微流体效应及其应用技术。

液态金属强化的微流控芯片散热 利用灌注有高热导率液态金属的微流道,可实现微流控芯片的散热(图 8.27),非常适合于低热导率微流控芯片内微小区域的强化传热[20]。在芯片表面自然对流作用下,片内产热可自然消除。这种散热方法具有结构简单、制作方便、成本低廉、集成性好等诸多优点,更重要的是容易实现片内微小区域传热的各向异性强化。

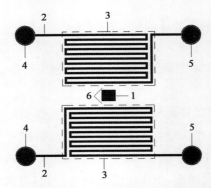

图 8.27 液态金属微流控芯片散热示意[20]

1. 产热区域;2. 高热导率微流道;
3. 强化传热区域;4. 液态金属灌注入口;
5. 液态金属灌注出口;6. 微尺度薄膜。

基于液态金属微热控制平台的 PCR 机制　PCR（Polymerase Chain Reaction）即聚合酶链式反应，其最大特点是能将微量的 DNA 大幅增加。连续流 PCR 一般需要三个不同的温区，分别为 95℃ 的高温变性区、55℃ 的低温退火区和 72℃ 的中温延伸区。体外 PCR 扩增对温度有很高的要求：在 90℃ 变性区，温度过高，会导致 DNA 聚合酶变性；温度过低，DNA 双链无法打开。对于 55℃ 退火区和 72℃ 延伸区，温度过高或过低，DNA 均无法正常合成。所以对于体外 PCR 扩增，温度误差需控制在 ±1℃ 以内。基于液态金属的微热控制平台由液态金属电阻微加热器、液态金属电阻温度微传感器和 PID 温控仪组成，可以实现体外 PCR 扩增温度的精确控制[20]。图 8.28 为基于液态金属微热控平台的 PCR 芯片示意。

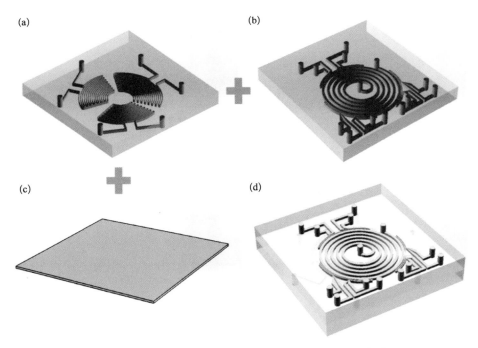

图 8.28　基于液态金属微热控平台的 PCR 芯片示意[20]

　　a. 液态金属微加热器层；b. 液态金属电阻温度微传感器和 PCR 流道层；c. PDMS 薄膜层；d. PCR 整体芯片。

基于液态金属微热控制平台的细胞培养机制　细胞培养对温度有严格要求。维持培养细胞旺盛生长，必须有恒定且适宜的温度。不同种类的细胞对培养温度要求也不同。人体细胞培养的标准温度为 36.5±0.5℃，偏离这一温度范围,细胞的正常代谢会受到影响,甚至死亡。传统的细胞培养不能精确重现体内细胞以模拟生物体内的状况,而微流控芯片上能对流体从时间和空间上进行精确的控制[21]。上面已经提到,基于液态金属的微热控制平台可以应用到 PCR 扩增。同样液态金属微热控制平台可以为片上细胞培养提供恒定、适宜的温度。

基于液态金属微热控制平台的温度梯度聚焦分离效应 温度梯度聚焦技术是一种基于温度梯度的微分离技术,该技术能够在具有适宜温度梯度的微流道或毛细管内实现带电分析物的分离操作。由于具有高效分离效率,温度梯度聚焦技术目前已广泛应用于荧光染料、DNA、蛋白质、氨基酸、微颗粒等生化分析物的聚焦分离。在温度梯度聚焦微流控分析技术中,线性分布的温度梯度是一种简单、高效且操控方便的温度梯度形式(图 8.29)。液态金属微通道作为电阻微加热器,可按要求在聚焦微流道内产生预期的温度梯度[20]。

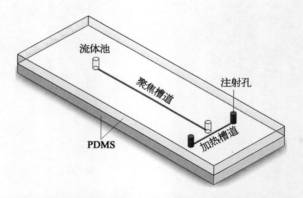

图 8.29 基于液态金属微热控平台的温度梯度聚焦芯片示意[20]

基于液态金属微热控制平台的微混合效应 鉴于液态金属微注射成型微流控功能元器件在技术方面的诸多优势,可将液态金属电阻微加热器、液态金属热电阻温度传感器和液态金属微电极电渗流微泵集成在同一个微流控芯片中(图 8.30),构建基于液态金属的集成型热学微流控系统[20]。在液态金属电阻微加热器及液态金属热电阻温度传感器的温度操控作用下,液态金属热学微系统可为微流控分析系统提供特定温度的目标微流体。目标微流体在液态金属微电极电渗流微泵的驱动控制作用下,能够实现温度快速改变。

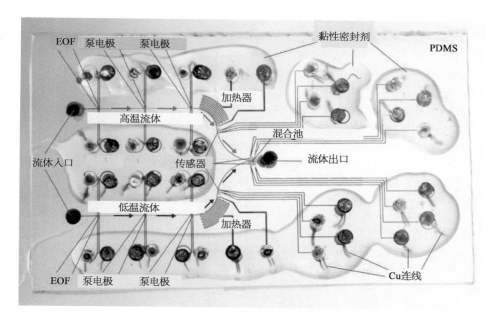

图 8.30 基于液态金属微热控平台的微混合芯片[20]

参 考 文 献

[1] 王磊,刘静,周一欣.镓液滴的升降温特性及过冷度的实验研究.重庆:中国工程热物理学会 2013 年传热传质学会议:138816.

[2] Gao Y X, Wang L, Li H Y, Liu J. Liquid metal as energy transportation medium or coolant under harsh environment with temperature below zero centigrade. Frontiers in Energy, 2014, 8(1):49-61.

[3] Gao Y, Liu J. Gallium-based thermal interface material with high compliance and wettability. Appl Phys A, 2012, 107(3):701-708.

[4] Ma K Q, Liu J. Nano liquid-metal fluid as ultimate coolant. Physics Letters A, 2007, 361:252-256.

[5] Tang J, Zhao X, Li J, Guo R, Zhou Y, Liu J. Gallium-based liquid metal amalgams: Transitional-state metallic mixtures (TransM2ixes) with enhanced and tunable electrical, thermal, and mechanical properties. ACS Appl Mater Interfaces, 2017, 9 (41):35977-35987.

[6] Mei S, Gao Y, Deng Z, Liu J. Thermally conductive and highly electrically resistive grease through homogeneously dispersing liquid metal droplets inside methyl silicone oil. ASME Journal of Electronic Packaging, 2014, 136(1):011009.

［7］Ge H S, Liu J. Keeping smartphones cool with gallium phase change material. ASME Journal of Heat Transfer, 2013, 135(5): 054503.

［8］Ge H S, Liu J. Phase change effect of low melting point metal for an automatic cooling of USB flash memory. Frontiers in Energy, 2012, 6(3): 207–209.

［9］Ge H S, Li H Y, Mei S F, Liu J. Low melting point liquid metal as a new class of phase change material: An emerging frontier in energy area. Renewable and Sustainable Energy Reviews, 2013, 21: 331–346.

［10］Ge H, Liu J. Cooling capacity of metal phase change material for thermal management of mobile phone subject to long time communication//ASME 2013 International Mechanical Engineering Congress and Exposition: V08BT09A076.

［11］Wang L, Liu J. Liquid phase 3D printing for quickly manufacturing conductive metal objects with low melting point alloy ink. Science China Technological Sciences, 2014, 57: 1721–1728.

［12］Fassler A, Majidi C. 3D structures of liquid-phase gain alloy embedded in pdms with freeze casting. Lab on a Chip, 2013, 13: 4442–4450.

［13］Anthony T R, Cline H E. Surface rippling induced by surfacetension gradients during laser surface melting and alloying. Journal of Applied Physics, 1977, 48: 3888–3894.

［14］https://en. wikipedia. org/wiki/Mercury_(element)

［15］https://en. wikipedia. org/wiki/Vapor_pressure

［16］曲伟,王焕光.高温及超高温热管的相容性和传热性能.化工学报,2011,62(S1):77–81.

［17］陈希习,屠进.高温热管工质的选择.节能技术,2001,1:42–44.

［18］孙锐锐.大跨度钢拱结构温度效应和焊接效应分析(硕士学位论文).天津:天津大学,2008.

［19］牛波.基于液态金属的各向异性导热薄膜的研究与应用(硕士学位论文).北京:中国科学院大学,中国科学院理化技术研究所,2015.

［20］高猛.基于液态金属的热学微流控系统的研究(博士学位论文).北京:中国科学院大学,中国科学院理化技术研究所,2014.

［21］徐春秀,蔡龙飞.微流控芯片上的细胞培养研究进展.江西化工,2011,1:24–27.

第9章
液态金属电学效应

9.1 引言

　　电学效应也是液态金属最为基础的物质属性之一，基于电学效应可以实现无数的应用。液态金属作为流体物质，可变形，可拉伸，这使其在近年来兴起的柔性电子技术领域独树一帜，超越了许多传统电子材料。而且，作为易于涂覆的流态化金属物质，液态金属可充当天然的柔性电磁屏蔽介质。本章介绍了液态金属的流动变形电学效应、液态金属断裂与缩颈效应、液态金属微胶囊自修复电路效应、可拉伸变阻效应，以及利用液态金属物质实现常温焊接的问题，并讲解了由于电场作用引发的电迁移现象与液态金属薄膜的断裂效应，以及电场触发的液态金属自收缩效应及限流器效应，并阐述了基于液态金属印刷技术的皮表电子特性、液态金属柔性导电特性等。作为完整的液态金属电路应用部分，本章还介绍了液态金属导电物在基底表面的擦除与修复方法，如：机械擦除机制、化学擦除机制及电化学擦除机制等方面，此方面技术对于今后液态金属电子直写电路的修复和优化有着直接的支撑作用。最后，本章介绍了利用快速冷却处理方法实现对液态金属电物理性能加以调控的影响效应，以及基于微流道中充填液态金属实现的电阻加热效应。本章内容对于理解更多液态金属电学问题并发展对应实用技术有积极参考价值。

9.2 液态金属柔性介质的电磁屏蔽效应

　　液态金属作为一种全新的屏蔽材料正体现其独特价值[1]。当代生活中大量电子产品和通信设备的使用(图 9.1)，令人暴露在无处不在的电磁辐射之中，除了对于电磁辐射的恐惧与危害，电磁辐射造成的信息安全问题也对电磁屏蔽材料提出了大量需求。电磁屏蔽,就是屏蔽电磁信号,用金属材质的物品把需要保护的物品,作全方位的包裹,使得外界的电磁信号,不再能进入这个被保护的空间,从而达到防止干扰的目的。

图 9.1　商用手机应用过程中存在大量的屏蔽需求

在电子设备及电子产品中,电磁干扰能量通过传导性耦合和辐射性耦合来进行传输。为满足电磁兼容性要求,对传导性耦合需采用滤波技术加以抑制;对辐射性耦合则需采用屏蔽技术加以抑制。在当前电磁频谱日趋密集、单位体积内电磁功率密度急剧增加、高低电平器件或设备大量混合使用的情况下,电磁屏蔽的重要性就显得更为突出。常规的屏蔽是通过由金属制成的壳、盒、板等屏蔽体,将电磁波局限于某一区域内。

相对于工业中的大型应用,生活中的个人电子产品和医疗行业中的特殊要求,对电磁屏蔽材料提出了柔性、可个体量化的要求。液态金属因为良好的柔性和卓越的可书写性、可印刷性,能充分满足这个要求,特别是解决了缝隙及小空间电磁屏蔽的经典难题,是异军突起的全新一代高柔性电磁屏蔽材料。北京梦之墨科技有限公司与中国科学院理化研究所在业界首次推出的液态金属电磁屏蔽涂料,已在有关场合得到了成功应用。

9.3　液态金属的流动变形电学效应

液态金属的流动变形效应是指灌注、封装于微尺度流道中的液态金属在挤压和拉拽等外力的作用下,随着流道结构的变形而变形,同时始终保持弯曲或处于流道拉伸时充满其中的能力[2]。

基于液态金属的流体特质以及金属的优良导体性质,可将液态金属灌注入弹性封装体中制备柔性电子器件(图 9.2)。利用液态金属的流动变形特性，通过流道灌注方法制备的柔性电子器件[2]，可以摆脱现有柔性电子产品制备过程中所用到的化学腐蚀和电气沉积等污染环境和浪费材料的成型过程，同时，满足电子器件在变形过程中始终保持优异的电子传导能力。

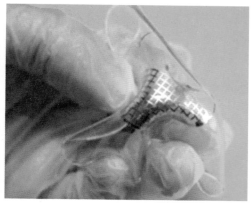

图 9.2　充灌于柔性流道中的液态金属[2]

液态金属随流道的变形而发生的流动变形效应也受到金属流体自身的氧化和黏弹性行为影响[2]，随着外力对弹性封装体的弯曲、拉伸，进而作用于流道内的液态金属，会打破稳定状态下形成的氧化层，使得液态金属更容易随着流道的变形而发生流动；当液态金属再度处于稳定状态后，重新形成的氧化层又进一步使填充于变形流道中的液态金属快速稳定，保持柔性电子器件应有的功能。

利用液态金属的流动变形效应制备柔性电子器件，不仅能够简化现有电子器件制备工艺，同时与 3D 打印工艺相结合，可以制备柔性三维功能电路，可为开发可穿戴电子、可折叠弯曲显示屏、植入式生物电子等新型电子产品提供基础。

9.4　液态金属的断裂与缩颈效应

液态金属传感器作为检测元件工作中，当柔性液态金属传感器受压时，可能会出现材料力学上的缩颈与断裂现象。

外界压力作用在基材，尤其是柔性基材上时，基材变形会进一步导致液态金属的变形,由于液态金属的流动性,当外界作用力过大时,液态金属会发生断裂和缩颈的现象。因此,为了保证液态金属在空间上的连续性,维持液态金属传感器的正常工作,所施加的外界压力应该在液态金属发生缩颈的承受范围内,一旦出现断裂会导致不可逆的损伤出现,影响测量精度和使用寿命。值得一提的是,液态金属发生缩颈和断裂的极限,主要是由外部的柔性基材的杨氏模量和传感器结构决定的。一般来说,基材的杨氏模量越小,材料柔性越好,内部填充的液态金属也越容易发生断裂与缩颈。为了避免出现断裂与缩颈的问题,需要对液态金属传感器进行标定和疲劳测试。

图 9.3　商用保险丝示意

在电学上,基于低熔点金属的熔断器是最为经典的保护电器之一(图 9.3),俗称"保险丝"。这类熔断器在电流超过额定值后,利用其自身产生的热量使熔体断开,从而使电路断开以达到保护电路的作用。它被广泛应用于高低压配电系统、控制系统和大型用电设备中。根据熔断器结构、熔断材料和填料的不同,可分为插入式熔断器、螺旋式熔断器、封闭式熔断器、快速熔断器和自复式熔断器[3]。实际应用中,可以根据功率大小、工作场合等,选择不同的低熔点金属作为熔断单元。

9.5　液态金属微胶囊自修复电路

液态金属可以作为自修复材料,在微电子保护方面发挥独特作用。经典意义上的自修复材料,是指受到损伤后一段时间能够自行修复的材料。微胶囊法是用于高分子材料最基础的一种修复方法[4],主要原理如图 9.4 所示。在高分子材料中嵌入很多微胶囊($\sim\mu m$),微胶囊内含有高分子单体。当裂缝扩展至微胶囊时,胶囊受力破裂,单体流出填补缝隙,同时在催化剂作用下迅速发生交联反应使材料固化,在最短的时间内使材料恢复到未受损伤时的状态。

对于高集成化电路,由于热应力造成的电路失效比较常见,这种损伤很难通过一般方法修复。基于微胶囊法自修复材料的原理,研究者提出一种将常温液态金属用于自修复电路的方法[5],可以使被破坏的电路在 1 ms 内修复(约 99%)。主要措施是将镓基常温液态金属包裹于微胶囊内(2～200 μm)嵌入电路板内,在电路被破坏后,裂缝使微胶囊破裂继而液态金属流出弥补裂缝,如图 9.5 所示。由于液态金属良好的导电性,电路可以迅速被修复。这种简单而高效的修复电路的方法,可用于各种复杂的集成化小型电路,使其能够克服繁复的装配过程中可能产生的电路失效,从而提高电路的可靠性和持久性。

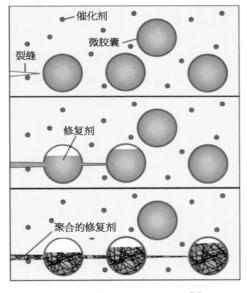

图 9.4　微胶囊修复法原理[4]

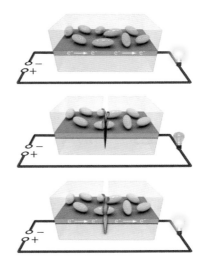

图 9.5　液态金属微胶囊
自修复电路原理[5]

9.6　基于液态金属常温焊接特性的电路修复

常规的电路连通或修复的过程就是一个焊接过程。这是一种以加热、高温或高压的方式连接金属的制作工艺和技术。根据焊接方式的不同,焊接可分为熔焊、压焊和钎焊。从 20 世纪中叶开始,科学家们发明了多种焊接技术,焊接对机械制造业的贡献逐渐增大。但总的来看,焊接中依然存在诸多问题,如焊接中存在的热裂纹（凝固裂纹、液化裂纹）[6]，通常会导致机械制品报废。为防止裂纹产生，应尽量减少焊接时的热输入、合理安排焊接顺序，以防止弧形裂纹的形成。显然，能于常温下实现电学修复和焊接的技术将颇有实用价值。

图 9.6　液态金属固体颗粒用于修复电路[7]

美国爱荷华州立大学的研究人员提出一种可在常温下保持液态，且可让材料间相互融合的液态金属固液混合物，可用于无热焊接、电路损伤的修复等[7]，具体如图 9.6 所示。新型液态金属微粒材料暴露于空气中时，其表面会发生氧化并产生金属泡沫，待氧化过程结束后，可利用打磨处理将其表面平滑化以减小裂纹等缺陷。

9.7　液态金属的皮表柔性电子特性

由镓、铟、锡等金属构成的合金，由于具有低熔点、高导电率、制作工艺简单等良好特性，可以很方便地制造出导线、电极、电容、电导、天线、应力传感器、压力传感器等柔性电子器件。另一方面，直接接触式打印、喷雾打印、丝网打印、3D 打印等技术也已经被提出，用于液态金属柔性电路的制作过程当中。

笔者实验室 Yu 等[8]，将常温液态金属印刷技术引入到生物医学电子学领域，并结合无线通信技术，从而将"生物体表电路直接绘制与生理参数自动获取"这一概念变成现实。*Chemistry World* 等科学杂志以"在皮肤上打印电路"为题对此进行了报道或转载[9]。

此项工作建立了在生物体表直接绘制传感器、导线、功能电路乃至实现医学应用的工程学途径[8]，可由此引申出"从头到脚、覆盖全身"的全新生物医学电子学模式。研究中澄清了液态金属电极的基本特性，将各种适形化电极直接绘制在形貌各异的人体及动物皮肤上，并借助手机蓝牙技术，实现了心电信号的无线采集、记录与显示。论文还阐述了体表液态金属电子电路技术在心电/脑电地形图、生物电阻抗成像乃至心脏除颤、电刺激以及无线感知等方面的应用,剖析了新方法在生物医学检测与治疗方面的巨大潜力。由液态金属印制而成的皮肤电路具有独特的柔韧性和延展性,较为适应高低起伏的生物体表;同时,其高品质的生物相容性以及无创、低成本、印刷与擦除方便等特点也便于今后实际应用。此前,尽管科学界已提出著名的电子文身技术,但相应电路需提前制作在特定基底上后再贴附于皮表,这会带来一定的接触电阻;而传统的生物电极也往往需要借助导电胶来增强外界电路与人体皮表间的电学传导,使用方式仍非直接。在体电路则克服了上述不足,为人体生理信号的精准测定及电学控制提供了崭新手段。

　　下面给出一个液态金属打印技术在生物医学方面的应用[8]。以新西兰兔为实验对象,分别采用常规的 Ag/AgCl 电极和液态金属电极测量心电信号,实验结果如图 9.7 所示。可以看出,液态金属电极除了测量信号的幅度略低于常规电极外,在心电信号的波形、节律上都没有明显差异。这个结果说明,利用液态金属作为电极采集生理电信号是可行的。而且,由于液态金属与体表可以实现适形化接触,不需要再涂抹导电膏,因此使用起来更加方便自由。

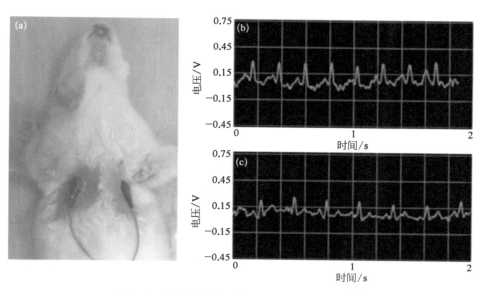

图 9.7　基于液态金属的生物电极与皮肤电路[8]

a. 涂覆于试验小鼠表皮的电路;b、c. 心电测量信号。

　　皮肤电子又俗称电子文身,是近期兴起的热门研究领域,主要用于通过皮肤无创检测生理信号,是柔性电子技术的集中体现。然而,迄今为止,几乎所有的皮肤电子器件均不能直接制作在皮肤上,这会造成大的接触电阻从而降低测试灵敏度。而且,传统的电子导联技术往往需要复杂的加工条件,如光刻、刻蚀、溅射等虽有较高精度,但设备相当复杂,且常常必须在高温、高辐射环境下操作,无法直接于皮肤上制作电子器件。已有的柔性电子通常的制造温度也在 100℃ 以上,一些室温技术则要用到诸如紫外光或者化学技术,若直接在皮肤上制造会对人体造成大的伤害。笔者实验室研究发现,通过液态金属喷墨打印技术快速制作皮肤电子可以避免这些不利[10]。具体过程为:首先,通过预先设计制作掩膜,将想要打印的电气元件刻蚀在不锈钢板上,其中掩膜图案线宽的分辨率能达到 $100\ \mu\text{m}$。如图 9.8 所示,掩膜上刻蚀了从简单到复杂的几种典型可构成电气元件的集合图案,可以通过装有液态金属的喷枪,在短时间内批量打印出来。液态金属喷墨打印技术是一个直接在皮肤上

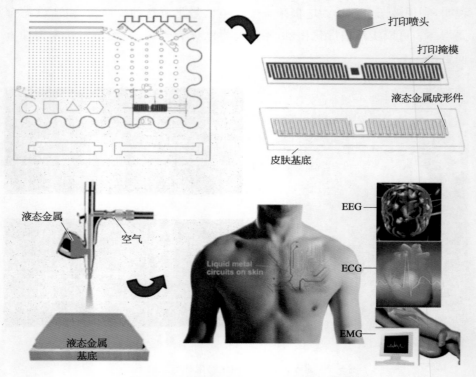

图 9.8　基于液态金属快速制造的皮肤电路[10]

打印电子图案很有前景的方法,它不仅可以实现理想的黏附性,并且还具备较好的可拉伸电子特性,未来可以广泛用于印制传感器、执行器、皮肤电路等。

液态金属体表电子电路技术可望给未来生活带来一些新的改变,这会使得传感器、控制器、效应器及供能器等能与人体系统融为一体,从而为生物医学电子学创造出前所未有的应用模式。

9.8　液态金属导线的柔性可拉伸电学效应

通常人们在制造可伸缩导电线时,往往是将可导电材料与弹性聚合物相融合来实现,例如将纳米铜颗粒或纳米银颗粒掺杂在亚枫类高分子中,如果导电材料的比例太大,导电线的伸缩性能就不理想;如果导电材料的比例小了,则导线的导电性又不理想。

常温液态金属具有良好的流动性和延展性,这是普通的铜、铝、银等金属导线所不具备的特性,Zhu 等利用液态金属研制出了一种可伸缩的导电线[11],可以拉伸到原长度的 8 倍(图 9.9),拉伸后也不会影响到导电性能。这种导线的用途很广,比如用作制造耳机线或是手机的充电线,也可以制造可导电纺织品。研究人员在制造可伸缩导电线时,先采用高分子聚合物打造出一条细小的可伸缩微管,之后向管内注入液态的镓铟合金,这种合金的导电性能良好。由于导电材料与基体分离,导线既拥有最大程度的伸缩性,又具备较好的导电性。

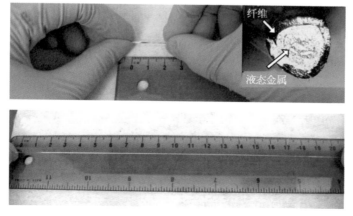

图 9.9　可拉伸液态金属导线[11]

9.9 印刷式液态金属柔性电子可拉伸变阻效应

可拉伸变阻器是新兴的柔性电子技术应用中的核心单元,在电子服装、人工肌肉、智能电子等方面正显示重要价值,但以往方法大多存在制作困难、成本高等问题。笔者实验室基于新近发展的液态金属印刷电子学方法,将液态金属墨水直接印制于高弹性材料表面,由此构建出借助弹性材料的伸缩性来改变电阻大小的可拉伸变阻器。

近年来,随着人们对柔性电子研究热情的日益高涨,弹性材料被越来越多地用于电子领域。此类材料自身具有高度的柔性和可拉伸性,学术界藉此发展出可拉伸电子的概念[12]。兼具导电性和可拉伸性的材料或器件在柔性显示器、可拉伸射频天线、人造肌肉和可穿戴传感器等领域具有巨大应用价值。新近报道的一些材料有网状塑料膜、石墨膜和基于碳纳米管的复合材料等。但这些材料也存在一定局限,如导电率低、拉伸性弱等。为此,研究人员提出将液态金属封装进柔性面料、聚合物薄层或槽道内制成相应器件的思想,可制成电子服装及拉伸电子设备的连接件[13,14]。在各种基底材料中,PDMS 作为微纳领域用于制作微流道的一种常用弹性材料,最大可拉伸至 225%,已被用作拉伸电子领域中的绝缘基底、介电层及封装结构[15,16],但前期方法需要借助光刻和真空金属蒸镀等手段实现,相对昂贵、复杂。总的说来,发展简捷、低成本的电子制作方法是可拉伸导体技术领域的重要方向。

借助液态金属印刷电子学的思想[17],可将特定金属墨水直接印制于与其匹配的基底表面形成导电体,从而大大简化了电子制造的难度[18]。作为对照实验组,首先以常规封装方法测试了液态金属可拉伸变阻器的性能。硅胶管规格为 $0.5 \, mm \times 100 \, mm$(内径×长度),泊松比为 0.5。将 $GaIn_{24.5}$ 合金灌装入管内,并对管两端予以密封处理。

我们将硅胶管变阻器从 100% 拉伸至 140%(长度定义为管内液态金属的长度),每两个测点间隔为 10% 的拉伸量,每组实验重复三次,拉伸过程中液态金属电阻变化率和拉伸前后导体长度变化率的关系如图 9.10 所示[18]。在拉伸过程中,液态金属体积保持一定,虽然液态金属截面积减小,但其长度仍直接正比于弹性体长度。从图中可见,将硅胶管拉伸至其原长的 140% 时,液态金属的电阻值可增至原来的 200%,由此数据,可近似看出电阻变化率与长度

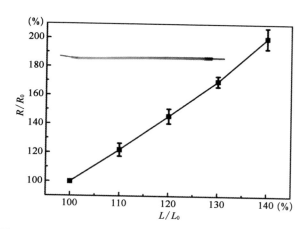

图 9.10 硅胶管拉伸过程中液态金属变阻器的电阻变化[18]

变化率之间存在一定的二次曲线关系。

　　以上封装方法制得的液态金属拉伸变阻器获得了较好的实验结果，以下进一步探索利用直写方法制作的液态金属拉伸变阻器的工作性能。

　　实验装置仍如前，只是将测试对象换为印刷有液态金属墨水的橡胶弹性线，其泊松比为 0.2。选取该弹性材料作为基底是因其具有高弹性，可拉伸至原长的 600%，从而使制得的变阻器具有较大的可调节电阻范围。实验方法仍采用标准的四探针法，测得结果如图 9.11 所示[18]。从图中可见，将弹性线拉伸至原长的 140% 以上时，液态金属的电阻值增至原来的 180%。电阻变化率和长度变化率之间近似呈二次曲线关系。但明显发现各点误差均大于封装测试的情况，而且各点数值较封装数值均偏小。推测这一现象产生的原因主要是液态金属墨水未封装，在拉伸过程中，随着液态金属膜层变薄，更多液态金属表面暴露在空气中，从而越来越多的液态金属受到氧化，使得其电阻率和体积出现变化。

　　为进一步得到液态金属直写式拉伸变阻器的可靠性，将橡胶线从 100 mm 拉伸至 200 mm（拉伸 200%）再释放，重复数十次，取其中 10 次操作得到的电阻性能，如图 9.12 所示[18]。可以看出，10 次拉伸-释放过程中，电阻的最小值和最大值均在 0.22 Ω 和 0.58 Ω 附近，表现出较好的稳定性。不过，实验也发现，在数十次拉伸-释放的过程中，印刷变阻器的阻值呈现一定程度的上浮趋势，这一现象在拉伸电子中普遍存在，其原因主要是由于残余应力的存在，弹性体无法恢复至原长，文献[16]指出，由银纳米线和 PDMS 构成的弹性体的残

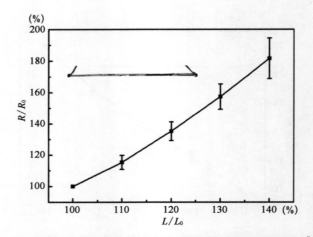

图 9.11 弹性线拉伸过程中液态金属变阻器的电阻变化情况[18]

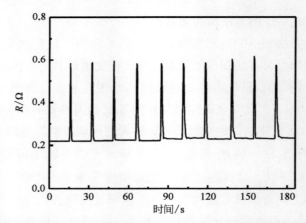

图 9.12 液态金属直写式拉伸变阻器的 10 次拉伸-释放过程电阻变化特性[18]

余应力约为 50%。

为评估液态金属直写式拉伸变阻器的性能,我们构建了一个 LED 电路,旨在通过拉伸变阻器来调节 LED 灯的亮度[18]。LED 灯工作电压为 2 V,采用一节 4 V 的电池对电路供电。测试中将长为 10 mm 的液态金属直写式拉伸变阻器接入电路中。用摄影机拍摄变阻器拉伸-释放过程中 LED 灯的亮度变化,分别对释放时刻和拉伸至 200% 的时刻截图,如图 9.13 所示。从中可以看出,对变阻器拉伸后,LED 亮度发生明显变化。测量变阻器拉伸前后 LED 光强最强处照射距离,即图中黄色光部分,可知变阻器拉伸前该距离为 36 mm,而拉伸后该距离为 27 mm,可见制得的拉伸变阻器可实现调节电路电阻的作用。

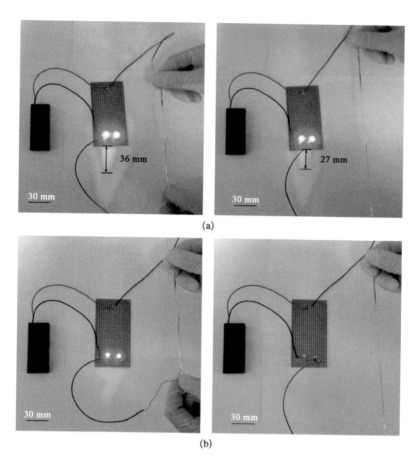

图 9.13 拉伸变阻器工作情况演示[18]

a. 控制 LED 电路;b. 充当拉伸开关情况。

在实验中,我们还发现一个有趣的导电薄膜自修复现象[18],即当液态金属墨水薄膜厚度较薄时,会出现拉伸时 LED 灯熄灭,而释放时 LED 灯重新亮起,并一直反复的现象,如图 9.13b 所示。推测这种现象的原因是弹性线处于自然状态时,液态金属墨水层虽相互连通,但由于薄膜较薄,一旦拉伸,薄膜变得更薄,导致部分位置电阻趋于无穷大,即出现断路;再释放时,断路位置又重新连通,表现出自修复的特性。这一现象可用于制作液态金属拉伸开关。很明显,存在一个临界膜厚 δ_0,当液态金属墨水薄膜的膜厚 $\delta > \delta_0$ 时,会形成液态金属拉伸变阻器;而当 $\delta < \delta_0$ 时,成为拉伸开关。以上研究均说明可拉伸变阻器的实用价值。

笔者实验室使用镓基液态金属做成的柔性导线串联单晶硅太阳能电池板,制备出可拉伸折叠的太阳能电池,既具有单晶硅太阳能电池的高转化效率,又体现出良好的可折叠可携带性优势,由于具备电学可拉伸性,此系统易于布置到各类复杂基底表面实现光伏发电。

9.10　电迁移现象与液态金属薄膜的断裂效应

常温液态金属与电子技术紧密相关,特别是在直写电子技术、微纳米尺度印刷电子技术等方面,近年在许多新兴领域也显得越来越重要。然而,这些基于液态金属的电路在实际应用过程中会遇到许多急需解决的问题,其中之一就是可能由电迁移现象引起的电路失效问题。Ma 等的研究发现[19]:液态金属薄膜在承载大电流密度的情况下会由电迁移现象引起断裂问题,对其中电迁移过程机理的认识有重要意义。

电迁移现象是指导体中的导电电子在做定向运动时与原子实发生碰撞而交换动量,进而引起原子实移动的现象。电迁移过程会在材料中形成隆起或空穴,从而导致电路的失效[20]。比如,集成电路在承载高电流密度时,电迁移现象会在集成电路中引起空穴和小丘,从而导致开路和短路。这种现象在固态金属电路中,比如铝薄膜、铜薄膜,以及半导体集成电路中已得到了广泛的研究。

然而,目前人们对新近出现的液态金属薄膜中的电迁移问题却知之甚少。学术界还不很清楚在通有电流的情况下,由常温液态金属制成的电路会受到电迁移现象多大的影响。我们估计,由于液态金属具有流动性,电迁移现象有可能在液态金属电路中引起更加严重的问题。这意味着电迁移现象决定了用液态金属制备的电子器件能否正常地工作,即它会影响液态金属电路的可靠性。因而,很有必要对液态金属薄膜中的电迁移现象进行详细的研究。

Ma 等首次研究了由电迁移现象引起的液态镓薄膜的失效问题[19]。实验发现,当液态镓薄膜在承载高电流密度的时候,它们会在电迁移现象的作用下发生断裂。这个发现必将在未来基于液态金属的打印电子技术的研究和应用中发挥作用。

首先,用光学显微镜拍摄了如图 9.14 所示的液态镓薄膜的照片,以研究由电迁移现象所引起的液态镓薄膜的断裂现象。

图 9.14a 为未加电流前薄膜中部(断裂前)的照片[19]。图 9.14b 显示,随着流过样品的电流的增加,薄膜的中部开始断裂。图 9.14c 显示,当电流密度

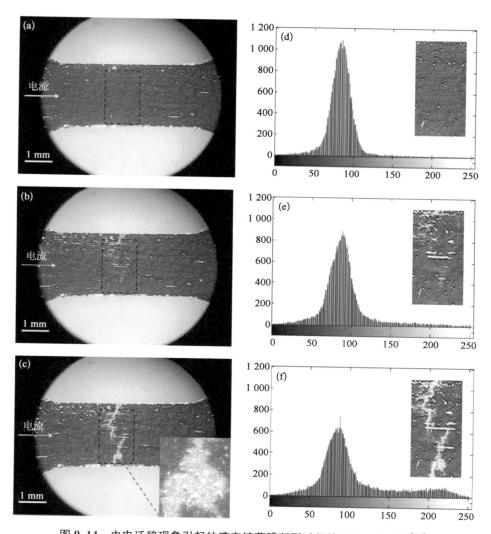

图 9.14　由电迁移现象引起的液态镓薄膜断裂过程的光学显微照片[19]

　　a. 断裂前的薄膜；b. 薄膜开始断裂；c. 断裂后的薄膜。图 d—f 分别是图 a—c 所选区域的灰度图。

增至 114.9 A/mm² (电流为 3.2 A)，薄膜完全断裂，且在薄膜上可以清楚地看到一条裂纹。图 9.14c 的内插图展示了裂纹部分的细节：白色区域是玻璃，黑色区域是液态镓。图 9.14a—9.14c 中所选区域的灰度分析结果分别如图 9.14d—9.14f 所示。结果显示，在薄膜开始断裂时灰度变浅：在薄膜断裂前，暗点计数值为 1 100，但在断裂后暗点计数值则减至 650。图 9.14 中观测到的断裂现象由图 9.15 所示的实验得到了验证。电流在 $t=23.0$ s 开始施加以激发电迁移现象。在 $t=27.5$ s 时，电流密度增至 114.9 A/mm² ($I=3.2$ A)，薄膜开始断裂。这时，薄膜中部发生断裂的部位的温度显示为 $T(t)=38℃$。这保证了我们的测量是在液态镓中，而不是在固态镓中进行。在断裂过程中，由于焦耳热的释放，温度 $T(t)$ 从 38℃增至 45℃。

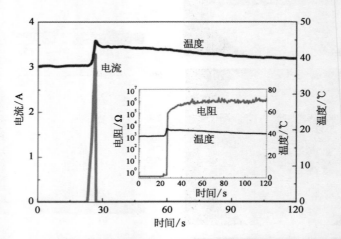

图 9.15　在液态镓薄膜断裂过程中，电流、温度及电阻随时间的演化情况[19]

　　液态镓薄膜中观测到的断裂现象可以用电迁移理论来解释。详细机制可参阅文献[19]。总的说来，由于液态金属薄膜具有流动性，它比固态金属薄膜更容易受到电迁移现象的损害。这意味着电迁移现象可能会对液态金属打印电子电路、3D 电子技术，以及其他相关微电子技术中使用的薄膜的可靠性有很大影响，因而必须在这方面开展广泛而深入的研究。

9.11　电场触发的液态金属自收缩效应及限流器效应

　　镓铟锡合金作为有自恢复特性的液态金属限流器中的填充介质，具有无毒、环境友好等优点。该液态金属限流器是基于填充介质的自收缩效应来工作的[21]，具有结构简单、可反复使用、电极损坏小的优点，结构原理如图 9.16 所示。
　　这种限流器由密封外壳、固态电极、液态金属、绝缘隔板和通流孔组成，绝缘隔板将壳体内部的空间分割开，由通流孔和隔层形成搜索-扩张结构，从而引起限流器中电流密度和磁场的不均匀分布[21]。当电路短路时，由于通流孔

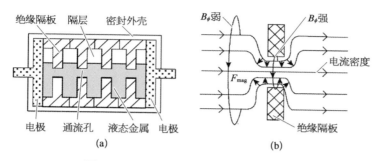

图 9.16　液态金属限流器的工作原理[21]

a. 限流器结构；b. 自收缩效应原理。

的结构所致，其内的电磁力将随着电流的突然增大而剧烈增强，并使得液态金属发生自收缩效应，从而在孔内产生电弧。很明显，由于多孔串联，故可产生高于系统所加电压的电弧电压，从而起到限制短路故障的作用。

　　这里对电弧在液态金属中的起弧作简要介绍[21]。一方面，因收缩效应导致液态金属的自由表面出现凹陷（图 9.16），从而形成气泡并在通流孔不断向下延伸，将其下方液态金属挤压，最终挤断孔中的液态金属柱；另一方面，短路电流产生的焦耳热集中于被气泡挤断前的最后一个液滴上，可使其快速升温至沸点，从而导致爆炸式气化，最终导致液态金属被挤断的间隙中充满了镓铟锡金属高温蒸汽，进而形成电弧。

　　这种自复式熔断器可以反复使用，使用寿命较长。

9.12　液态金属导电物在基底表面的机械擦除机制

　　液态金属电子制造由于自身的优势[22]，可望在许多领域得到广泛应用。在所有这些应用中，经常遇到需要修改液态金属电路或者移除部分不需要的电路的情况，而打印废弃物也需要予以妥善回收并实现良好的资源再利用。Ma 等为此发展了三类擦除镓基液态金属电路和薄膜的方法[23]，即：机械方法、化学方法、电化学方法。在机械方法中，设计了一种液态金属薄膜"擦除器"，结果显示，乙醇是一种很好的机械擦除剂。在化学方法中，选用碱和酸来擦除精细打印的液态金属电路，结果显示，NaOH 溶液是一种很好的化学擦除剂。在电化学方法中，用水覆盖了待擦除目标区域的液态金属薄膜，并施加一个 15 V 的电压，从而成功地移除了目标区域的液态金属薄膜。

　　任何与液态金属相关的应用都有可能遇到维修、清理、更新等问题。比如，液态金属电路的某一部分可能需要修改，实验和应用中液态金属残余物需要清除（基于清理和回收的目的）等。在所有这些情况之下，人们必须找到一种合适的方法以及合适的材料（"擦除剂"）来擦除和收集不需要的液态金属。这就要求要么降低液态金属与基地之间的润湿能力，要么直接破坏液态金属本身。

　　这里所说的机械方法（或物理方法）是指一种只利用外部机械力，但不利用也不引起任何化学反应的擦除液态金属的方法。由于这种方法需要利用各种机械刮擦过程来擦除液态金属，所以该方法中关键的一点就是要在机械刮擦过程中设法阻止液态金属重新黏附到基片上[23]。基于这一想法，笔者实验室制备了一个液态金属擦除器（图 9.17a）。

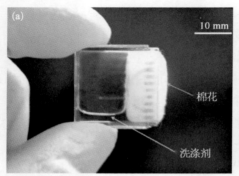

图 9.17　用机械方法擦除 EGaIn 薄膜[23]

　　a. 液态金属擦除器，包含一个擦除剂容器和一个棉花头；b. 制备在玻璃基片上的 EGaIn 薄膜；c. 当液态金属擦除器在不装乙醇对 EGaIn 薄膜进行擦除时，EGaIn 薄膜不能被完全擦除；d. 当液态金属擦除器在装有乙醇对 EGaIn 薄膜进行擦除时，EGaIn 薄膜被成功地擦除。

　　图 9.17a 显示了液态金属擦除器的几何结构[23]。它由一个擦除剂容器和一个棉花头组成。容器里的擦除剂可以沿着棉花里的纤维输送到棉花头部，

而棉花头用来刮擦液态金属。图 9.17b 显示了在实验中用直写方法[22]在玻璃基片上制备的 EGaIn 薄膜样品。可以清楚地看出,当液态金属擦除器在不装乙醇的情况下对 EGaIn 薄膜进行擦除时,EGaIn 薄膜不能被完全擦除(图 9.17c)。然而,当液态金属擦除器在装有乙醇的情况下对 EGaIn 薄膜进行擦除时,EGaIn 薄膜很容易地被擦除(图 9.17d)。

上述结果显示,液态金属擦除剂(乙醇)扮演着一个重要的角色。所以,机械方法中非常重要的一步就是选择一种合适的擦除剂。为了这个目的,Ma 等[23]测试了一系列典型的常温液体材料。通过比较各种液体材料,发现乙醇是一种很好的擦除镓基液态金属的擦除剂,因为它无毒、容易干燥,而且能有效地擦除镓基液态金属。

9.13　基底表面液态金属电路的化学擦除机制

除机械途径外,化学方法同样可以擦除液态金属电路。基本思路是[20]:选择一种化学物质与镓的氧化物起反应,从而降低液态金属与基片之间的润湿性;或者选择一种化学物质直接与液态金属本身起反应,从而破坏液态金属本身。选用的化学材料必须无毒,环保,不与基片反应,并且不影响周围的电路。最后,化学反应残余物还必须容易清除。

镓及其合金通常不会润湿大多数材料。但当部分镓被氧化后,却能润湿大部分材料。这表明镓的润湿能力与其氧化物含量强烈相关。基于这个原因,在打印电子技术中镓基液态金属通常都会被预先部分氧化以增强其润湿能力。

镓的化学性质与铝类似,它也是一种两性物质,能与碱和酸都起反应。所以,人们可以用碱溶液或者酸溶液来擦除镓基合金。

最常用的可溶性碱有 NaOH 和 KOH。这里选用 NaOH 溶液作为例子来说明如何用碱溶液来移除镓基液态金属。

NaOH 与氧化镓,以及 NaOH 与镓的化学反应方程式如下:

$$Ga_2O_3 + 2NaOH \longrightarrow 2NaGaO_2 + H_2O \tag{9.1}$$

$$2Ga + 2NaOH + 2H_2O \longrightarrow 3H_2 + 2NaGaO_2 \tag{9.2}$$

$$2Ga + 6NaOH + xH_2O \longrightarrow 3H_2 + 2Na_3GaO_3 + xH_2O \tag{9.3}$$

$$2Ga + 2NaOH + 6H_2O \longrightarrow 3H_2 + 2NaGa(OH)_4 \qquad (9.4)$$

图 9.18a 显示在光学显微镜下拍到的液态金属电路[23]。实验中使用的 NaOH 溶液的浓度为 6 mol/L，用注射器直接将溶液滴到需要擦除的电路上。用液态金属圆珠笔[24]在 PVC 基底上直接写出这些 EGaIn 电路。图 9.18b 显示了一个注射器的针头将一滴 NaOH 溶液滴到中间的电路上去。EGaIn 电路立刻发生断裂并随着时间的增长快速收缩（图 9.18c、图 9.18e）。20 s 以后，中间的电路收缩到电路的末端（图 9.18e）。在吸走 NaOH 溶液以后，可以清楚地看到中间的 EGaIn 电路被完全移除（图 9.18f）。

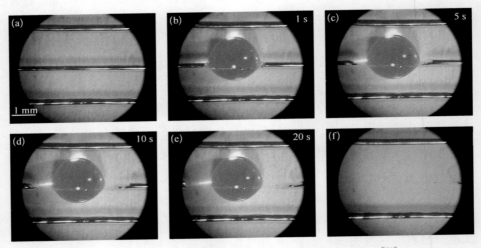

图 9.18　用 NaOH 溶液移除液态 EGaIn 电路的化学方法[23]

a. 在 PVC 基底上原位制备的液态 EGaIn 电路；b. 用注射器的针头将一滴浓度为 6 mol/L 的 NaOH 溶液滴到中间的电路上去；c—e. 分别为 NaOH 溶液滴到中间电路上后经过 5、10 和 20 秒后的 EGaIn 电路照片；f. 用棉花吸干 NaOH 溶液后，中间的电路被完全移除。

图 9.18 显示用浓度为 6 mol/L 的 NaOH 溶液能够很容易地移除精细的液态 EGaIn 电路。其原因为碱能与氧化镓起反应从而降低电路与基片之间的润湿能力，这导致液态金属 EGaIn 电路在基片上发生收缩并从 PVC 基底上被移除[20]。

此外，从化学里可知镓及其氧化物也能够与强酸，包括盐酸（HCl）、高氯酸（HClO₄）、氢溴酸（HBr）、氢碘酸（HI）、硝酸（HNO₃）和硫酸（H₂SO₄）等起反应。这表明人们也可以利用酸来移除镓基液态金属。这里选用 HCl 作为例子来说明如何用酸溶液来移除镓基液态金属。

HCl 与氧化镓、镓的化学反应方程式分别为：

$$Ga_2O_3 + 6HCl \longrightarrow 2GaCl_3 + 3H_2O \tag{9.5}$$

$$2Ga + 6HCl \longrightarrow 2GaCl_3 + 3H_2O \tag{9.6}$$

图 9.19a 为光学显微镜拍摄的液态金属电路的照片。实验中使用的 HCl 溶液的浓度为 6 mol/L，用注射器直接将溶液滴到需要移除的电路上。用液态金属圆珠笔将 EGaIn 在 PVC 基底上直接写出电路（与碱溶液实验中使用过的类似）。图 9.19b 显示一个注射器的针尖将一滴 HCl 溶液滴到中间的电路上。EGaIn 电路立刻断裂并开始向两边收缩（图 9.19c）。在 HCl 溶液滴到 EGaIn 电路上 10 s 以后，EGaIn 电路被完全移除（图 9.19d）。

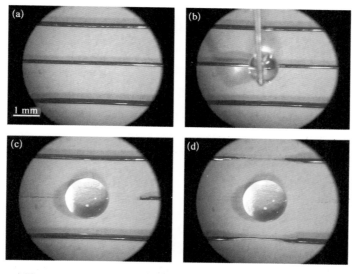

图 9.19　用 HCl 溶液移除液态 EGaIn 电路的化学方法[23]。

　　a. PVC 基片上原位生长的液态 EGaIn 电路；b. 一个注射器的针尖将一滴浓度为 6 mol/L 的 HCl 溶液滴到中间电路上；c. 在 HCl 溶液滴到中间的电路 1 s 以后的液态 EGaIn 电路的照片；d. 在 HCl 溶液滴到中间的电路 10 s 以后的液态 EGaIn 电路的照片。周边的电路也被腐蚀。

图 9.19d 进一步显示，HCl 不仅腐蚀目标电路，也腐蚀周边电路。相同的现象也在 HNO_3 中被观察到。这个现象可归因于酸的挥发性。换句话来说，酸挥发出来以后飘散到附近的电路上，从而与附近电路上的氧化镓和镓起反应，导致电路收缩。这表明挥发性酸不适合用于移除精细打印的液态金属电路。

9.14 基底表面液态金属电路的电化学擦除机制

以下介绍如何用电化学方法来移除液态 EGaIn 薄膜和电路[23]。这种方法是基于实验室所发现的一个有趣现象[25]：在外加电压的作用下，被溶液覆盖的镓基液态金属薄膜会自动收缩。

与 EGaIn 薄膜和电路有关的电化学过程包括如下反应方程式[20]：

$$2Ga_2O_3 \longrightarrow 4Ga + 3O_2 \tag{9.7}$$

或者

$$4Ga^{3+} + 12e^- \longrightarrow 4Ga \tag{9.8}$$

这个方程式表明电化学过程能将氧化镓还原成镓,意味着电化学过程能降低 EGaIn 薄膜与基底之间的润湿能力。因而,人们可以用电化学过程移除(和收集)液态金属薄膜。实验中我们使用了一个额定电压为 20 V 的电流/电压源来供电。

图 9.20a 为在光学显微镜下拍摄的被擦除前的液态 EGaIn 薄膜的照片[23]。该液态 EGaIn 薄膜是用所谓的直写方法在玻璃基片上直接写出的。

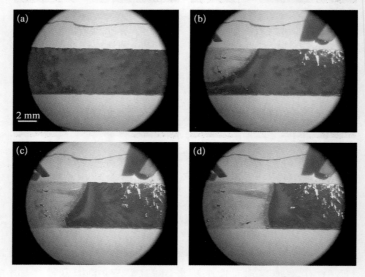

图 9.20   电化学方法移除液态 EGaIn 薄膜[23]。

a. 在玻璃基片上制备的弱吸附液态 EGaIn 薄膜。薄膜上覆盖了一薄层水以让电化学过程得以发生;b. 在薄膜上施加一个 15 V 的电压经过 2 s 以后的照片(两个电极之间的薄膜向阴极收缩);c. 15 V 电压施加 4 s 以后的照片;d. 15 V 的电压施加 6 s 以后的照片(薄膜被完全移除)。

在测试过程中,在薄膜上覆盖了一层水以使电化学过程得以发生。在 EGaIn 薄膜的中部施加了一个 15 V 的电压(图 9.20b)。两个电极之间的薄膜开始向阴极收缩(图 9.20c)。经过 6 s 以后,EGaIn 薄膜被移除(图 9.20d)。

电化学方法的原理可以简单地叙述如下:在通电以后,电化学反应还原了氧化镓,这降低了镓基液态金属与基片之间的润湿能力;接着液态金属薄膜在自身的强表面张力的作用下而向阴极发生收缩;最终液态金属薄膜得以被移除。

9.15　液态金属微流道电阻加热效应

液态金属在常温条件下呈液态,具有变形性和流动性,可以很容易地通过注射的方式灌注到微流道中,做成各种微传感器以及微电极。近些年来,液态金属已经被广泛应用到微流控技术中。以下介绍液态金属在微流控芯片加热、测温、微热控制、强化导热等方面的作用[26]。

我们知道,铜的电阻率是 1.75×10^{-8} Ω·m,液态金属的电阻率 2.7×10^{-7} Ω·m。液态金属比铜有更高的电阻率,可以做出比铜效率更高的电阻微加热器,且是柔性和可拉伸式的。图 9.21 所示为灌注到微流道中制成的液态金属电阻加热器示意图[26],图中透明的物质为 PDMS,金属光泽的即为液态金属加热器,虚线圈分别为液态金属注射进出口。根据需要的温度,液态金属微加热器可以设计成宽度不同的电阻加热器。液态金属可以相对容易地注射到

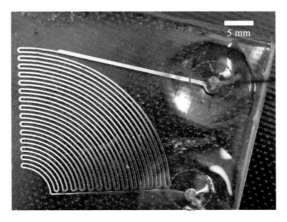

图 9.21　微流道液态金属电阻加热器[26]

微流控芯片微流道内,所以利用液态金属可以做出任意形状、在任意位置的微加热器。通过实验验证,液态金属微加热器加热温度可达到100℃,甚至更高。相比传统的Pt、Au等金属薄膜微加热器,液态金属微加热器具有制作简便、成本低、加热性能稳定、结构设计灵活等优点,适用于微流控芯片等微尺度空间加热,也可用于制作某些柔性供暖器。

参 考 文 献

[1] 董仕晋. 液态金属电磁屏蔽材料(内部技术报告). 北京:北京梦之墨科技有限公司,2018.

[2] Cheng S,Wu Z. Microfluidic electronics. Lab on a Chip,2012,12(16):2782 - 2791.

[3] 刘懿莹,吴翙等. 基于自收缩效应液态金属限流器中电弧行为特性的实验研究. 电工技术学报,2012,27(5):192 - 198.

[4] White S R,Sottos N R,Geubelle P H,et al. Autonomic healing of polymer composites. Nature,2001,409(6822):794 - 797.

[5] Blaiszik B J,Kramer S L B,Grady M E,et al. Autonomic restoration of electrical conductivity. Advanced Materials,2012,24(3):398 - 401.

[6] 高海芸. Ni_3Al 基高温合金激光焊接裂纹及焊缝组织和性能研究(硕士学位论文). 北京:北京工业大学,2012.

[7] http://news.mydrivers.com/1/480/480456.htm

[8] Yu Y,Zhang J,Liu J. Biomedical implementation of liquid metal ink as drawable ECG electrode and skin circuit. PLoS ONE,2013,8(3):e58771.

[9] http://www.rsc.org/chemistryworld/2013/03/liquid-ink-paint-gallium-electrode-ecg

[10] Guo C,Yu Y,Liu J. Rapidly patterning conductive components on skin substrates as physiological testing devices via liquid metal spraying and pre-designed mask. Journal of Materials Chemistry B,2014,2:5739 - 5745.

[11] Zhu S,So J-H,Mays R,Desai S,Barnes WR,Pourdeyhimi B,Dickey M D. Ultrastretchable fibers with metallic conductivity using a liquid metal alloy core. Advanced Functional Materials,2013,23(18):2308 - 2314.

[12] Sekitani T,Nakajima H,Maeda H,et al. Stretchable active-matrix organic light-emitting diode display using printable elastic conductors. Nature Materials,2009,6:494 - 499.

[13] 刘静,杨阳,邓中山. 一种含有液体金属的复合型面料:中国,201010219755.2. 2010.

[14] Park J,Wang S,Li M,et al. Three-dimensional nanonetworks for giant stretchability in dielectrics and conductors. Nature Communications,2012,3:916.

[15] So J H,Thelen J,Qusba A,et al. Reversibly deformable and mechanically tunable fluidic antennas. Advanced Functional Materials. 2009,22:3632 - 3637.

[16] Xu F，Zhu Y. Highly conductive and stretchable silver nanowire conductors. Advanced Materials. 2012，37：5117 - 5122.

[17] Zhang Q，Zheng Y，Liu J. Direct writing of electronics based on alloy and metal ink (DREAM Ink)：A newly emerging area and its impact on energy, environment and health sciences. Frontiers in Energy. 2012，6(4)：311 - 340.

[18] 李海燕，刘静. 基于液态金属电子墨水的直写式可拉伸变阻器. 电子机械工程，2014，30(1)：29 - 33.

[19] Ma R C，Guo C R，Zhou Y X，Liu J. Electromigration induced break-up phenomena in liquid metal printed thin films. Journal of Electronic Materials，2014，43(11)：4255 - 4261.

[20] 马荣超. 镓基液态金属的物理性能研究(博士后研究工作报告). 北京：中国科学院大学，中国科学院理化技术研究所，2014.

[21] 刘懿莹，吴翊等. 基于自收缩效应液态金属限流器中电弧行为特性的实验研究. 电工技术学报，2012，27(5)：192 - 198.

[22] Gao Y，Li H，Liu J. Direct writing of flexible electronics through room temperature liquid metal ink. PLoS One，2012，7(9)：e45485.

[23] Ma R，Zhou Y，Liu J. Erasing and correction of liquid metal printed electronics made of gallium alloy ink from the substrate，arXiv：1706. 01457，2017.

[24] Zheng Y，Zhang Q，Liu J. Pervasive liquid metal based direct writing electronics with roller-ball pen. AIP Advances，2013，3：112117.

[25] Sheng L，Zhang J，Liu J. Diverse transformation effects of liquid metal among different morphologies. Advanced Materials，2014，26：6036 - 6042.

[26] 高猛. 基于液态金属的热学微流控系统的研究(博士学位论文). 北京：中国科学院大学，中国科学院理化技术研究所，2014.

第10章
液态金属磁学效应

10.1　引言

　　传统的磁流体并不具备导电特性,磁性液态金属材料因此应运而生。采用特定加载方法,可将纳米磁性颗粒均匀分散于液态金属中,从而制作出高性能液态金属磁性材料,同时还能提高液态金属的熔点,包括改善相应材料 3D 打印的成型性。此种磁性液态金属材料已显示很强的应用特性。本章归纳总结了液态金属的一些相关磁学效应,如液态金属磁流体润滑效应,对比剖析了磁性液态金属撞击磁体的行为。此外,还介绍了磁控液态金属微型马达的工作情形,以及电磁致动的液态金属柔性机器人。最后,讲解了液态金属磁流体音响效应,以及液态金属流动诱发的电磁效应、液态金属电磁悬浮控制特性,包括利用液态金属实现适形化微波传输的问题。可以预见的是,结合磁学效应与更多物理化学因素,可以发展出液态金属一系列先进应用技术。

10.2　关于传统流体与液态金属的润滑效应

　　一些场合下,液态金属可作为理想的润滑剂,而赋予磁性的液态金属在利用外场控制方面更显灵活。我们知道,润滑的目的是旨在减小机器零件在运转时的摩擦阻力和提高润滑膜的承载能力[1],常规的润滑油由于密度偏低且存在变性问题,在应用上有一定局限。液态金属密度远高于传统润滑液,且表面张力高,不易蒸发和泄露,因此在轴承和轴颈之间的狭缝中充满磁性液态金属润滑流体后,当轴承以一定速度旋转时会产生巨大的压差,轴颈得以被液态金属润滑膜托起,从而形成偏心圆环,使轴承和轴颈避免直接接触,起到减少摩擦阻力的润滑作用。

磁性液态金属可用于提升如下几类最为常见的润滑模式[1]:

油膜注滑　以油膜作注滑剂的润滑,此方面应用中可尝试采用磁性液态金属直接替换原有的润滑油,但在具体液态金属的选择上有所不同;

气膜润滑　以空气等气体膜作润滑剂的润滑,此方面应用中可适当引入液态金属,实现气体与液体的复合润滑;

弹性流体动力润滑　具有变黏性系数润滑膜和弹性变形接触面的润滑,此类问题同样可发展出功能化磁性液态金属润滑膜;

流体静力润滑　润滑膜两界面无相对切向运动的润滑,液态金属由于密度高、表面张力大,在该问题的应用上有天然优势。

除以上几种类型的润滑外,在核反应堆和核动力涡轮发电机等高温的工作环境中,已有前人研究采用磁流体润滑,以便通过外加电磁场来提高润滑滑膜的承载能力,无疑,沸点高达 2 000℃ 的磁性液态金属在这类特殊应用场合中可望发挥充分作用。液态金属作为导电流体,可通过磁场感生电流,此时电流和磁场相互作用会产生洛伦兹力,这个力的方向与黏性力的方向一致,从而有助于提高承载能力。

10.3　液态金属磁流体润滑

磁流体又称磁性液体、铁磁流体或磁液[1,2],是一种新型的功能材料,既具有液体的流动性又具有固体磁性材料的磁性(图 10.1),是由直径为纳米量级(10 nm 以下)的磁性固体颗粒、基载液(也叫媒体)以及界面活性剂三者混合

图 10.1　磁流体的动态响应之美[2]

而成的一种稳定的胶状液体。该流体在静态时无磁性吸引力,当外加磁场作
用时,才表现出磁性,正因如此,它才在实际中有着广泛的应用,在理论上具有
很高的学术价值。用纳米金属及合金粉末生产的磁流体性能优异,可广泛应
用于各种苛刻条件的磁性流体密封、减震、医疗器械、声音调节、光显示、磁流
体选矿等领域。

　　磁流体润滑就是用磁流体代替或改进传统的润滑油,对两接触件进行润
滑,再施加相应的磁场,从而改善摩擦性能、降低摩擦因数、减小磨损、延长接
触件的使用寿命。磁流体润滑可用于滑动轴承、压缩机、磨床、透面镜的加工、
齿轮、滚动轴承、各种滑座和表面相互接触的任何复杂运动机构等。随着磁流
体润滑理论和工程应用的进一步研究[3],磁流体润滑的特性会更加完善,磁流
体润滑的应用也会更加广泛。磁流体作为新颖的润滑剂,其中的磁性颗粒大
小只有 5~10 nm,比表面粗糙度细得多,一般不会引起磨损。利用外加磁场可
使其保持在润滑部位,准确地充满润滑表面,用量不多而且可靠,具有优良的
承载能力、良好的抗磨减摩和极压性能,既可节省泵及其他辅助设备,还能实
现连续润滑。在润滑过程中接触区润滑状态稳定,不会出现无润滑摩擦,同时
又可防止泄漏和外界污染。

10.4　磁性液态金属撞击磁体行为

　　虽然镓拥有诸多作为磁纳米流体基液的优势,但是关于镓基磁纳米流体
的研究还比较少,只有很少的相关研究成果[4]。在以前的镓基磁流体的制备
中,所使用的多为合金颗粒,比如铁合金,或者微米、亚微米量级的 Ni 或者 Fe
颗粒。通过化学方法合成的直径为 30~50 nm 的 FeNbVB 颗粒包覆上厚度为
10 nm 的 SiO_2 薄层以后,分散在液态纯镓中而得到的流体能表现出明显的磁
流变特性。

　　在磁场梯度的作用下,这种悬浮液可以移动,并且其移动会受到温度的影
响。由于饱和磁化强度高,即使磁纳米颗粒浓度很低,得到的磁纳米流体的磁
化强度也高度依赖于温度,因此,这种镓基磁纳米流体作为工作介质可以应用
于磁流体力学器件、磁热转换装置和换热器中。

　　合成镓基磁纳米流体的过程总体上可以分成两个步骤,即纳米颗粒的预
处理和在基液中的分散。一般来说,裸露的金属纳米颗粒很难分散在液态镓
或者其合金中,在分散之前需要对纳米颗粒进行一些必要的预处理。通过化

学方法对镍、铁或者其合金颗粒用 SiO_2 进行包覆是一种常用的预处理方式，之所以选择 SiO_2 是因为 SiO_2 与镓及其合金很好的相容性可以提高镓基磁纳米流体的稳定性，而且 SiO_2 可以防止金属磁纳米颗粒被氧化或者被镓及其合金腐蚀。

图 10.2 为 10 mL 纯镓在掺杂 1 mL 镍纳米颗粒前后的对比[4]。从图中可以看出，掺入纳米颗粒以后，液态金属变得更加黏稠，但是表面依然有很好的金属光泽。流体表面有很多肉眼可见的细小颗粒状，并且颗粒物不是镍纳米颗粒混入之前的黑色，说明颗粒已经被完全混入液态金属中。

图 10.2 掺杂纳米颗粒前后对比[4]

a. 掺杂前；b. 掺杂后。

通过液滴撞击磁铁实验可以了解磁性液态金属的磁学行为[3]。磁铁表面的平均磁场强度约为 1 T，液滴从高度为 50 cm 处下落，初速度为 0 m/s。图 10.3 和图 10.4 分别为高速摄像机记录的在空气中搅拌 60 min 但没有掺入纳米颗粒的 $GaIn_{24.5}$ 液滴和掺有 10vol.％的镍纳米颗粒的 $GaIn_{24.5}$ 液滴从开始接触磁铁到液面在磁铁表面完全展开的过程，液滴的体积均为 2 mL。从图中可以看出，在撞击磁铁以后，液滴都变形成扁平的盘状，并沿着磁铁表面向外铺展，但是两种液滴铺展的过程有明显的差异。

在没有加入纳米颗粒的样品中，从 0 ms 到 4 ms，液滴在磁铁表面铺展，形成的盘状液面半径不断增大，向磁铁边缘扩展[4]；到第 8 ms 时，在液面上从盘状液面的圆心处开始出现由内向外的二次铺展；在第 12 ms 时，液面扩展至最大半径；从第 12 ms 开始直至第 24 ms，二次铺展的液体向盘状液滴的外圈边缘运动，并使得外圈边缘发生明显的卷起；从第 28 ms 到第 68 ms，二次铺展到

图 10.3 GaIn$_{24.5}$ 撞击磁铁[4]

图 10.4　GaIn$_{24.5}$＋10%Ni 磁纳米流体撞击磁铁[4]

达盘状液面的外缘之后引起外缘液体的回流,到 68 ms 时整个液面才完全稳定。

　　在加入纳米颗粒的样品中,在 0 ms 至 4 ms,磁流体液滴在磁铁表面的变形与铺展与没有掺杂纳米颗粒的流体基本一样;到第 8 ms 的时候,磁流体液滴并没有出现二次铺展,此时盘状液面外缘已经铺展至最大半径;到第 20 ms,液面完全稳定,没有出现图 10.3 中液面的外边缘的卷起和回流。相较于没有添加纳米颗粒的样品,添加了磁纳米颗粒之后,样品在磁铁表面铺展的时间从 68 ms 减小为 20 ms。

　　当液滴接触磁铁表面时,由于受挤压,液滴内部的压力急剧增大,并使得液滴与磁铁接触部分的液体以接触点为圆心向四周喷射形成盘状液面[4]。在变形的初始阶段,压力作为驱动力远远大于液滴的表面张力和液体与磁铁表面的黏性阻力。因此,在这一阶段,表面张力和黏性力可以忽略不计。两种液滴从相同高度以相同的初速度下落的条件下,初始能量相同。因此,两种液滴具有相同的驱动力,在表面张力和黏性力可以忽略的阶段,这两种液滴表现出相同的行为。

　　随着液面在铺展的过程中压力不断减小,表面张力和黏性力对液面的铺展的影响变得不可忽略。在没有添加纳米颗粒的液态镓向外铺展的过程中，由于表面张力的影响，液面外缘卷起并引起少量液态镓向液面中心回流。回流液体和仍在向外铺展的液体相撞，因此形成第 8 ms 时出现的类似波浪的第二铺展圈。回流液体的驱动力相对较小，因此，第二铺展圈仍然是向外扩展至液面的最外缘。

对于磁流体液滴，在液面的边缘处，液体的卷起非常微弱（$t = 8$ ms），并且马上就会消失（$t = 12$ ms），因此不会发生回流。液滴的铺展完成得很快（$t = 20$ ms）。纳米颗粒的加入会减小液体的表面张力，即液体卷起和回流的驱动力减小，而且加入纳米颗粒之后，流体的黏度会变大。磁流体还会受到磁铁的吸引力作用。增大的黏度和与磁铁之间的吸引力阻碍了液面外缘液体的卷起和回流。

10.5　磁控液态金属微型马达

《终结者》电影中塑造的液态金属机器人可以随心所欲地变化成各种形状，给观众留下了深刻的印象。那么现实世界中有没有这样神奇的液态金属机器人呢？事实上，液态金属在自然状态下只是可以流动的金属，并不能产生可控的变形运动，也没有运动的动力来源。近些年来，研究人员发现将铝片放置在液态金属液滴中，两者可以发生化学反应，形成内生电场，引起液态金属表面张力不平衡，从而对易于变形的液态金属产生强大推力；另一方面，上述电化学反应过程中产生的氢气也进一步提升了推力[5]。

液态金属微滴的动力来源于化学反应，然而这种化学反应具有很强的不可控性，我们无法确定液态金属液滴的运动轨迹。为解决这一问题，Zhang 等采用电镀技术（所谓电镀技术指在含有预镀金属的盐类溶液中[6]，以被镀基体金属为阴极，通过电解作用，使镀液中预镀金属的阳离子在基体金属表面沉积出来，形成镀层的一种表面加工方法），将磁性金属电镀在液态金属液滴的表面，使其具有磁性，通过外加磁场就可以实现液态金属液滴的定向运动（图 10.5），而外加铝片可以为液态金属液滴提供动力。

虽然这种磁控液态金属微球还远不能像《终结者》中的液态金属机器人那样自由变形和运动，但这种磁控微球可以作为一种药物载体，通过狭窄的管道运送药物到特定的位置。

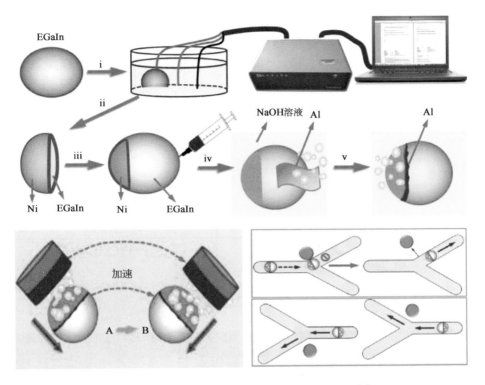

图 10.5　磁性液态金属马达及其可控运动机制[6]

10.6　电磁致动的液态金属柔性机器人

一般而言,机器人往往由刚性材料制造而成,依靠杠杆原理实现肢体的运动。而在一些特殊的环境中,这些刚性结构阻碍机器人完成任务。由柔性材料制造而成的柔性机器人则由于其材料的高顺应性而具有灵活的变形能力以及对各种复杂环境的适应性。在柔性机器人的设计中发展出多种驱动策略,如电磁力、气压、液压、温控等。其中,由于电磁驱动装置具有控制原理简单,可以实现微型化的优点,许多研究人员将其应用于微型软体机器人的设计。一些研究人员利用磁铁和通电线圈的相互作用力实现机器人的运动。例如,仿生电磁致动机器鱼和多自由度电磁致动机器蛇等。

液态金属是在常温下保持液态的一类合金,具有良好的导电性和较低的凝固点。因此,由液态金属制作的电磁线圈既满足导电要求,又具有很好的柔性,由此制作的电磁机器人具有很好的柔性特征。

Guo 等将液态金属灌注在柔性薄膜中,形成特定形状的平面螺线圈[7]。给线圈通直流电,放置在磁场中就可以看到液态金属线圈在电磁力的作用下产生变形运动(图 10.6)。改变电流方向或者磁场方向,就可以使液态金属线圈发生往复振动,从而产生动力。

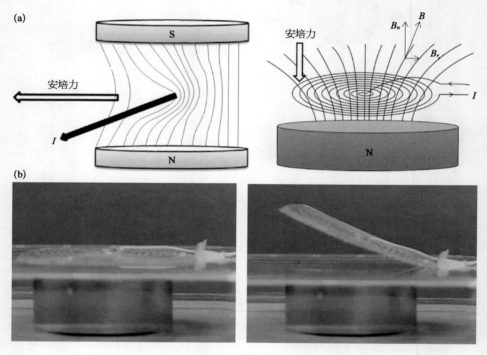

图 10.6 液态金属镶嵌柔性薄膜的电磁响应情形[7]

a. 示意图;b. 实物图。

将多个液态金属线圈组合在一起就可以制作出不同形状的柔性机器人[6],例如将四个液态金属线圈放置在四个不同的方向,就可以组成一个水母形机器人,四个线圈作为水母的四条触手,触手上下摆动使机器人上下运动(图 10.7)。

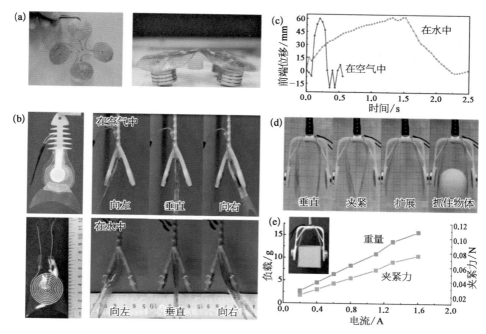

图 10.7　液态金属镶嵌柔性薄膜的电磁诱发变形情形及其操作物体情形[7]

a. 软体机器人；b. 在空气与水中的液态金属软体机器人；c. 前端位移的变化曲线；d. 软机械手的驱动性能；e. 机械手的负载-电流关系图。

10.7　液态金属磁流体音响

众所周知,磁流体在静态时无磁性吸引力,当有外加磁场作用时,才表现出磁性,正因如此,它才在实际中有着广泛的应用,在理论上具有很高的学术价值。用纳米金属及合金粉末生产的磁流体性能优异,可广泛应用于各种苛刻条件的磁性流体密封、减震、医疗器械、声音调节、光显示、磁流体选矿等领域。

磁流体在音响中有着重要用途[8],磁流体扬声器与普通扬声器不同的是,在扬声器音圈周围有一层厚的墨黑流体,当音圈前后运动时,枯稠的流体在扬声器磁场内紧随着音圈运动,这种流体就是磁流体。若干年前,当它在实验室刚刚出现时,是一种很珍贵的材料。但是,现在一些扬声器制造厂家已用它来设计制作新的重要元件。磁流体可以提高扬声器的功率容量,防止音圈过热烧坏。磁流体的作用很像汽车的吸震器,能够阻尼掉扬声器产生声音失真的

图 10.8　索尼商用磁流体音响

不需要的振动(图 10.8)。声频专家们发现磁流体能提高声音的保真度。

磁流体的优点在于,大电流通过音圈时会使线圈过热而烧坏,用了磁流体可以把音圈的热量散发给周围的金属,因而扬声器能够安全地承受较大功率而不致损坏。磁流体有良好的散热功能,也是当前锁定的磁流体的最大功能,它可以使扬声器可靠性大幅提高,可使扬声器承受更大的功率。这是因为扬声器的寿命和承受功率受到音圈耐热的制约,为提高扬声器的寿命和承受功率,一条途径是加强音圈本身的耐热强度,如选用耐热漆包线(耐热骨架和耐热黏合);另一途径是改善音圈的散热状况,如采用良好的散热结构及选用金属磁流体。当前,液态金属磁流体在音响技术方面的应用还处于开端,未来会有较好发展空间。

10.8　液态金属流动诱发的电磁效应

法国物理学家安培通过实验发现:垂直于磁场的一段通电导线,受力等价于电流强度、磁场强度和导线长度三者乘积,此力通常被称为安培力。安培力的实质是形成电流的定向移动电荷所受洛伦兹力的合力。如果在一流道灌以液态金属,且在横截面上施加垂直的电流和磁场,那么管内液态金属所受安培力将沿着流道方向,从而驱动液态金属流动。这种借助于安培力驱动的液态金属流动方法通常被称为电磁驱动,其有别于常规流体的机械驱动,优势在于整个驱动系统无机械运动部件,从而大幅提升了驱动系统的可靠性。另外,该驱动系统具有结构简单及加工方便等优点。

电磁场作用下液态金属流动与变形具有丰富的行为。交变磁场可以操控常温液态金属液滴的流动和变形,其机理在于表面诱导涡电流并产生洛伦兹力,从而克服表面张力并触发液滴运动。外界磁场作用下的液态金属流动会诱发出感应电流,而感应电流同时产生感应磁场。如果感应磁场与外界磁场具有同方向性,则整个系统的磁场会得以强化并持续循环增强以至达到稳态。美国物理学家 Spence 等通过此方式,甚至创造出令人出乎意料的高达 90 T 的强磁场[9]。流动的常温液态金属与局部外界磁场相互作用(图 10.9),不仅诱导出局部磁阻等独特的流动特性,同时还可发展出基于洛伦兹力原理的新型液态金属流量计。更为奇妙的是,液态金属具有热电磁流动效应,即通过热电效应产生电流,电磁相互作用产生的洛伦兹力可驱动液态金属流动。

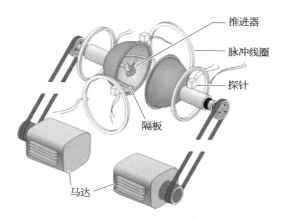

图 10.9　基于液态金属流动的高磁场生成装置[9]

10.9　液态金属电磁悬浮控制

电磁悬浮联合液滴振荡法是近年来测量液态金属表面张力的一种高度准确的无容器方法,此方法能够使液态金属在测量过程中不与任何基底接触,从而避免了杂质、化学反应等对测量准确性的影响,是最适合于金属类的表面张力测量方法。其基本原理在于采用高频交变电磁场对液态金属提供提升力(洛伦兹力),这个提升力与重力平衡使液态金属在其平衡位置附近悬浮起来。对于以镓、铟为基础的液态金属而言,镓、铟本身磁性很弱,很难借助交变电磁场悬浮起来,但是可以通过在合金中添加磁性材料例如铁、钴、镍、锰等增加其磁性。常见的铁磁记忆合金有:Ni-Mn-Ga,Ni-Fe-Ga,Co-Ni-Ga,Ni-Co-Mn-Ga 等[10]。

若给处在真空室中的悬浮线圈内通入高频加热电流,电流会产生高频交变电磁场。在高频交变电磁场的作用下,金属内部产生感应涡流,此感应电流通过焦耳效应使金属样品融化为液态,同时又使金属样品在交变电磁场中受到洛伦兹力,洛伦兹力克服重力使液态金属样品悬浮起来。由于表面能的恢复作用,液态金属表面会在其平衡位置附近产生振荡效应,因此振荡的频率能够反映表面张力的大小[11, 12]。电磁悬浮联合液滴振荡法能够同时提供加热和悬浮,同时又避免了液态金属样品与任何容器的接触,因此该方法具有非常高的稳定性,即使在 2 000℃下也能够较为准确地测量液态金属表面张力。

通过交变电磁场使物体悬浮起来不仅是测量表面张力的手段,同时由于其能够使金属处于一个自由的不受力的状态,从而形成完全对称的形状,因此可以精准测量其体积进而计算金属密度[13]。除此之外,由于电磁悬浮法可以同时提供加热和悬浮,因此也是研究金属热物性的一种途径。

10.10 液态金属适形化微波传输电磁效应

微波是一种频率非常高的电磁波,微波技术在通讯、雷达、导航定位、生物医学领域的应用十分广泛。微波传输线是用来传输微波的导体或介质系统,以引导微波沿着一定的方向传播。传统的微波传输线一般由固态金属材料制成,种类繁多的金属材料足以满足需求,然而,随着新技术的不断推出和微波传输更加广泛的应用,人们对微波传输线的要求也越来越高。固态金属材料柔韧性差、易折断、修复困难、不能摆成任意形状,一定程度上阻碍了微波传输的发展空间。

笔者实验室引入液态金属作为传输介质,发展出了一种新的微波传输技术[14]。液态金属物理化学性质稳定,具有金属介质一样优良的导热、导电等性能,同时又具备水、空气等非金属介质的流动性,因而可以制作成各种形状的微波传输线,不仅如此,液态金属传输线具有很好的伸缩性,可以随意拉伸,如图 10.10 所示。

微波传输线和探头作为微波热疗仪的传导和发射组件,对于微波的传输和集中发射起到了重要作用。传统固体金属制作的微波传输线如果突然折断会使得折断处聚集电荷,而液态金属传输线为液体,不易折断,且具有良好的可修复性;传统的固体金属制作的微波传输线长度、粗细固定,而液态金属传输线具有很好的伸缩性,可以通过拉伸处理来改变传输线等效电路的参数大小,而且在拉伸过程中,液态金属传输线不会损伤;传统的固体金属制作的微波传输线在弯折时,为了不引起较大的电磁波反射,需要采用匹配拐角进行设计,比较麻烦,而液态金属传输线柔韧性好,可摆成各种形状,随意改变电磁波传输方向,且在弯折时也不会引起电磁波反射;液态金属传输线中的液态金属可重复使用,降低成本;液态金属传输线可以保证元器件与传输线之间以及传

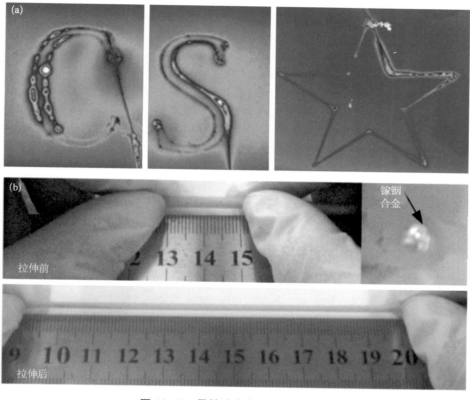

图 10.10　柔性液态金属微波传输线

a. 任意形状；b. 可任意拉伸。

输线与传输线之间有良好的接触。因此,采用柔性的微波传输与发射装置,可以在能量发射端为微波适形化热疗提供更加有效的工具。

------------------------ **参　考　文　献** ------------------------

［1］唐敏.磁流体的制备及在工业润滑与密封中的应用.适用技术市场,2001,8：47-48.

［2］Ma R C, Zhou Y X, Liu J. Floating and flying ferrofluid bridges induced by external magnetic fields. Modern Physics Letters B, 2014, 29：1550029.

［3］顾红,王先逵,祝琳华,等.磁流体技术及发展方向综述.昆明理工大学学报,2002,27 (1)：55-57.

［4］Xiong M F, Gao Y X, Liu J. Fabrication of magnetic nano liquid metal fluid through loading of Ni nanoparticles into gallium or its alloy. Journal of Magnetism and

Magnetic Materials，2013，354：279 - 283.

［5］Yuan B，Tan S C，Zhou Y X，Liu J. Self-powered macroscopic Brownian motion of spontaneously running liquid metal motors. Science Bulletin，2015，60：1203 - 1210.

［6］Zhang J，Guo R，Liu J. Self-propelled liquid metal motors steered by a magnetic or electrical field for drug delivery. J Mater Chem B，2016，4：5349 - 5357.

［7］Guo R，Sheng L，Gong H，Liu J. Liquid metal spiral coil enabled soft electromagnetic actuator. Science China Technological Sciences，2018，61(4)：516 - 521.

［8］王以真. 实用扬声器技术手册. 北京：国防工业出版社，2003.

［9］http：//complex. umd. edu/research/MHD_dynamos/dynamo2. php

［10］Prasad R V S，Phanikumar G. Phase evolution and properties of $Ni_{50}Co_{23}Fe_2Ga_{25}$ Heusler alloy undercooled by electromagnetic levitation. Intermetallics，2011，19（11）：1705 - 1710.

［11］Brillo J，Lohöfer G，Schmidt-Hohagen F，et al. Thermophysical property measurements of liquid metals by electromagnetic levitation. International Journal of Materials & Product Technology，2006，26：247 - 272.

［12］Egry I，Ricci E，Novakovic R，et al. Surface tension of liquid metals and alloys — recent developments. Advances in Colloid and Interface Science，2010，159(2)：198 - 212.

［13］Assael M J，Armyra I J，Brillo J，et al. Reference data for the density and viscosity of liquid cadmium，cobalt，gallium，indium，mercury，silicon，thallium，and zinc. Journal of Physical and Chemical Reference Data，2012，41(3)：033101.

［14］王倩，刘静. 液态金属微波传输线及其制备方法和用途：中国，CN201310259413. 7. 2013.

第11章
液态金属化学效应

11.1 引言

　　与物理特性对应的是,化学效应同样在液态金属方方面面的应用中至关重要。本章介绍了系列典型的液态金属化学效应,如氧化还原效应,以及化学物质触发的液态金属汞心脏振荡效应,分析了其中的机理及应用问题。无疑,液态金属化学效应可用于发展特定的能源系统,此方面可衍生出基于电化学效应的常温液态金属可变形柔性电池,以及借助液态金属催化效应触发的铝水反应制氢技术等。这些内容也在本章得到解读,并就部分以往未被认识的问题,如液态金属表面自发产生的柱状氢气流喷射现象,进行了介绍。此外,一些液态金属,如熔点可在零度以下的钠钾合金流体,可与水发生剧烈的化学反应,本章介绍了其中的热效应以及生物化学效应问题。未来,仍有大量的液态金属化学效应亟待发掘、研究和加以应用。

11.2 镓的氧化还原效应

　　金属镓在干燥的空气中较稳定,生成的氧化物薄膜会阻止其继续氧化,在潮湿空气中失去光泽,加热至 $500℃$ 时着火。常温时与水反应缓慢,但与沸水反应,会生成氢氧化镓放出氢气。加热时,镓可溶于无机酸或苛性碱溶液,且能与卤素、硫、磷、砷、锑等发生反应[1]。

　　镓与碱反应会放出氢气,生成镓酸盐。其能被冷浓盐酸浸蚀,对热硝酸显钝性,高温时能与多数非金属发生反应;溶于酸和碱中时,镓在化学反应中存在 $+1$、$+2$ 和 $+3$ 化合价。镓的活性与锌相似,但比铝低。镓是两性金属,既能溶于酸也能溶于碱。镓在常温下,表面产生致密的氧化膜阻止进一步氧化。

加热时与卤素、硫迅速反应,与硫反应按计量比不同产生不同的硫化物[2]。

镓常见的一种氧化物是一氧化二镓,化学式为 Ga_2O,这是一种强还原剂,与稀硝酸的反应很慢且不完全,与浓硝酸反应则比较剧烈,以致常常发生飞溅现象[3]。镓的另一种常见氧化物是三氧化二镓,分子式为 Ga_2O_3,是镓氧化物中最稳定的。Ga_2O_3 能溶于微热的稀硝酸、稀盐酸和稀硫酸中。经过灼烧的 Ga_2O_3 不溶于这些酸,甚至不溶于浓硝酸,也不溶于强碱的水溶液中,只能通过 NaOH、KOH 或 $KHSO_4$ 等一起熔融才能使之溶解。

Ga_2O_3 通常对水体是稍微有害的,因此不能将未稀释产品接触地下水道或排入周围环境,且应防止与皮肤和眼睛接触[4],有关应用可参阅职业标准实施[5]。Ga_2O_3 是一种透明的氧化物半导体材料,在光电子器件方面有着广阔的应用前景,被用作镓基半导体材料的绝缘层,以及紫外线滤光片,它还可用作氧气化学探测器。

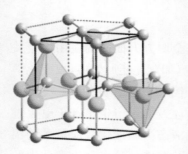

图 11.1 氮化镓结构

实际上,除氧化物之外,镓的化合物种类众多,如氮化镓(图 11.1)、砷化镓等都是十分重要的半导体材料,此方面也有诸多科学问题有待深入。

11.3 化学物质触发的液态金属汞心脏振荡效应

汞,俗称水银,是日常生活中最常见的液态金属(图 11.2),熔点为 −39℃。由于其特殊的存在状态,汞与其他常温固态金属相比,也具有不同的特性和表现。

图 11.2 液态金属汞[6]

1876 年，德国科学家 G. Lippmann 在实验过程中偶然发现，一颗汞珠能够在溶液中自发产生收缩、扩张跳动行为，如同心脏跳动一般。然而此过程的发生还需要一个关键要素，即要将铁钉放置于汞珠旁边并通过接触来触发汞珠的跳动。汞珠所处溶液环境为稀硫酸和重铬酸钾的混合液。研究发现，汞珠之所以能产生这一现象，主要是由于汞先被重铬酸钾氧化，在液珠的表层生成了一层氧化膜，从而导致液态金属的表面张力发生改变，即表面张力在溶液中变小，液珠形状也因此由球形而变扁。当铁钉接触汞珠后，汞表面的电子会转移到铁钉上，氧化层被迅速还原，汞珠表面张力再次发生改变，即增大，从而汞珠恢复原状。离开铁钉，汞珠表面再次形成氧化膜，发生形变，再次接触铁钉，整个过程循环往复进行，就产生了像心脏一样的跳动形态。然而由于汞和重铬酸钾具有毒性，所以这一振荡效应，目前并没有得到广泛的应用。

11.4　基于电化学效应的常温液态金属柔性电池

随着可穿戴装备及可佩戴电子的普及，对柔性电池的需求日益增长，关于柔性电池的研发，已有多个科研小组和多家初创公司涉足，其中液态金属电池因其超高的能量密度而广受科研人员的注意。

液态金属电池的原型为全液态电解池，其原始概念可以追溯到 20 世纪 20 年代美国铝业公司（Aluminum Company of America）为电解制备高纯铝而发展起来的 3 层液态 Hoopes 电化学池，即液态铝和铜铝合金分别作为负极和正极，以熔融 $AlF_3\text{-}NaF\text{-}BaF_2$ 为电解质的电解池。20 世纪六七十年代，通用汽车公司（General Motors）和原子国际（Atomics International），特别是美国 Argonne 国家实验室，基于全液态电解池的基本概念，开展了约 10 年的全液态（热再生）高温电池的研究。传统的液态金属电池通常需要在高温下工作，因为组成这种电池的电极材料和电解质在常温下呈固态，需要在 600℃ 以上的工作温度下使电池内各组分转化为液态从而保证电池的运行（图 11.3）。笔者实验室为此作出了新的尝试[7]。

我们知道，镓基液态金属在常温下即呈现液体状态，而且镓原子外层有两个 4s 电子和一个 4d 电子作为活泼的易失去电子，可以作为液态的负极材料，制作常温下的液态金属电池，其正极反应为：$2H_2O + 2e^- \longrightarrow 2OH^- + H_2$，负极反应为：$Ga \longrightarrow Ga^{3+} + 3e^-$。利用 3D 打印技术（图 11.4），笔者实验室 Liu

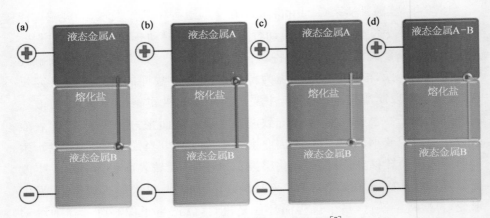

图 11.3　液态金属电池工作原理[7]

a. 放电过程；b. 充电过程；c. 放电过程离子输运；d. 充电过程离子输运。

等[7]以透明柔性高分子为电池主体材料，将电池打印在 3M 柔性双面胶上，由此首次制备出了可贴于人体任何位置皮肤的常温液态金属柔性电池（图 11.5）。通过组合，此类电池电压易达到 10 V 左右甚至更高，已足以取代 LED 这样的电路（图 11.6）。

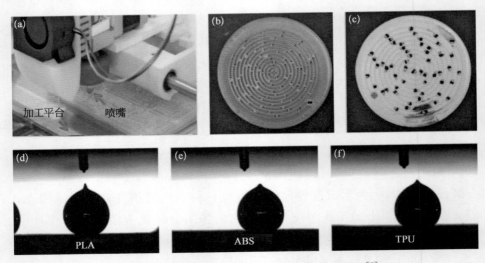

图 11.4　利用 3D 打印制成的常温液态金属电池[7]

a. 复合打印过程；b、c. 分别为 89、54 个单元电池，开路电压分别对应 98.2 V、61.7 V；d—f. 反应液态金属在不同材料（PLA、ABS、TPU）上的润湿性。

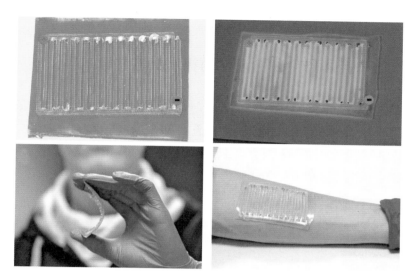

图 11.5　利用 3D 打印制成的液态金属电池[7]

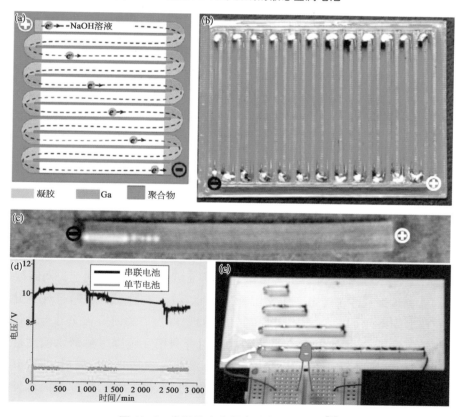

图 11.6　常温液态金属电池电化学特性[7]

a. 多单元电池情形，其中点线代表充电过程中电池内电子迁移；b、c 分别为 24 单元串联电池和单一电池；d. 24 单元串联电池和单一电池放电曲线，其中负载电阻分别为 98 Ω 和 2 000 Ω；e. LED 照明电路。

11.5 液态金属催化效应触发的铝水反应制氢

能源是人类文明赖以生存和发展的必要基础。氢气具有高比质量能量和高燃烧热值,燃烧产物仅为水,环保无毒,被称为 21 世纪的理想能源,引起了全球科学家广泛关注,发展了众多的制氢方法(图 11.7)。氢气的应用具有分布式、小型化的发展趋势。然而,作为二次能源,已有的氢气制取方式工艺复杂,能耗高,效率低。

图 11.7 典型的产氢机制

常温液态金属触发的铝水反应制氢技术有望实现常温下实时按需可持续制氢,是一种符合时代发展的绿色能源技术[8]。早期研究的低熔点金属触发铝水反应制氢,都需要预先通过外场作用,如高温熔炼或球磨,加工好铝-活化金属合金,这使其前期准备工艺相当复杂,且制备好的合金不利于长期储存。

笔者实验室针对液态金属常温触发铝水反应快速制氢原理,系统构建了相应技术体系(图 11.8)[9-15],并研制出了原理样机,有关研究被全球范围许多科学新闻报道,其中非常明确的针对性应用有利用无须携带的海水实现舰船用氢燃料电池等。研究发现,常温下将铝直接加入镓基液态金属后,再将其置于水中,会产生氢气[9],且直接利用液态金属处理过的铝板,可以与海水发生反应生成氢气[10]。含铝液态金属在溶液中,不同界面上氢气产生的模式不同,氢气的产生主要集中在液态金属与容器基底的接触面上[11]。液态金属在参与反应的过程中,损耗极其微小,可以回收,继而实现循环利用[12]。

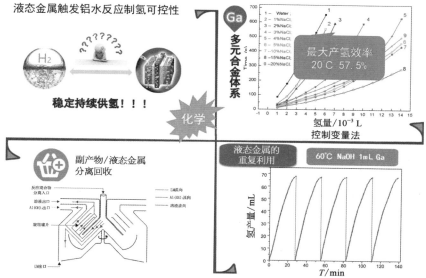

图 11.8　液态金属触发铝水反应制氢相关情况

常温液态金属触发铝水反应制氢除了用于氢气的量产外,还有独特应用价值。在液态金属中加入铝,铝与水反应产生氢气气泡,推动液态金属小马达运动[13],而且通过施加电场、磁场等外场,可调控小马达的运动方向[14]。这在自驱动柔性机器、药物输送、环境保护、微机电系统以及在飞行器、汽车、水下航行器中都有广阔的应用前景。

无独有偶,晚于上述尝试的是,麻省理工学院的衍生企业 Open Water Power(OWP)对外宣称已成功开发出一种安全、耐用的新型铝-水电池系统,获得大量风险投资。与传统锂离子电池相比,新系统使无人潜航器的续航能力提高了 10 倍。这些进展说明铝水直接产氢技术的重要意义。

11.6　含铝液态金属产氢行为的界面触发效应

含铝液态金属能在碱性溶液中自发运动,这与液态金属界面的行为是分不开的。为仔细研究液态金属界面的行为[11],可将含铝液态金属液滴放置于倾斜的培养皿中,并注入 NaOH 溶液,从而将液态金属液滴固定下来。液滴与周围溶液与容器壁接触部分可以分为三个区域:液滴与基底接触界面、液滴与溶液接触界面以及液滴与侧面接触界面,如图 11.9 所示。实验发现,液态金属液滴与溶液接触的部分基本不产氢,只是偶尔有活跃的铝团在界面上

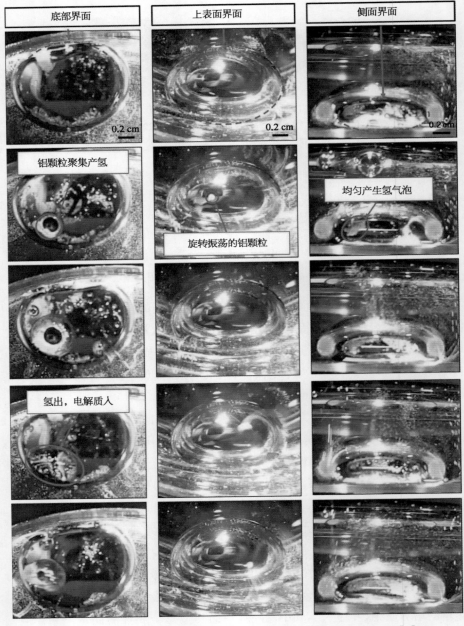

图 11.9　含铝液态金属液滴在 NaOH 溶液中的不同界面产氢过程[11]

振荡旋转跑过。液态金属液滴与培养皿基底和侧面接触的界面产氢现象比较类似，表现出异常丰富的现象。

　　不同界面的产氢行为可作如下归纳和解释[11]：首先，铝被镓铟合金腐蚀后以小颗粒形式均匀分布在液态金属内部，同时有一部分铝颗粒会在液态金属表面聚集。这部分聚集的小颗粒有时候也会重新分散开来，在液态金属表面移动，同时与溶液反应产生大量氢气。在液态金属与溶液接触的界面，由于界面张力的作用，界面非常光滑，所以分散在内部的小颗粒不会与溶液发生反应，只有聚集的铝团会在表面自由移动。而液态金属与器壁接触面由于壁面粗糙度较大，因此分散在内部的小颗粒与壁面接触后会与溶液反应。壁面的粗糙度相对来说比较均匀，因此可以看到界面上会有一层均匀的氢气泡不断长大，直至融合成更大的气泡，如图 11.10 所示。此外，聚集的小铝团也会在界面内无规则移动，留下溶液带，或者停留在边界处，向内或者向外喷射大量氢气。该含铝液态金属的界面产氢行为，揭示了铝被液态金属腐蚀以及均匀分散的特点，同时也部分解释了液态金属马达的运动机理，为后续的研究奠定了基础。

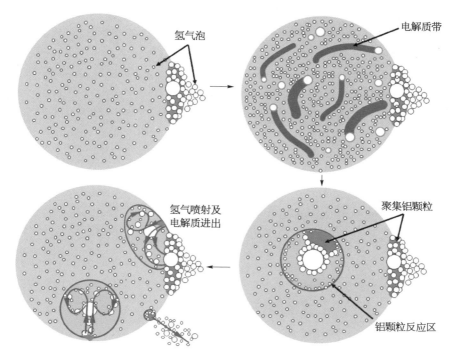

图 11.10　含铝液态金属液滴与基底接触界面的产氢现象[11]

11.7 金属基底强化的噬铝液态金属产氢效应

Yuan 等的研究揭示了液态金属"催化"的铝-水产氢反应的动态过程[11]，该实验是在玻璃器皿中进行的。那么，相应过程是否能够加快呢？Yang 等的实验[15]证实了这一设想。鉴于液态金属自身具有导电特性，研究人员测量了噬铝液态金属在导电基底上的产氢过程。结果表明，不锈钢基底可以大大强化液态金属催化的铝-水反应的产氢速率。

图 11.11 展示了在不同基底上的铝-水反应过程[15]。可以看到，在不锈钢基底上，产氢十分剧烈，大量的气泡从噬铝液态金属表面析出。图(e)定量给出了四种情况下的产氢速率，可以看到，相比于玻璃基底而言，不锈钢基底的引入使得产氢速率得到了 2～3 倍的提升，这在实际过程中很有价值。

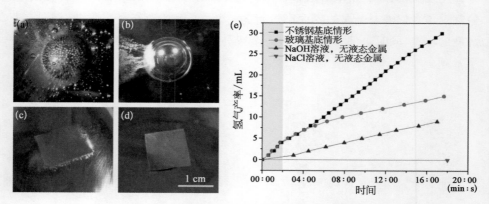

图 11.11 不同基底上液态金属催化的铝-水反应[15]

a. 不锈钢基底；b. 玻璃基底；c. 无液态金属，不锈钢基底；d. 无液态金属，不锈钢基底，NaCl 溶液；e. 氢气产率随时间的变化。

以下简要解释上述产氢强化效应产生的机理[15]，见图 11.12。以往研究已经表明，当液态金属通过脆化作用"吞噬"铝之后，细小的铝颗粒可以认为是均匀分散在液态金属内部的。铝的密度远比液态金属小，因此会由于浮力作用冒出来，与 NaOH 溶液接触并发生反应产生氢气。这一电化学反应过程可以分解为两个子过程：发生在铝(阳极)表面的 $Al + 3OH^- \longrightarrow Al(OH)_3 + 3e$ 和发生在不锈钢基底(阴极)表面的 $3H_2O + 3e \longrightarrow 3/2H_2 + 3OH^-$。由于阳极阴极的相互吸引，铝颗粒会聚集到液态金属底部。聚集的铝颗粒会增大此处的液态金

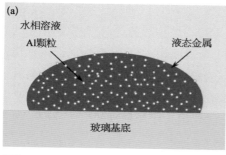
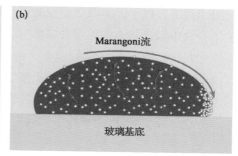
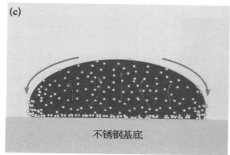
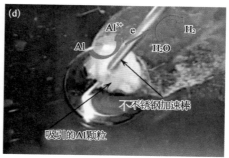

图 11.12　产氢强化的机理[15]

a. 脆化和吞咽过程后铝-液态金属的截面；b. Marangoni 流；c. 不锈钢基底情况；d. 产氢强化机理示意。

属表面张力，从而使得液态金属表面形成 Marangoni 流动。流动的液态金属会促进铝颗粒不断由液态金属内部流出，从而加速其与电解质溶液的反应。

11.8　液态金属表面自发产生的柱状氢气流喷射现象

笔者实验室 Zhao 等[16]，报道了一种独特的液态金属产氢现象：常温条件下浸没于 NaOH 溶液中的液态镓铟合金，会在其表面持续产生类似于火山喷发一般的柱状氢气流。

近年来，镓基液态金属触发产氢机制的发现开辟了一条崭新的氢能利用途径。此类方法中，铝或其他金属颗粒的加载是导致产氢的主要机制。然而，Zhao 等的工作却改变了这一基本认识[16]，即：浸没于电解液中的纯液态合金上，也可发生强烈的产氢行为。该发现有些出人意料。以往，由于此类合金惰性十足，学术界并未意识到其会在常温电解液环境中自发产氢。

不同于以往工作中需要在液态金属中加载铝才能产氢，Zhao 等发现[16]，当把纯的镓铟液态合金浸没于电解质 NaOH 溶液中时，在合金表面自发形成的孔口处出现了类似于火山喷发一般的柱状氢气流,而且这种气体喷发现象会随着液态合金中铟含量的增加而愈加剧烈(图 11.13)。独特的是,合金中氧化层的破坏作用对气体产生至关重要,且由于液态合金表面相对封闭,会在局部出现喷发口继而在该处形成柱状氢气流。此类气体喷发的机理可以归结为钝化膜与其连接合金之间形成了原电池反应。进一步探索还揭示,由于铟的加入,液态合金膜的晶格会出现膨胀,继而导致带隙减小,并最终提高了氢气流的生成速率。这些发现刷新了人们对常温液态金属在电解液中基本物理化学行为的理解。

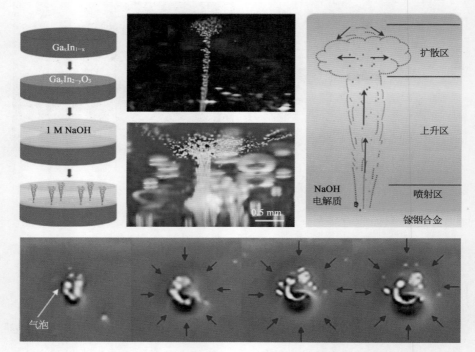

图 11.13　NaOH 溶液中镓铟液态金属表面出现的柱状氢气流喷射现象[16]

　　NaOH 溶液中镓铟液态金属表面气体喷发现象的发现,对于深入认识液态金属的表面与界面现象,研发全液态可变形柔性智能机器,以及利用液态金属实现 3D 打印、快速制氢等具有重要的科学价值和应用前景。

11.9　电化学探针效应

　　电化学探针,也称作电化学传感器,其主要元件一般包括:

（1）透气膜：用于覆盖传感电极，以控制到达电极表面的气体分子量。

（2）电极：通常采用贵金属制造，如铂或金。

（3）电解质：须能够促进电解反应，并有效地将离子电荷传送到电极。

（4）过滤器：滤除不需要的气体。

镓基液态金属因为呈液态而导致表面原子处于极其活泼的化学状态，对氧化剂极其敏感，即使在水和硅油中都会被氧化成氧化镓或过氧碱基镓。因而镓基液态金属可以被作为柔性化学探针，因探测环境的氧化还原能力不同而产生不同的电化学信号，从而可以定性且定量地检测被测物的种类和浓度。此方面的研究亟待进一步的工作。

11. 10　钠钾合金水热效应

钠钾合金在常温下为液态[17,18]，市场上有不同级别的钠钾合金出售。钠钾合金会与空气和水发生剧烈反应（图 11. 14），使用时必须当心。即使少至 1

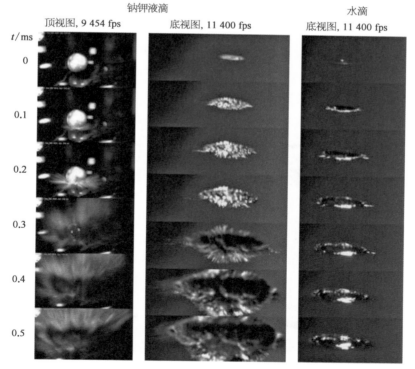

图 11. 14　实验中拍摄到的钠钾合金滴入水中的情况（右侧为作为对照的水滴）[17]

克的钠钾合金仍可造成火灾或爆炸。化学课上的经典演示反应是这样的：取一小块金属钠或金属钾放入水中，就能看到如"爆炸"一般剧烈反应的现象。虽然一代又一代的学生都看过这个反应，甚至在实验室中亲自操作过，但对该反应机理的认识却并不完善。

Mason 等澄清了此前人们对这一反应现象的误解[17]。研究指出，碱金属遇水发生爆炸并不仅仅是因为反应中释放出了氢气，在反应初期还有更加奇怪的事情：电子急速外流，在电斥力的驱动下，碱金属也会随之发生"爆炸"。

钠是一种银白色的金属，常温下较软，与水接触时便生成氢氧化钠和氢气，而钾遇到水时的反应更加剧烈。这些反应会释放出大量的热，因此之前人们总会理所当然地认为燃烧和爆炸都源自氢气被点燃的过程。

要发生剧烈程度足以产生爆炸的化学反应，前提条件是反应物之间要迅速、高效地混合，然而在碱金属与水反应时，迅速生成的气体会形成一层"气体膜"，包覆在碱金属表面，将碱金属与水隔绝开。

这种情况下，没有了水的接触就断绝了氢气的"来源"，反应应该趋于逐渐减缓，但实际的现象却并非如此。借助高速摄像机，Mason 等发现，在钾钠合金液滴从注射器滴入水中后不到 1 ms 的时间内，反应便开始了。在短短的 0.4 ms 后，合金液滴表面就开始向外喷射，形成"尖刺"状。

这个"爆炸"过程发生得实在太快了，因此它不可能是由反应放热引发的。更重要的是，高速摄影机拍到的影像显示，在 0.3~0.5 ms 之间，在这个带有"尖刺"的金属液滴周围，局部水溶液呈现出了深蓝色和紫色(图 11.15)。

图 11.15　制备液态钠钾合金[17]

　　研究者们利用计算机模拟了由 19 个钠原子组成的原子簇的反应[17,18]，上述现象背后的原因终于得以显现：这些原子簇表面的钠原子会在几个 ps（10^{-12} s）的时间内就失去一个电子，而这些电子会跑到周围的水里面，并被水分子包围，形成"溶剂化电子"（solvated electron）。

　　溶剂化电子是自由电子"溶解"于溶液中的一种现象，电子与周围的溶剂分子形成平衡态构型的定域化电子。这种现象时常发生，但持续时间很短，难以被直接观察到。碱金属与水反应时，电子浓度偏低，呈现为深蓝色；电子浓度偏高（>3 mol），呈现为铜褐色。

　　此前科学家们就已经发现，在水中溶剂化的电子会呈现出深蓝色，这种现象短暂地出现在之前捕获的影像中，而当这些电子离开金属进入水中时，钠原子簇就变成了一堆带正电的钠离子[18]。这些离子彼此之间会产生强烈的排斥，这种排斥力转化为动能，由此就引发了"库仑爆炸"。

11.11　钠钾液态金属与水反应时的热效应

　　钠钾合金是一类化学性质非常活泼的合金[19-21]，通常情况下保存在煤油中，具有银白色金属光泽（图 11.16）。当钾的质量百分比为 40%～90% 时，钠钾合金在常温下呈现液态。当合金中钾的质量百分比为 77.8% 时为共晶配比，钠钾合金的熔点最低，仅为 −12.8℃。

　　由于钠和钾活泼的化学性质，钠钾合金遇水会发生剧烈反应，同时释放大量的热量[21]。化学反应方程式如下：

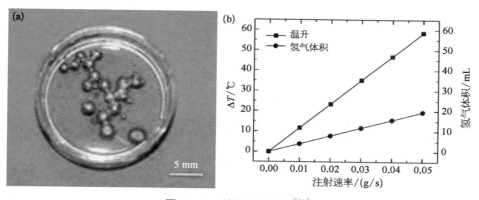

图 11.16　钠钾合金性质[19]

a. 钠钾液态金属形态；b. 钠钾合金（1∶1）液态金属的理论放热效应。

$$Na + H_2O \longrightarrow NaOH + \frac{1}{2}H_2 \uparrow + 140.886 \text{ kJ/mol} \qquad (11.1)$$

$$K + H_2O \longrightarrow KOH + \frac{1}{2}H_2 \uparrow + 140.008 \text{ kJ/mol} \qquad (11.2)$$

基于上述反应式,当钠钾合金(1:1)以固定的速率注射到 1 mL 水溶液中,水溶液的温升及产氢量和注射率之间的关系如图 11.18b 所示(理论计算值)。从中可见,即使是微量的钠钾合金产热量也十分可观。

钠钾液态金属与水反应释放的热效应,可用作肿瘤消融治疗。中科院理化所 Rao 等开展了相应实验[19-21],发现在离体的猪肉组织中同一位置处,每次分别注射 0.1 mL、0.15 mL 及 0.1 mL 钠钾合金(1:1)时,均伴随着强烈的温度脉冲,三次注射后的峰值温度分别为 94.43℃、117.13℃ 和 99.67℃。注射量为 0.1 mL 时,组织的温升约为 80℃;注射量为 0.15 mL 时,最大温升可达 100℃。局部的强烈释热对组织造成了热损伤,注射之后的猪肉组织呈现出烧伤之后的蛋白变性。损伤区为不规则圆柱体,圆柱体的高度为 20 mm,圆柱体的平均直径为 8 mm,而注射针的直径仅为 0.5 mm,说明热传导及扩散仍主要是沿径向传播。损伤区体积经估算为 1 cm³,为钠钾合金注射量的 3 倍。这组概念性实验也直接验证了微量钠钾液态金属可以在无需任何外部设备的情况下,通过与组织中自含水分的化学反应实现高能量密度的热量释放。

借助于红外热像仪,可以记录碱金属与组织水分发生反应开始的发生、发展、衰减及结束的全过程(图 11.17)。当碱金属注射到肿瘤组织后 1 min 时,放热开始;随着反应进行,加热区持续不断扩大,而且在注射点附近温度上升很快。在红外热像仪的辅助下,损伤区域的大小及形状实时地显示于屏幕。从加热 5 min 红外图可见,高温区主要集中在两个插入点附近,而插入点之间仍有一部分区域并未得到升温。因此,红外图的信息提示操作者需通过调整注射点位置来控制治疗过程。为了获取更为准确的温度信息,利用红外表面影像信息对体内温度进行无损重构,可望对手术方案的实时监测和评估起到

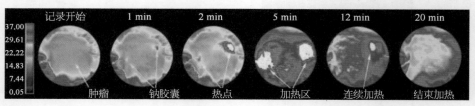

图 11.17　EMT6 肿瘤组织在碱金属消融过程中的红外热像图

重要的应用价值。

在实际的手术监测和引导方面,碱金属热疗法由于避免了电磁辐射,其温度测量和成像会变得相对简化且准确,因而更能灵活地满足治疗要求。比如,体内温度精确测量可通过发展镀膜的针式多点温度传感器解决;pH 值分布可通过探测试验加以评估;而在影像引导方面,由于注入肿瘤部位的碱金属是非磁性物质,不会引起抗磁效应,因此新方法与大多数常规影像仪器如 MRI、超声及 X-CT 等有很好的相容性。

11.12　钠钾液态金属的生物化学效应

生物组织中存在着丰富的水分。钠钾合金与水反应后会生成大量的 OH^-,从方程(11.1)、(11.2)可以看出,生成物 OH^- 的摩尔量与碱金属的用量相等。这样,对于 0.23 g 钠钾合金与 10 mL 水发生反应的情况,假设反应后水溶液体积不变,常温常压下,水的离子积常数为 10^{-14},则反应后水溶液的 OH^- 的浓度为:

$$C_{OH^-} = \frac{0.01}{0.010} = 1 \text{ mol/L.} \tag{11.3}$$

常温常压下,水的离子积常数为 $K_w = 10^{-14}$ [1],溶液 pH 值为

$$pH = -\log \frac{K_w}{C_{OH^-}} = 14. \tag{11.4}$$

当 pH=9~10 时,细胞发生肿胀,细胞核膨胀;而当 pH 值继续上升达到 11 时,即可观察到细胞的溶解[20]。因此,在 pH 值过高的碱性环境中,肿瘤细胞的细胞膜崩溃,核蛋白也相应发生凝固坏死。离体培养的小鼠乳腺癌 MA891 在 pH=12 的培养液作用一段时间后,细胞会出现溶解现象(图 11.18)。

重碳酸盐、蛋白质与磷酸酯的缓冲作用是维持机体酸碱平衡的重要机制。肿瘤组织中大量的蛋白质可在浓碱溶液中水解为氨基酸,氨基酸会在碱的缓慢作用下发生消化反应,从而进一步分解[19-21]。随着 OH^- 从反应中心逐步向四周扩散,浓度逐渐减小。高浓度氢氧根可以催化肽键的水解,并使反应平衡向正方向移动,使肽键彻底水解,而低浓度氢氧根离子则不会使蛋白质变性。人体中蛋白质种类较多,若将其组成统一为 H-Pro,则可给出描述 OH^- 与蛋

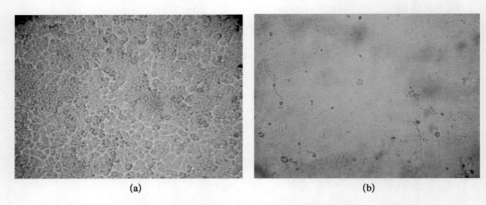

图 11.18 钠钾液态金属对生物样品的作用

a. 正常培养的细胞的形态变化；b. pH=12 溶液作用下细胞形态的变化。

白质发生反应的方程

$$H\text{-}Pro + OH^- \longrightarrow Pro^- + H_2O \tag{11.5}$$

在体液与血浆缓冲系统中，多种形式的碳酸盐在人体的血浆与间质流体中发挥着重要作用，其参与调节酸碱平衡的机制为

$$OH^- + CO_2(aq) \rightleftharpoons HCO_3^- \tag{11.6}$$

$$OH^- + HCO_3^- \rightleftharpoons CO_3^{2-} + H_2O \tag{11.7}$$

在人体正常的生理环境下，碳酸盐系统是一个开放的系统，即损失的 $CO_2(aq)$ 可以由组织代谢恢复。而当组织处于强碱环境中时，OH^- 与 $CO_2(aq)$、HCO_3^- 反应，因此化学反应（11.6）与（11.7）将向右移动。在电化学治疗的阴极区，水分解产生氢气与 OH^-[4]，这与碱金属消融的化学效应有异曲同工之处[19-21]。

· **参 考 文 献** ·

[1] http：//www.chemyq.com/xz/xz1/702xdueg.htm

[2] 张青莲等.无机化学丛书.北京：科学出版社，1987.

[3] 张青莲等.无机化学丛书（第二卷）.北京：科学出版社，1987：556-557.

[4] http：//www.ichemistry.cn/chemistry/12024-21-4.htm

[5] http：//www.chemicalbook.com/ProductChemicalPropertiesCB0268996.htm

[6] http：//sc.jb51.net/Picture/Goods/96536.htm#down

[7] Liu F, Yu Y, Wang L, Yi L, Lu J, Yuan B, Tan S, Liu J. 3D printing of flexible room-temperature liquid metal battery. arXiv: 1802. 01655, 2017.

[8] Xu S, Zhao X, Liu J. Liquid metal activated aluminum-water reaction for direct hydrogen generation at room temperature. Renewable & Sustainable Energy Reviews, 2018, 92: 17 - 37.

[9] Zhang J, Yao Y Y, Sheng L, Liu J. Self-fueled biomimetic liquid metal mollusk. Advanced Materials, 2015, 27: 2648 - 2655.

[10] Lu J, Yu W, Tan S, Wang L, Yang X, Liu J. Controlled hydrogen generation using interaction of artificial seawater with aluminum plates activated by liquid Ga-In alloy. RSC Adv, 2017, 7: 30839 - 30844.

[11] Yuan B, Tan S C, Liu J. Dynamic hydrogen generation phenomenon of aluminum fed liquid phase Ga-In alloy inside NaOH electrolyte. International Journal of Hydrogen Energy, 2016, 41(3): 1453 - 1459.

[12] Tan S C, Gui H, Yang X H, Yuan B, Zhan S H, Liu J. Comparative study on activation of aluminum with four liquid metals to generate hydrogen in alkaline solution. International Journal of Hydrogen Energy, 2016, 41: 22663 - 22667.

[13] Zhang J, Yao Y, Liu J. Autonomous convergence and divergence of the self-powered soft liquid metal vehicles. Science Bulletin, 2015, 60(10): 943 - 951.

[14] Tan S C, Yuan B, Liu J. Electrical method to control the running direction and speed of self-powered tiny liquid metal motors. Proc R Soc A The Royal Society, 2015, 471 (2183): 20150297.

[15] Yang X H, Yuan B, Liu J. Metal substrate enhanced hydrogen production of aluminum fed liquid phase Ga-In alloy inside aqueous solution. International Journal of Hydrogen Energy, 2016, 41(15): 6193 - 6199.

[16] Zhao R Q, Wang H Z, Tang J B, Rao W, Liu J. Gas eruption phenomenon happening from Ga-In alloy in electrolyte. Applied Physics Letters, 2017, 111: 241906.

[17] Mason P E, Uhlig F, Vaněk V, Buttersack T, Bauerecker S, Jungwirth P. Coulomb explosion during the early stages of the reaction of alkali metals with water. Nature Chem, 2015, 7: 250 - 254.

[18] Young R M, Neumark D M. Dynamics of solvated electrons in clusters. Chem Rev, 2012, 112: 5553 - 5577.

[19] Rao W, Liu J. Injectable liquid alkali alloy based tumor thermal ablation therapy. Minimally Invasive Therapy and Allied Technologies, 2009, 18(1): 30 - 35.

[20] Rao W, Liu J, Zhou Y, Yang Y, Zhang H. Anti-tumor effect of sodium-induced thermochemical ablation therapy. International Journal of Hyperthermia, 2008, 24: 675 - 681.

[21] Rao W, Liu J. Tumor thermal ablation therapy using alkali metals as powerful self heating seeds. Minimally Invasive Therapy and Allied Technologies, 2008, 17: 43 - 49.

第12章
液态金属力学效应

12.1 引言

力学效应在液态金属或其发生相变的过程中有许多独特应用。本章介绍系列典型的液态金属力学效应,并解读了液态金属复合材料的压缩导电效应、低温膨胀导电效应,继而阐述了借助液态金属力学效应实现的一些变革性生物医学应用技术,如通过引入液态金属的固液相转换特性,可发展出用以快速修复受损骨骼的注射型液态金属骨水泥,此类技术用在体外则可对应发展出基于液固相态转换效应的刚柔相济型液态金属外骨骼。除此之外,通过印制的高顺应性液态金属电极,本章介绍了弹性膜电致应变效应。最后,介绍了可望在机器人等领域发挥作用的液态金属液压传动效应,并展示了以液态金属为可变形车轮的微型车辆的运动控制问题。本章内容有助于进一步研究液态金属相关力学效应。

12.2 液态金属复合材料的压缩导电效应

液态金属自身拥有的独特物理性质,在一些情况下制得复合材料后,可以实现传统材料难以达到的效果。Fassler 等[1]利用液态金属流动可变形的特点,制成了一种具有压缩导电效应的特殊复合材料,如图 12.1a 和 12.1b 所示。研究者将 $Ga_{68.5}In_{21.5}Sn_{10}$ 合金与 PDMS 硅橡胶按照体积分数 1:1 的配比,用机械搅拌的方法加以混合,直到液态金属在 PDMS 中分散成均匀的微球,如图 12.1c 所示。待 PDMS 固化后,可以得到液态金属复合材料的产物,为了方便操作,在该产品外可附加一层薄薄的 PDMS 膜,如图 12.2a 所示。

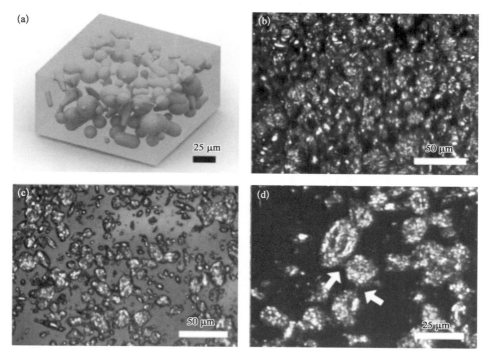

图 12.1 液态金属复合材料[1]

a. 液态金属复合材料示意;b. 电镜图;c. 单层电镜图;d. 压缩导致液态金属接触,从而形成通路。

液态金属复合材料由于基底和基质均具有很高的柔性,所以能够实现高强度的拉伸,见图 12.2b。对该材料进行测试,发现其电阻很大,导电性很差,不能实现基本电路的导通。然而当用一根铅笔在上面按压划线后,却发现,按压的位置不仅颜色发生了改变,而且由原来很差的导电性变成了一条导电通路,如图 12.2c 和 12.2d 所示。通过电镜观察复合材料的结构,可以看到,在压缩前,液态金属在 PDMS 中呈现有间隔的分散,彼此不连接;压缩后的样品中,液态金属受挤压后,形状变扁,会与周围其他液态金属液滴连通,从而形成导电网络。

这种液态金属复合材料受到压力前后的导电性质完全不同,主要得益于液态金属的高导电性和良好的流动性。利用这种压缩导电效应,可以根据需要随时实现电路从开放到闭合的转变。而且这两种材料均具有较好的柔性,未来可以开展更多功能性柔性材料应用的研究。

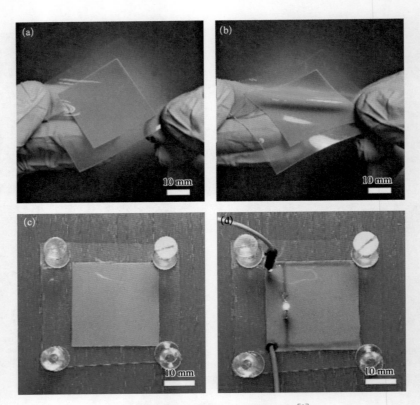

图 12.2　液态金属复合材料的性能[1]

　　a、b. 液态金属复合材料成品拉伸前后的表现；c. 一块未经处理的液态金属复合材料；d. 在特定位置压缩后形成导电通路的实验展示。

12.3　液态金属复合材料的低温膨胀导电效应

　　笔者实验室 Wang 等发现了一种温控液态金属绝缘体-导体可逆转换的复合材料[2]。该材料是由液态金属微颗粒与 PDMS 等聚合物材料按照一定的比例充分混合而成，制备方法简单易行。众所周知，PDMS 等有机聚合物属于绝缘材料，但掺杂了液态金属微米颗粒后，该材料在低温刺激下可以由绝缘体瞬间变成导体，而当材料升温后又会恢复绝缘状态。值得注意的是，这个仅由温度调控的绝缘体-导体的转换过程是可逆的。

　　可逆导电器件是由液态金属微米颗粒以及有机硅胶混合而成[2]。液态金属微颗粒由于被绝缘的 PDMS 隔绝，因此呈现出绝缘特性（图 12.3a），而在低温刺激下,不导电的 PDMS 在低温下快速收缩,导电的液态金属发生相变凝固的同时快速膨胀,液态金属颗粒被挤出 PDMS 从而互相连通,并进一步呈现出导电特性,接通点亮 LED 灯(图 12.3b)。当升温时,收缩的 PDMS 膨胀,而液态金属颗粒由固体熔化成液态,发生体积减小,重新回到被 PDMS 包裹的状态,呈现绝缘性质,LED 灯熄灭(图 12.3c)。研究还表明,由于以有机聚合物作为基底材料,该液态金属复合材料展现出良好的柔性以及可拉伸性能(图 12.3e、f),当基底材料处于拉伸状态时,液态金属会迅速渗透到被拉伸的区域,由于基底材料变薄,液态金属的银白色得以体现,通过这种方式也可以实现拉伸快速变色的效果。实验证明,在拉伸状态仍可以实现快速的"绝缘体-导体"转变过程。上述现象系首次发现,未来有望用于温度控制的电路器件以及低温电子材料等方面。

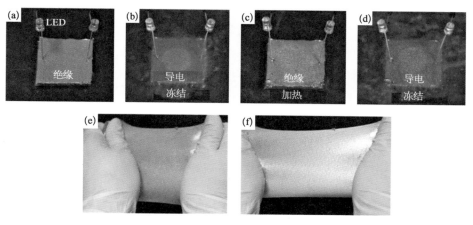

图 12.3　低温诱导绝缘体-导体可逆转换过程[2]

a. 液态金属微颗粒被 PDMS 隔绝;b. 液态金属微颗粒被挤出 PDMS,点亮 LED 灯;c. 液态金属重新被 PDMS 包裹,LED 灯熄灭;d. 导电被冻结;e、f. 液态金属复合材料具有良好柔性和可拉伸性。

12.4　可固化后承力的液态金属骨水泥

骨水泥是广泛应用于骨外科、整形手术和口腔修复等临床领域中的一类重要的生物医用材料(图 12.4)。常见的骨水泥材料为丙烯酸类树脂材料,这种骨水泥是通过粉剂和液剂混合后产生面团再至固化成型,从而发挥其在体内受力的功能。然而,丙烯酸类骨水泥在应用过程中仍存在一些问题:聚合反应时间较长,易造成热损伤;反应未完全留下的有毒单体会引起组织坏死;

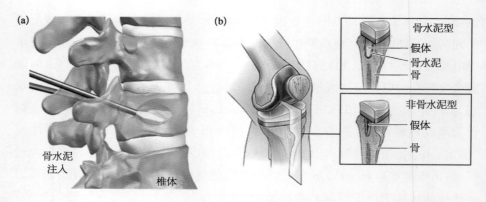

图 12.4　骨水泥的应用

a. 经皮椎体成型术[3]；b. 骨水泥型全关节假体置换[4]。

过程不可逆,翻修过程复杂等。为克服上述不足,Yi 等引入了低熔点金属骨水泥的概念和技术[5]。

作为验证,Yi 等研究了熔点为 57.5℃的 Bi-In-Sn-Zn(质量比为 35.0：48.6：16.0：0.4)低熔点合金[5]。通过测试合金骨水泥工作的温度曲线,基于骨水泥标准的要求,确定合金骨水泥的最高温度和凝固时间,结果表明,合金骨水泥能很好地符合标准要求。同时,将合金骨水泥灌注到骨组织当中,借助温度测定和病理组织检查,证明了合金骨水泥的放热量不会对周围骨组织造成热损伤(图 12.5)。

临床上要求骨水泥具有合适的力学性质。因此,需要对合金骨水泥的流变力学性质和机械力学性质进行测试。实验发现,熔化后的合金骨水泥,黏度低、具有良好的流动性、可注射性和可塑性均很高。同时,作为骨骼替代物,还需对固化的合金骨水泥进行多种机械力学性质的测定,包括抗压缩性、抗弯曲性、抗断裂能力和疲劳度。通过与传统骨水泥材料标准对比,得出 Bi-In-Sn-Zn 合金的力学性质满足骨水泥要求的结论。

值得注意的是,合金骨水泥与传统骨水泥材料工作原理不同[5]。传统丙烯酸类骨水泥是通过不可逆的化学反应实现相变,而合金骨水泥则是通过可逆的物理过程完成相变。所以基于合金骨水泥可逆固液相转换的特点,证明了其固化后的机构可通过加热变成液体后抽吸出,对应的翻修过程(即取出)不仅具有可行性和易操作性,而且可有效地避免对骨组织造成机械损伤。

另外,合金骨水泥在模拟体液中表现稳定,说明具有一定的抗腐蚀能力;使用合金骨水泥的浸泡液培养细胞,根据细胞的相对生长率,能够判定合金骨

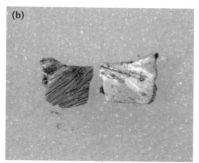

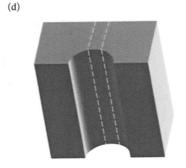

图 12.5 骨-骨水泥界面组织[5]

a. 填充骨水泥的股骨头被锯成两部分;b. 剥离组织的固态合金骨水泥;c. 处理成正方体的组织切块,包含完整的骨-骨水泥界面;d. 股骨病理组织的提取示意图,切片取自虚线中间部分组织。

水泥基本没有细胞毒性;进一步,通过小鼠长达 1 月有余的在体皮下植入实验,也证明了合金骨水泥良好的在体生物相容性。

不仅如此,由于合金骨水泥的金属特性,所以其在体内具有较好的放射成像能力。综合来看,低熔点液态金属材料作为骨水泥具有很大的潜力和独特优势,结合医用封装材料后也可发展成形状可调的绷带。

12.5 基于液固相态转换效应的液态金属外骨骼

近年来,外骨骼技术逐渐受到各国研究者的重视,人们对这类技术的了解也来自一些科幻电影(图 12.6)。实际上,作为人体运动系统的延伸,外骨骼技术正逐步走入现实,常用以恢复或增强人体的运动能力[6]。常见的外骨骼技术包括机械服、仿生假肢或运动辅助装置等智能化机械装备。外骨骼技术的出现很好地弥补了传统治疗方法的缺陷,为肢体功能再造提供了新的思路,其驱动方式和人机交互系统的技术进步日新月异。常见的驱动方式主要包括传统的电机或液压驱动、柔性人工肌肉驱动；人机交互系统的设计方案主要包括肢体映射控制、生物电控制、直接力反馈控制、体域网传感反馈控制以及人体感觉反馈等。

图 12.6　科幻电影《明日边缘》中展示的人体外骨骼技术

　　从材料学革新角度出发，基于液态金属的液-固相转换机制，Deng 等[7]提出并证实了一种"液态金属人体外骨骼技术"。这种新概念型机械关节存在柔性和刚性两种工作状态。平时工作状态下，低熔点金属吸热熔化并处于液态，柔性程度高，在体穿戴舒适感好，整个机械关节因此可在柔性关节处灵活弯折或扭转，以作为人体外骨骼执行重物搬运动作；一旦需要执行高强度任务如上肢关节运动至需要承重的位置时（人体外骨骼保持搬运动作），关节内的液态金属会在半导体制冷器作用下快速固化变硬，机械关节于是切换至刚性固体状态，整个机械关节装置从而可承受巨大的拉伸或扭转应力（图 12.7），这就有

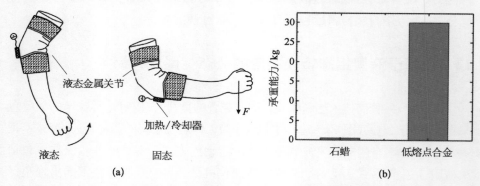

图 12.7　用于人体上肢的液态金属外骨骼(a)及其力学承重能力(b)[7]

效地缓解了肘关节需要承受的重物拉力。整个工作过程无驱动部件,响应迅速,灵活性好。新技术好比科幻影片《钢铁侠》中所展示的那种盔甲,预计在高柔性、高强度人体外骨骼领域具有广阔的发展前景。

12.6　液态金属触发的弹性膜电致应变效应

在高弹性膜正反面涂上液态金属,可制成液态金属电容器,若在其上加上电压,便可出现形变,此过程就是液态金属电容器电致应变过程[8]。介电弹性体驱动单元是由介电弹性体膜型材料与均匀覆盖其上下表面导电性良好的柔顺电极共同构成(图 12.8)。在此过程中,高弹性膜相当于介电弹性体膜型材料,涂覆其上的液态金属为柔顺电极,因此该液态金属电容器便构成了介电弹性体驱动单元。

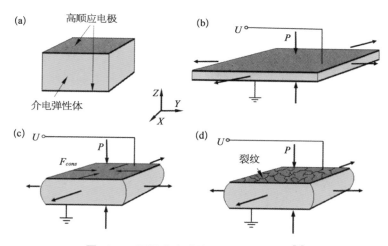

图 12.8　不同介电弹性执行器工作情形[8]

　　a. 介电弹性执行器操作原理;b. 理想的介电弹性执行器,此时受压时电极不对平面膨胀造成限制;c. 固态电极会不可避免限制执行器;d. 高应变下固态电极会发生破裂继而丧失导电性。

在上下液态金属面上加高压电后,会产生一个直流电场,使柔性膜沿电场线方向引起收缩,并在与电力线垂直的平面内扩展延伸,使该柔性膜发生形变,从而呈现一种电致伸缩特性。笔者实验室 Liu 等发现[8],液态金属电容器在静电压力的作用下,能产生 360% 的形变量,被视为制造介电弹性体驱动器最有潜力的材料(图 12.9)。另一个极为重要的特性是,液态金属柔性电极驱动的介电弹性膜变形可实现自修复(图12.10)。这种直接印刷液态金属电容

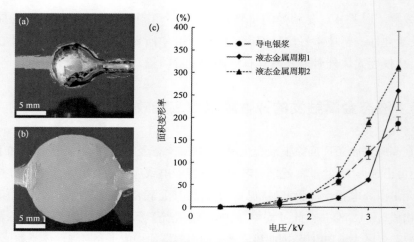

图 12.9　液态金属柔性电极驱动的介电弹性膜变形效应[8]

a. 受 300% 轴向预应变 VHB 4905 塑胶上的液态金属电极响应前；b. 3.5 kV 直流电压加载后的电极，响应应变达到 360%；c. 不同电压下液态金属电极与银浆电极驱动的介电弹性膜变形响应情形。

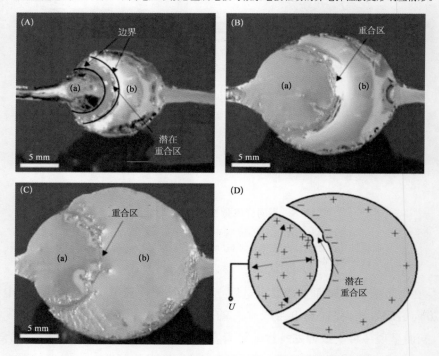

图 12.10　液态金属柔性电极驱动的介电弹性膜自修复特性[8]

A. 电极被分离成相互隔开的 (a)、(b) 两部分，其中 (a) 连接电压；B. 启动响应时，(a) 部分可在 3.5 kV 作用下充分响应，自修复发生于重合区，此时 (b) 区域部分响应；C. 从第二个循环开始，两区域接通并充分响应；D. 边界上的液态金属流动和吸引力促成自修复效应。

器制成的介电弹性体驱动器可应用于小型侦察机器人、人工肌肉、假肢、智能服装、智能包装等领域。但其高驱动电压会限制该驱动器的发展和应用,因此研制多层低电压驱动器以降低驱动电压增大形变量迫在眉睫。

12.7　液态金属液压传动效应

液压传动属于流体传动的一种[9],广泛应用于工业生产、冶金轧钢、重型施工机械、车辆动力、起重机、挖掘搬运机构、航空航天、机械自动化、日常生活、机器人、人工肌肉乃至微流控系统等机电液一体化应用领域,其水平的高低已成为衡量一个国家工业发展水平的重要标志。液压传动装置中最为核心的机构在于液压传动单元。液压传动的基本原理在于利用液压泵将原动机的机械能转化为液体的压力能,在此过程中,借助于各种控制阀和管路的传递,电气控制机构适时调整和改变横截面积不同的液压管道系统内的液体流量分布和动力,来达到对各个分系统内对应单元的流量、压力及功率进行调整,进而操控工作机构的目的。

在液压传动系统各单元中,最为重要的工作介质之一是充当力传输介质的液体工质,其作用在于传递动力、润滑内部机构、降低摩擦、防锈及散热等[7]。迄今为止,国内外应用于液压传动系统中的液体介质大多未超越传统的水、油等介质的范畴。然而,由于这类液体的自身属性,如密度低、导热差、易蒸发变质等,相应液体介质的工作性能均远未达到理想。一些情况下,常规流体如油液易出现污染;水则因蒸发泄露会导致液压传动失效,而且水还存在黏度低、汽化压力高等问题,在高温下不适合工作。

通常,液压传动的能力与液体介质的密度高低密切相关,密度越大,传力系统承载的动力比越高。而且,一个优异的液压传动系统往往要求液体同时具备优良的润滑、导热等特性。基于上述考虑,笔者实验室从有别于传统液压技术的思路出发,提出一种液压传动系统[10],将常温附近处于液态的金属流体引入到液压传动单元内作为传输动力的工作介质,以实现性能卓越的液压传动,在此基础上可进一步制成各种复杂的动力机构。此类技术曾在 2016 年于云南曲靖举行的第二届液态金属产业高峰论坛上由科威公司研制展出。

以液态金属作为传动介质的液压传动装置,其部分优势可归纳如下[10]:

(1)力学性能优异:可通过控制液态金属流动来获得大比例动力传输,液态金属的密度远高于常规流体如水、油等,因而能承载的压力比更高;

（2）承载温度高：传统的水介质在 100℃即会沸腾，从而导致系统性能难以持续，而液态金属由于沸点可高达 2 300℃以上，因而可在极高温度下实现液压传动；

（3）机械润滑能力强：液态金属的低黏度特性十分有利于传动系统内活塞与管道之间的润滑；

（4）稳定可靠，寿命长：液态金属由于热导率高出常规流体数个量级，因而可高效地将液压传动系统内由于持续运动产生的热量迅速排散出去，这对于确保整个系统的安全可靠运行极为有利；

（5）节能安静：液态金属由于是优良的导电液体，因而可通过电磁方式驱动，这在节能、降低噪声和振动、提高系统可靠性和快速响应方面极有优势，此时动力活塞甚至可以省去，只需通过电磁泵即可驱动液态金属在相应管道内的运动，继而将能量传输到出力活塞输出所需的压力和功率；

（6）环保，维护方便：液态金属由于是封闭运行，因而对环境不会造成影响，且其性质稳定，易于维护，是一种十分环保、使用方便的流体传动介质。

12.8 以液态金属为车轮的微型车辆的运动问题

笔者实验室研究发现，液态金属可在外界电场的作用下发生旋转或定向运动，若将此种柔性可变形的选择机构予以装配，可发展出某些特殊的运动装置。

Yao 等[11]发展出一种以柔性可变形"车轮"驱动的微型车辆，由金属液滴及经 3D 打印的塑料本体组合而成。在电场作用下，液态金属"车轮"可发生旋转变形，继而驱动车辆行进、加速乃至实现更多复杂运动（图 12.11）。采用类似于四驱车的结构，研究小组证实其可在携带重物 0.4 g 的情况下以 25 mm/s 的速度运动。这种固液组装型柔性机器的设计概念可衍生出更多复杂的可控机器结构。

在供电方面，既可采用外接电场，也可采用自带微型电源，比如纽扣电池，同时配合特定的控制芯片，由此可发展出对应的自适应装置。若采用遥控装置，这类运动系统还从远程予以调控，此方面可发展出对应的竞技活动，比如，设置各种形状和结构的赛道，考核操控人员控制液态金属车辆到达目标和执行指定任务的质量和效率。

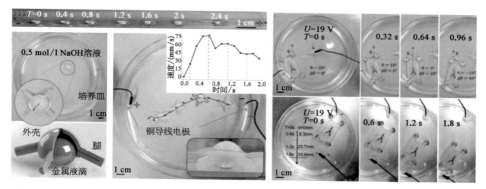

图 12.11 柔性可变形液态金属车轮驱动的单轮车及四驱车在电场控制下的运动行为[11]

参 考 文 献

[1] Fassler A，Majidi C. Liquid-phase metal inclusions for a conductive polymer composite. Advanced Materials，2015，27(11)：1928-1932.

[2] Wang H，Yao Y，Liu J，et al. Temperature controlled insulative-conductive reversible transition soft elastomers with liquid metal inclusions，submitted. 2018.

[3] http：//www. eorthopod. com/content/spinal-compression-fractures

[4] http：//www. webmd. com/osteoarthritis/cemented-and-uncemented-prosthetics

[5] Yi L，Jin C，Wang L，Liu J. Liquid-solid phase transition alloy as reversible and rapid molding bone cement. Biomaterials，2014，35(37)：9789-9801.

[6] 国瑞，盛磊，刘静. 可穿戴机器人的研究进展：材料学角度. 科技导报，2015，33(21)：81-91.

[7] Deng Y G，Liu J. Flexible mechanical joint as human exoskeleton using low-melting-point alloy. ASME Journal of Medical Devices，2014，8：044506.

[8] Liu Y，Gao M，Mei S，Han Y，Liu J. Ultra-compliant liquid metal electrodes with in-plane self-healing capability for dielectric elastomer actuators. Applied Physics Letters，2013，103：064101.

[9] 李松晶，阮健，弓永军. 先进液压传动技术概论. 哈尔滨：哈尔滨工业大学出版社，2008.

[10] 周远，刘静. 基于液态金属的液压传动装置：中国，CN201310329862.4. 2013.

[11] Yao Y，Liu J. Liquid metal wheeled small vehicle for cargo delivery. RSC Advances，2016，6：56482-56488.

第 *13* 章
液态金属传感与能量转换效应

13.1　引言

　　借助液态金属的有关物理化学特性和能量转换效应，可以发展出形式多样的传感单元与能量利用装置。本章归纳介绍了系列典型效应，如液态金属与匹配金属之间的热电特性，以及由此发展的液态镓基热电偶的热电特性、可印刷式热电温度传感器以及可印刷式热电发生器等，并进一步介绍了基于直写技术实现的液态金属电阻温度传感效应、液态金属电容式传感器，以及基于液态金属电化学效应的血糖测量技术等，最后，就液态金属可穿戴柔性电子服装制作与应用问题也作了介绍。实际上，液态金属传感与执行器效应研究尚处于开端，未来有很大的发展空间。

13.2　关于不同金属之间的热电效应

　　热电材料又称温差电材料，是一种利用固体内部载流子的运动实现热能和电能直接相互转换的功能材料[1]。

　　与常规的热电材料相比，常温液态金属具有电导率高、材料兼容性好、常温下呈液态、可直接印刷在各种柔性基底上制成任意形状和厚度的器件等特点，大大降低了制作难度及成本，令其成为热能捕获领域中一种较有应用前景的材料。正是基于这一认识，Li 等[2]探索了采用直写方法制作液态金属热电发生器的可行性，对由不同配对金属构成的热电偶的热电性能进行了测试，并制作了由 20 对热电偶串联而成的液态金属热电发生器原型机，证明了可印刷式液态金属热电发生器的实用价值。

　　由于镓-康铜热电偶的热电势率较大，实验证明[2,3]，镓-康铜热电偶的热

电性能远高于镓-镓铟合金热电偶的热电性能。为得到较大电压和功率,可选
用镓-康铜热电偶制成热电发生器。将 20 对镓-康铜热电偶集成为热电发生
器,对其输出电压予以放大后得到 1.59 V 的负载电压和 70.44 μW 的功率,可
成功驱动 LED 灯。在此基础上,进一步地将镓膜层的厚度从 10 μm 提升至
800 μm,由此将负载电压和功率增至 1.70 V 和 742.9 μW,幅度分别达到
6.92% 和 955%。这些实验证明了液态金属直写式热电发生器用于热量捕获
的实用价值。

　　基于液态金属的热电发生器由电子直写技术制作,具有可快速制作、柔性
强等优点。未来,它可广泛应用于驱动自适应微系统(如微芯片、无线传感器
网络)和可穿戴式电子设备(如助听器、腕表、起搏器)。

13.3　液态金属与匹配金属的热电特性

　　1821 年,德国科学家 T. J. Seebeck 发现了著名的热电效应:将两种不同
的金属导线首尾连接在一起,形成两个结点,构成一个电流回路。加热其中一
个结点,保持另一个结点为常温,两个结点的温差超过某阈值后,该回路中会
产生电流。笔者实验室的研究表明,液态金属与对应金属结合,也能构成相应
的热电效应,这为快速制造柔性的印刷式温度传感器乃至热电能量捕获器创
造了条件。

　　微纳尺度的温度测量在物理、化学和材料科学领域是一个重要问题。在
各种温度测量方法中,最常用的是铂温度传感器和热电偶(尤其是薄膜热电
偶)。但铂是一种贵金属,由其制成的温度传感器虽然精度高,可是价格昂贵。
薄膜热电偶具有快速响应特性,但目前常规薄膜热电偶的制作过程十分复杂。
实际上,在一些微纳应用场合中,测温只是样机开发的辅助手段,精度要求并
不很高,但其成本和时间却往往成为关键因素,由此引出对制作方便、低成本
的测温方法的需求。

　　鉴于常规的温度测量方法在微纳米尺度受到挑战,近年来,已经有学者将
目光转向液态金属领域。如针对镓填充的碳纳米管,观察到了接触电阻和温
度的关系,将汞随温度增加出现热膨胀的性质用于微流道测温等。但这些测
温微器件的制作过程仍较为复杂。于是,探索尺寸微小、结构简单的测温器件
的简易制作方法,成为微纳米尺度温度测量的一种趋势。

　　作为液态金属直写电子技术的一个重要应用,Li 等[3]提出采用液态金属

墨水直接在纸上绘制热电偶的思想。该热电偶具有特殊的优点,如接触电阻和接触热阻小、无需焊接、易集成各种基底、基底无需预处理、工作温区宽等。因此,这类传感器可广泛适用于各种应用领域,尤其是在微纳米尺度量测领域。

使用镓墨水和铜电偶丝作为配对金属。先将镓墨水熔化为液态,然后封装进内径为 1.6 mm 的 14♯硅胶管以防止其受到进一步氧化,管两端用 704 硅胶封住。图 13.1 为当热端温度从 10℃升高到 100℃时,镓-铜热电偶热电势与温差的关系[3]。从图中可明显看出,在 30℃附近时有一拐点,在该点左侧,热电势随热端温度升高而线性减小,而在该点右侧,热电势随热端温度升高而线性增加,而且斜率较拐点前明显更大。根据前述分析可知,热电势-温度曲线的斜率即为热电偶的热电势率,而 30℃附近恰好是镓的熔点。于是可作如下推断:当镓热电极为固态时,镓-铜热电偶的热电势率为负值,经线性拟合得-0.44 μV/℃;镓热电极为液态时,热电偶的热电势率为正值,线性拟合得 2.08 μV/℃。需要注意的是,对于拐点右侧的情况,由于热电偶冷端一直保持在 0℃,所以当热端的镓熔化为液态时,冷端的镓很可能仍然是固态,所以在镓电极中可能存在两种相态,此时得到的热电势率数据并不能真实代表由液态镓构成的热电偶的热电势率。液态镓构成的热电偶的热电势率将在后面加以详细研究。

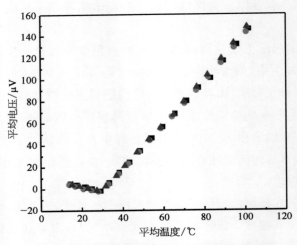

图 13.1 镓-铜热电偶的热电势与温差的关系[3]

固、液相的镓与同一种导体构成的热电偶有着截然不同的热电特性,决定了镓作为热电极材料必须区分固、液两种相态分别加以应用。而由于镓过冷度较大(可达 100℃ 左右),一旦熔化后再对其进行冷却,则可能在远低于熔点的温度下才会凝固,而实际凝固温度无法预判,从而导致它的固态温度范围不易确定,加之其在固态时的热电势率较小,所以液态镓较固态镓更适合用作热电偶的热电极材料。另外,由于铜对镓的耐蚀性较差,多次升降温实验后铜已明显受到液态金属的腐蚀,故铜也不适合用作与镓配对的热电极材料。

13.4　液态镓基热电偶的热电特性

以下介绍液态镓和另外几种热电极材料分别构成的热电偶[4],在一定温度范围内对其进行了原理性实验,并探索了氧化效应对其热电特性的影响,从而得到对其热电特性的定量认识,以期为其实际应用提供基础性数据。使用纯度为 99.99% 的镓和镓墨水作为样品,康铜、两种钨铼合金(WRe_5 和 WRe_{26})以及镓铟合金($GaIn_{21.5}$)作为配对金属。

图 13.2 是液态镓与四种配对金属材料组成的热电偶的电压-温差曲线[3]。在实验温度范围内,所有热电偶都呈现出明显的线性特性,但由于各种配对材料的绝对热电势率不同,导致曲线斜率(即平均热电势率 S_{AB})相差很大。曲线拟合得到镓-康铜热电偶的平均热电势率为 47.64 $\mu V/℃$,这一数值与常用的丝状热电偶非常相近,只比 T 型热电偶的 S_{AB} (51 $\mu V/℃$)略小,但比 K 型热电偶的 S_{AB} (41 $\mu V/℃$)大。相比之下,$Ga-WRe_{26}$ 和 $Ga-GaIn_{21.5}$ 热电

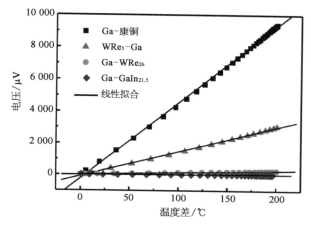

图 13.2　镓及其配对金属的热电势与温差的关系[3]

偶的 S_{AB} 相对较小,分别为 1.27 $\mu V/℃$ 和 0.11 $\mu V/℃$。可以得出如下结论:镓-康铜热电偶的敏感性更强。主要原因在于镓与康铜的绝对热电势率值相差较大,而镓与 WRe_{26} 的绝对热电势率值相差较小,镓和 $GaIn_{21.5}$ 的绝对热电势率值则非常接近。

为实现直写操作,需要对镓和镓铟合金进行微量氧化处理。而微量氧化物的存在是否会对这些液态金属与其他配对金属构成的热电偶的热电特性产生影响,有必要进一步研究。于是选取镓墨水和镓铟合金墨水作为样品,重复上述实验。结果发现,当与固态金属配对时,对液态镓添加微量氧化物前后热电偶的 S_{AB} 几乎完全相同,而液态镓与液态镓铟构成的热电偶在添加微量氧化物前后,其 S_{AB} 却出现明显区别。图 13.3 为添加微量氧化物前后热电偶的热电势-温差曲线[3],对前者选取 $Ga\text{-}WRe_{26}$ 热电偶作为代表,与 $Ga\text{-}GaIn_{21.5}$ 热电偶进行对比。我们仍然可用热电极材料的绝对热电势率大小来对上述现象进行解释。当镓与固态金属构成热电偶时,这些固态金属的绝对热电势率比镓的绝对热电势率大得多或小得多,所以镓的绝对热电势率的微量变化对于 S_{AB} 来说影响很小,S_{AB} 主要取决于固态金属的绝对热电势率。所以,在添加微量氧化物导致镓的绝对热电势率发生微小变化时,热电偶的 S_{AB} 变化并不明显。但当 Ga 与 $GaIn_{21.5}$ 构成热电偶时,微量氧化物的存在使得热电势-温差曲线的斜率 S_{AB} 增加了 27%。可能的解释是,当添加微量氧化物后,Ga 和 $GaIn_{21.5}$ 的热电势率都发生了微小变化,但由于二者本身数值极相近,所以 S_{AB} 表现出非常明显的变化。

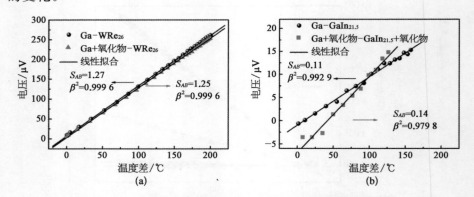

图 13.3 对镓改性前后镓基热电偶的热电势率变化趋势[3]

a. $Ga\text{-}WRe_{26}$ 热电偶;b. $Ga\text{-}GaIn_{21.5}$ 热电偶。

13.5　基于液态金属的纸上可印刷式热电温度传感器

当热电极材料为均质材料时,热电偶所产生的热电势的大小与其形状或尺寸无关,只与热电极材料的成分和两端温差有关,所以液态金属热电极可以被封装进极细的管内,如碳纳米管;甚至当其制成墨水后,可直接印刷在基底上[3],液态金属墨水的膜厚可小至微米量级。图 13.4 为镓和镓铟合金($GaIn_{21.5}$)构成的热电偶。

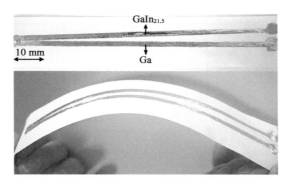

图 13.4　直写在纸上的镓基热电偶[3]

图 13.5a、b 分别为测得的打印纸上的 $GaIn_{21.5}$ 热电极的截面和表面形貌[3]。从图中可以看出,$GaIn_{21.5}$ 薄膜较均匀地沉积在打印纸基底上,厚度只有约 10 μm,为微尺度应用提供了必要的条件。

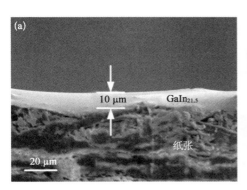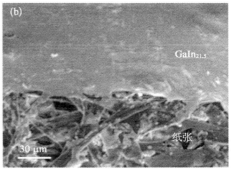

图 13.5　以打印纸为基底的直写 $GaIn_{21.5}$ 热电极的 SEM 图[3]

a. 截面;b. 表面。

由于打印纸燃点(130℃)较低,故选用硅胶(燃点 450℃)作为基底,采用 WRe_5-Ga 热电偶和 Ga-$GaIn_{21.5}$ 热电偶作为液-固和液-液热电偶的代表,测试了二者的动态响应特性,测量结果分别如图 13.6 和图 13.7 所示[3]。从图中可以看出,在酒精灯点燃的瞬间,WRe_5-Ga 热电偶有较快的响应,从点燃至热电势达到最大值的时间为 1.032 s,所以 WRe_5-Ga 热电偶的时间常数为 $1.032×98.2\%/4=0.25$ s$=250$ ms。对于 Ga-$GaIn_{21.5}$ 热电偶,从点燃至热电势达到最大值的时间为 3.516 s,所以 Ga-$GaIn_{21.5}$ 热电偶的时间常数为 $3.516×98.2\%/4=0.86$ s$=860$ ms。

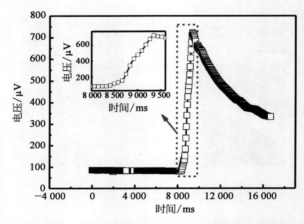

图 13.6　WRe_5-Ga 热电偶的动态响应特性曲线[3]

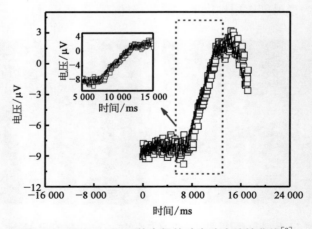

图 13.7　Ga-$GaIn_{21.5}$ 热电偶的动态响应特性曲线[3]

值得指出的是,两种液态金属构成的热电偶温度传感器的工作核心是由两个热电极薄膜相互搭接而成的热结点。不同于体块型热电偶,由于薄膜材料之间普遍存在相互扩散的现象,而这种金属薄膜之间的相互扩散势必会对薄膜的各项性能产生影响,因此,研究薄膜热电偶电极材料之间的扩散现象对于研制薄膜热电偶温度传感器具有重要意义。

在薄膜热电偶的热结点处,两层金属薄膜之间所形成的界面通常既不是完全混乱,也不完全有序,而是一种相当复杂的结构。在界面中会产生各种各样的缺陷,如空位、替位或填隙杂质等,而这些缺陷会通过扩散向金属薄膜的内部转移。金属薄膜相互扩散的现象通常可分为可互溶的单晶薄膜的扩散和多晶薄膜间的扩散两种类型,金属薄膜之间的扩散类型不同所导致的费米能级的变化也不同,进而引起不同的电学特性的变化。如金属多晶 Ag-Au 双层膜之间,在常温下会发生明显的相互扩散现象。这主要是缺陷短路效应引起的,即 Au 沿着 Ag 的晶粒界面扩散,进而引起薄膜界面之间的势垒。而 Ga 和 $GaIn_{21.5}$ 由于含有相同成分,且常温下呈液态,极易发生相互扩散。

13.6　基于液态金属的柔性可印刷式热电发生器

传统的热电装置一般是由热沉板、吸热板和热电堆组成的“三明治”结构,受硬板所限,主要用于平面热源。为了能与任意结构热源均达到良好的热接触,开发可适应各种表面的热电模块成为必然趋势。柔性热电发生器因此应运而生。此外,通过薄膜沉积技术,人们还探索采用纳米材料以提高热电薄膜效率。目前形式各异且各具特色的薄膜制备方法,正为热电科学的发展创造条件。常用的热电薄膜沉积技术往往比较复杂、耗时长、成本高。

借助于液态金属的印刷特性,Li[4] 提出并研究了直接利用液态金属制作柔性热电发生器的问题,证实了相应技术的潜在实用价值。图 13.8a 为无负载情形下镓-镓铟合金热电偶开路电压随温差的变化关系[4]。已知 Ga 和 $GaIn_{24.5}$ 的热电势率很小,从此图中亦可看出类似的结果,三组实验中热电势率 $S_{Ga-GaIn_{24.5}}$ 最大值仅为 $0.076\ \mu V/K$。不过总体而言,镓-镓铟合金热电偶输出电压与温差呈现出较好的线性关系。只是在温差大于 140℃ 之后,三组实验均表现出一定程度的输出电压衰减,推测这是由于高温时加热铝块上的黏结硅胶融化,导致基底材料部分脱离铝块造成输入温度骤降造成。与镓-康铜热电偶相比,镓-镓铟合金热电偶在整个测试过程中呈现出更大的不稳定性,推测这是由于其输出电压过小,与电压扰动的量级接近,从而使得任何轻微的扰动都能明显反映出来。

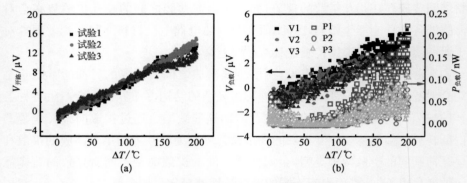

图 13.8　镓-镓铟合金热电偶热电性能[4]

a. 开路电压情况;b. 有负载情形。

　　单个热电偶的温差电动势往往较低,实际使用中需要采用多个相同热电偶构成热电堆(亦称"温差电堆"),通常这些热电偶在电路上是串联的,而在传热方面则是并联的,即在结构布置中使其冷端在热电堆的一侧,而热端在另一侧,这两侧分别称为热电堆的"冷端"和"热端"。在相同温差下,热电堆温差电动势为所有串联热电偶温差电动势的叠加,由此可提供更高的输出电压和功率。为进一步揭示液态金属在热量捕获领域的应用价值,以下对以直写方式制作的液态金属热电发生器的热量捕获性能进行研究。

　　图 13.9a 为一个由 20 对镓-康铜热电偶组成的热电发生器的原型[4],镓热电极尺寸为 100 mm × 10 mm × 10 μm,康铜热电极尺寸 100 mm × Φ1.5 mm,热电极间距 5 mm。

　　实验中,两相隔 450 mm 的铝块(300 mm×20 mm×10 mm)分别为热电发生器提供冷却和加热表面,并起支撑固定作用。热电发生器的硅胶基底通过硅橡胶黏接在两铝块上方,并保证热电偶热端和冷端分别位于两铝块的正上方。铝块下方由平板加热器提供热量,热界面材料用于铝块和平板加热器的接触表面以减少接触热阻。使用 T 型热电偶监测温度,安捷伦 34970A 采集温度和电压数据。

　　图 13.9b 所示为镓-康铜热电发生器原型机的热电势-温差关系曲线[4]。可以看到,当温差为 140℃时,20 个同样尺寸的热电偶串联可得到输出电压约为 105 mV,近似等于同样温差下单个热电偶输出电压(约 5.05 mV)之和,显

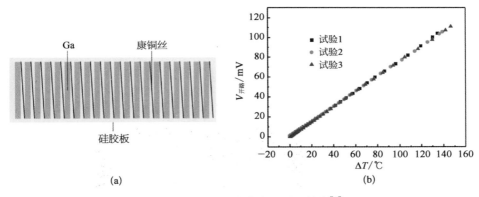

图 13.9　镓-康铜热电发生器及性能[4]

a. 原型机；b. 热电势-温差关系。

示了热电偶形状尺寸的可控性。

　　以下采用一个 LED 灯作为负载，以检验以上研制的热电发生器的实用价值。由于 LED 灯的工作电压是 2 V，约为现有输出电压的 20 倍，所以由该热电发生器直接驱动 LED 灯并不可行。为满足所需功率要求，可采用一个商用超低输入电压的升压型 DC/DC 转换器（LTC 3108，凌力尔特），来将 mV 级输入电压放大至几伏的量级，从而驱动 LED 灯。

　　图 13.10 所示为热电发生器的热电势-温差关系曲线[4]。从中可以看到，当温差为 140℃时，20 对同样尺寸的热电偶串联可得到输出电压约为123 mV，可为驱动功能器件提供可靠的保障。

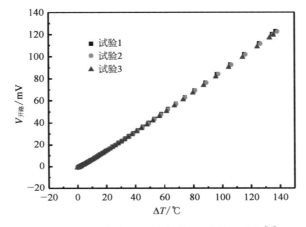

图 13.10　热电发生器热电势-温差关系曲线[4]

采用 LED 灯作为负载,实验中使热电发生器冷端保持 30℃,热端持续升温至 190℃,逐渐达到稳态后,可输出 110～120 mV 的电量,将热电发生器输出端接到升压芯片输入端后,发现升压芯片输出电压可达到 2.38 V,可以驱动 LED 灯,如图 13.11 所示[4]。可见,热电发生器可稳定供给 LED 灯 742.9 μW 的电量。

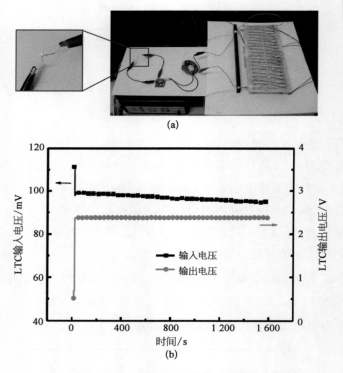

图 13.11　热电发生器工作情况[4]

a. 给 LED 灯供电;b. 热电发生器升压芯片输入及输出电压随时间变化情况。

与前述情况类似,当热电发生器的输出电压(即升压芯片输入电压)达到稳态一段时间后,又开始降低。但同时也可以看出,在 26 min 的较长时间内,虽然热电发生器的输出电压从 111 mV 逐渐降落到 95 mV,但升压后的输出电压稳定在 2.38 V,可以保证 LED 灯稳定正常工作,可见热电发生器是可靠的。实际应用过程中,此时间段后的热电发生器驱动电压可达到稳定工作状态。当然,若为确保自起始开始的任意时段该发生器均能输出同一大小的电压,还可通过在输出电路上引入稳压芯片来实现,具体细节此处不再赘述。

另外，通过观察液态镓-康铜热电偶以及镓-镓铟合金热电偶的功率输入曲线，可发现输出功率与温差的关系呈指数变化趋势。温差小时发电功率很小，而随着温差的增大，发电功率急速增加，所以镓基热电偶构成的热电发生器更适合于 100℃ 以上场合的应用。但由于受聚合物降解温度限制，聚合物基底印刷热电偶只限于 200℃ 以下低品位热量的回收。更高的温度可考虑采用其他耐热柔性基底，如玻璃丝布等。但对于类似玻璃丝布的多孔基底，为防止基底正反面发生电连接，在印刷液态金属前，还可预先在基底两面各涂覆一层耐高温涂料。热电极材料亦可印刷在基底同一面或两面，以适应不同场合的需要。

13.7　液态金属柔性电阻温度传感效应

基于液态金属的柔性电阻式传感器工作原理与一般的刚体电阻传感器工作原理类似。当外界作用如压力、温度等作用在基材上时，会导致外部基材发生形变，而由于液态金属的流动性，液态金属会迅速流动填充变形区域从而导致电阻发生变化，通过将该变化电阻信号转换成对应的外界作用信号，可以获得该物理量的信息，如压力的大小和方向，温度的高低等。

柔性电子是全球范围的研究热点，但传统制作工艺比较复杂，基于液态金属制作各类柔性可拉伸传感器正在显示极为明显的优势和广泛应用前景。当需要制作柔性电子设备时，只需选用柔性好、拉伸性能佳的弹性材料，如聚二甲基硅氧烷（PDMS）等作为液态金属的基底或承载物，即可确保天然的柔性和顺应性，至于液态金属的加工途径则十分丰富，包括直接印刷、喷涂、光刻法、3D 打印、压印法等均可采用。利用液态金属制作柔性传感器不仅柔性好，而且成本低，相对于溅射法或化学蒸镀法制作电极，液态金属柔性电子更多地采用打印或注射法制作电极，成本因此得以极大减少且利于批量制作、加工。

通过实验验证，液态金属电阻随着温度的升高呈线性增加的关系。据此可知，液态金属可以用来做柔性电阻温度微传感器。相比传统的 Pt、Au 等金属薄膜电阻温度微传感器，液态金属电阻温度微传感器制作简便、热稳定性好、结构可根据实际需求灵活设计，特别适用于微纳电子器件、微流控芯片等微尺度空间温度测量。

13.8 基于液态金属的可拉伸电容式传感器

基于液态金属的电容式传感器与传统传感器的组成和工作原理类似[5]，以平板式电容传感器为例，其组成部分如图 13.12 所示，包括液态金属电极（分为上极板和下极板）、介电层、基材和引线等。其中，基材主要用于将液态金属限制在加工成形的空间内（图 13.13），而液态金属一般通过注射的方法灌注到上述区域内。根据图 13.12 以及平板电容的计算公式，可以知道，影响液态金属电容器的主要因素包括：① 两极板间的相对面积大小；② 两极板之间的距离；③ 介电层材料。当外界作用施加到电容传感器引起上述因素改变时，电容会发生变化，通过将该变化电容信号转换成对应的外界作用信号，可以获得该施加的物理量的大小、方向等。此类传感器可作为柔性检测单元在人体运动行为监测中发挥作用。

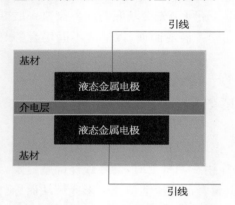

图 13.12 基于液态金属的电容式传感器[5]

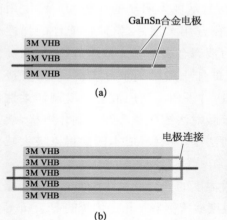

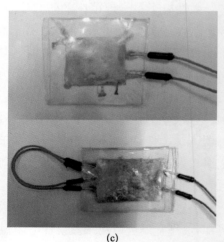

图 13.13 传感器设计[5]

a. 单层液态金属柔性电容传感器方案；b. 多层液态金属柔性电容传感器方案；c. 上为"单层"设计，下为"多层"设计。

图 13.14 则显示了两种液态金属电容传感器的电容值（C）与电极面积（S）之间的关系[6]。其中蓝色曲线代表"单层"电容传感器，拟合表达式为：$C = 0.0785S - 0.8969$，其相关系数为 0.9984；黄色曲线代表"多层"电容传感器，拟合的表达式为：$C = 0.2259S + 1.8393$，其相关系数为 0.9854。

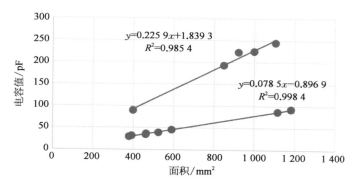

图 13.14　电容传感器电容值与电极面积的关系[6]

对传感器分别施加不同程度的压力，并记录该压力下的电容值。对相应实验数据进行线性拟合分析，可得图 13.15 所示的电容传感器的压力响应曲线[6]，良好的线性足以证明该传感器具有一定的分辨所施加压力大小的能力。通过对这些数据进行线性拟合，所获得的表达式为：$C = 0.5971F + 60.432$，其中，C 为传感器电容值，F 为施加重量，其相关系数为 0.9768。

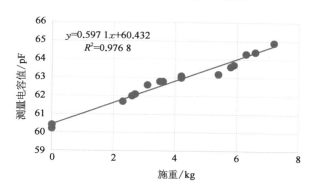

图 13.15　压力响应实验数据的线性拟合曲线[6]

在生物医学可穿戴式设备中，对老年人的意外警示如防跌倒等应用中，传感器信号的可靠性是极为关键的。为此，可在检测电路中加入 LED

显示模块,用以演示液态金属柔性传感器所发出的信号,演示系统如图
13.16 所示[5,6]。在此实验中,选定了特定阈值,在对电容传感器施加压
力的过程中,随着压力增加,LED 等先后点亮,为传感器信号提供了直观
的演示。在如老年人意外警示的实际应用中,可以依据此信号判定检测
部位受撞击的程度来发出求助信号。此外,在其他应用如足底压力运动
监测、触压传感信号等方面也可以通过构建液态金属电容传感阵列来
实现。

图 13.16　轻压下点亮 LED 传感信号演示[5,6]

13.9　基于液态金属电化学效应的血糖测量

目前,常用的电化学检测电极,如血糖检测试纸,大都采用石墨电极,利用
丝网印刷的方法制造。丝网印刷工艺常常耗时较长,制造温度较高,而且相应
设备较为昂贵。这种制造方法主要取决于石墨电极材料的性质。在液态金属
材料方面,能够根据需要在各种基底材料上打印出不同的形状来,这种方法简
单、迅速、成本低廉。液态金属材料作为电极材料具有天然优势,笔者实验室
Yi 等[7],为此将液态金属及其制造技术引入到血糖传感器的快速制造和应
用中。

由于电极材料需要具有一定的强度来插入检测器插槽,为此可将电极材
料选择用熔点较高的 BiInSn 合金(Bi 32.5wt.％, In 51wt.％, Sn 16.5wt.％)
制成,其熔点为 59℃,常温下呈固态。这种电极的制作方法相当简捷[7]:将
BiInSn 金属加热熔化,涂在覆于塑料板上的掩膜处,取下掩膜,冷却后得到成

型裸电极。为了检测液态金属电极的稳定性,需要对电极(CE)和工作电极(WE)间修饰葡萄糖氧化酶(注:RE 为参比电极)。可以发现,该电极与基底能牢固结合,即使弯曲,金属电极材料也不会与基底分离,同时金属材料也不会发生破碎(图 13.17)。

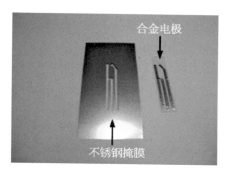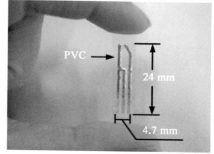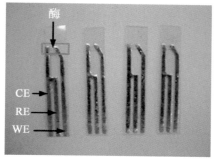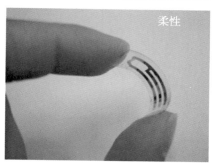

图 13.17　液态金属生化电极[7]

循环伏安法测定表明,BiInSn 电极具有良好的电化学稳定性,对检测信号不会产生干扰作用。与传统血糖检测仪不同,Yi 等[7]利用与手机结合的方法来检测液态金属电极的效果。他们首先配制了 5 mM, 10 mM, 20 mM, 30 mM 和 50 mM 的葡萄糖溶液,滴加到液态金属电极的葡萄糖酶标记处,通过手机检测到的信号,可以发现该信号与葡萄糖浓度的大小成正比(图 13.18)。

利用液态金属制造的生化电极,具有较好的稳定性,制作方法简单,价格低廉,便于批量生产,未来可以考察其检测其他溶液的能力,并开展更多的应用研究。

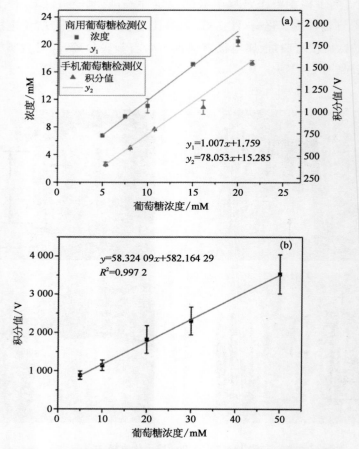

图 13.18 基于商用血糖测试仪校对后的手机电极检测曲线[7]

a. 葡萄糖溶液浓度分别为 5 mM、7.5 mM、10 mM、15 mM 及 20 mM；b. BIS 合金电极刻画结果，葡萄糖溶液浓度分别为 5 mM、7.5 mM、10 mM、15 mM 及 20 mM。

13.10 液态金属可穿戴柔性电子服装

值得指出的是，液态金属在制造电子服装类柔性生理信息检测器件方面也有独到价值。Gui 等[8]研究了在不同衣物上喷印液态金属电子以构筑可穿戴功能器件的问题，探明了液态金属在不同材质布料上的印刷和封装特点、耐水洗能力和制约因素，并展示了一款利用手机无线操控的人体红外温度柔性监测模块的应用情况（图 13.19），相应技术在可穿戴医疗技术领域有望发挥关键作用。

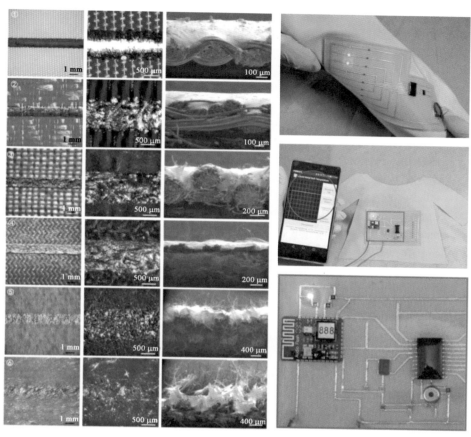

图 13.19　喷印于不同材质布料上的液态金属及实际制成的柔性无线温度监测模块[8]

　　图 13.19 左侧分别给出了打印的液态金属导线的俯视图,以及沿布料中间剪开并用电镜扫描所得的液态金属导线截面图[8]。从中可以发现,液态金属导线的平整度差别很大,这主要是受布料的孔隙大小以及布料表面绒毛的影响。研究表明,对于孔隙较小且表面最光滑的布料样本,打印出来的液态金属导线也相对平整;而对于表面绒毛密集以及孔径较大的布料,液态金属导线相对粗糙。此外,打印制备过程中,由于布料结构使然,大量的液态金属会聚集在绒毛上而非布料根部。这些问题在实际制造液态金属可穿戴柔性电子方面需要引起重视,且在相应的封装技术上也需加以考虑。

　　图 13.19 右侧给出的是打印和封装完成后的红外测温模块电路实物图[8]。整个柔性尺寸为 55 mm×80 mm,约为图中手机尺寸的一半,适于直接

穿着而不影响衣服整体的舒适度。从图中可以看出,该红外测温模块可以实现和手机的无线通信,将传感器监测到的温度以曲线的形式实时反映在手机屏幕。

参 考 文 献

[1] 陈东勇,应鹏展,崔教林,等. 热电材料的研究现状及应用. 材料导报,2008,22: 280-282.

[2] 李海燕,周远,刘静. 基于液态金属的可印刷式热电发生器及其性能评估. 中国科学 E 辑,2014,44 (4): 407-416.

[3] Li H, Yang Y, Liu J. Printable tiny thermocouple by liquid metal gallium and its matching metal. Applied Physics Letters, 2012, 101(7): 073511.

[4] 李海燕. 液态金属直写式印刷电子学方法的理论与应用研究(博士学位论文). 北京: 中国科学院大学,中国科学院理化技术研究所,2013.

[5] Sheng L, Teo S, Liu J. Liquid metal painted stretchable capacitor sensor devices for wearable healthcare electronics. Journal of Medical and Biological Engineering, 2016, 36(2): 265-272.

[6] 张胜辉. 生物医用液态金属柔性电容传感器的设计与应用研究(本科毕业论文). 北京:清华大学,2014.

[7] Yi L, Li J, Guo C, Li L, Liu J. Liquid metal ink enabled rapid prototyping of electrochemical sensor for wireless glucose detection on the platform of mobile phone. ASME Journal of Medical Devices, 2015, 9(4): 044507.

[8] Gui H, Tan S, Wang Q, Yu Y, Liu F, Liu J, Liu J. Spraying printing of liquid metal electronics on various clothes to compose wearable functional device. Science China Technological Sciences, 2017, 60(2): 306-316.

第14章
液态金属柔性可变形机器效应

14.1 引言

　　实现在不同形态之间自由可控转换的变形柔性机器,以执行常规技术难以完成的更为特殊高级的任务,是人类长久以来的梦想,相应研究在军事、民用、医疗与科学探索中极具理论意义和应用前景。近年来,随着一系列基础发现和关键性突破的取得,液态金属作为新一代可控变形机器的基本构筑单元,得到高度重视。其中,学术界在液态金属可变形机器效应与基础现象的系列开创性发现,在国际上尤其引发持续广泛的反响。这一领域的研究显示,建立可控主体构象转换、运动和变形的理论与技术体系是实现此类变形机器的关键所在。以往,相应方法和技术大多面临不易克服的瓶颈,特别是对受控主体实现大尺度可控变形与融合方面的有效途径十分欠缺。本章围绕可变形机器这一世界科学技术的重大前沿基础和技术需求,阐述可变形液态金属机器的概念,介绍若干液态金属超常构象转换、变形与运动机理及对应的调控方法,探讨了可变形机器理论和应用技术体系。相关内容涉及:常温液态金属及其合金流体在外场作用下的大尺度构象转换、变形、运动行为以及衍生的物理学属性;常温液态金属及合金流体与外场之间的相互作用机制;功能性合金流体理化特性刻画、材料组成与功能之间对应关系的揭示等方面。此方面内容有助于促成崭新概念的液态金属机器人的形成和发展。

14.2 可变形机器人与液体机器的崛起

　　在自然界,设计出能以可控方式在不同形态之间自由转换的机器,并创造出高智能设备,以代替人类执行更为特殊、高级或危险复杂的任务,一直是全球科学界与工程界的一个梦想。比如,在抗震救灾或军事行动中,此类机器人应能根据需要适时变形,以穿过狭小的通道、门缝乃至散布于建筑物中的空洞(进入目标内部的途径),之后再重新恢复原形并继续执行任务,这种在科幻影片中所描述过的机器人所拥有的超能力,曾一度带给人们无限的想象。实际上,在医学实践中,研制出可沿血管(包括人体腔道)自由运动,以执行各种在体医学任务的柔性机器人,就一直是电子机械与现代医学前沿共同追求的十分现实的重大科学目标,极具临床价值。不难看出,超越了传统模式的可变形机器人所涉及的研究范畴极为生动丰富,覆盖了从生物学、物理学、材料、机械到电子学等广泛领域,应用对象则见于各行各业,研究内涵颇具交叉特色。至今,科学界发展出了各种各样的柔性机器原理,控制手段则涉及诸如光、磁场、仿生以及电学等形式,然而,由于受传统材料的限制,相应努力在朝向可变形功能方面的探索上始终面临瓶颈。

显然,要实现仿生物乃至人体型态及功能的机器人,必须最大限度地突破已有的技术理念,以彻底改观传统模式。科学界为此作出了一系列极具未来色彩的重要努力。2002 年,美国卡内基·梅隆大学的科研人员提出了一项颇富想象力的探索,即"电子黏土"项目,旨在创造出在人工控制下,机器可任意改变形状、大小及预设特征的技术,研究者构想通过程序控制,实现相应电子黏土的移动及相互粘连,进而借助成千上万电子黏土组件,构建出令人难以想象的复杂物体并实现各种功能。遗憾的是,上述理念更多是建立在想象而非现实技术上,迄今并未找到理想的可行方案。不过,围绕可变形机器的研究却从未间断。2007 年前后,美国国防先进技术研究计划署(DARPA)启动了一场旨在以研制柔性"化学机器人"(ChemBot)为目标的科学竞赛,并为 Tufts 大学提供了一项高达 330 万美元的研究合同,力求寻找新型材料并设计出机器人构造图,使其不但能够自由行动,还可以在诸如电磁场、声音和化学制剂等作用的影响下改变形状,这类机器人可以从事一系列诸如探索复杂空间、顺绳索攀行、爬树等活动。业界普遍认为,一旦这样的技术得以成立,其对人类活动所作出的贡献,将远远超过现有的机器人。不过,由于受材料的限制,这一探索也尚未在研制可呈现各种形状机器人方面显示出实质性突破。

近期,在围绕先进机器的探索中,学术界还出现了更多创新思潮。其中,美国 MIT 科研人员提出了一种被称作 4D 打印的概念,目标旨在实现材料的自我变形和组装,相应研究在国际上引起轩然大波和反响。与此同时,美国哈佛大学、匹兹堡大学与伊利诺伊大学香槟分校组成的联合团队也从军队研究办公署(Army Research Office)获得一项大额资金资助,目标直指可改变材料形状的技术,有关研究正加紧推进中,不过其思路仍着眼于通过改变常规材料着手。2014 年初,互联网巨头美国 Google 公司收购了多家与智能机器人有关的技术公司,并坚定地认为,智能机器人将是未来的技术制高点和经济增长点。显然,在最为高级的智能机器人中,具备可变形和柔性特征是极为关键的一环。这些态势均说明高级机器人所兼有的科学意义和应用前景。

　　总的说来,回顾以往人类构想过的各种先进机器雏形,最让人印象深刻者莫过于美国好莱坞科幻影片《终结者》中始终不能被击败的全液态金属机器人,这种可以改变外表形状,呈现各种造型,未来色彩极为浓厚的机器,虽纯属科学幻想,却使我们对机器人的概念有了根本性改变。那么液态金属机器人在理论和技术上是否真的可能呢? 这样的疑问和技术实现的可行性,应该说在以往的确很难回答。然而,随着近期在液态金属领域取得的一系列突破性进展,使得实现相应技术在理论上逐渐变得明朗起来。

　　笔者实验室在常温液态金属领域 10 多年的持续研究表明,外场控制下的常温液态金属会诱发出一系列非同寻常的大尺度变形、旋转、定向运动及合并、断裂-再合并行为,而这正是可变形机器人所必备的基本要素。比如,液态金属薄膜可在电场作用下收缩为表面积仅为最初状态数千分之一的微小球体,且变换过程相当快速,数秒内即完成转换。前期系列实验发现,常温液态金属对象在不同构象之间表面积的变化可从数十倍到上千倍,这种超常的尺度变形能力为可变形机器人研制提供了十分便捷的条件。然而,液态金属的奇异行为还远不止这些。比如,同样在外电场作用下,大量彼此分离的金属液滴会发生粘连合并,继而组合成一个单一的液体金属球。更多的原理性实验还表明,常温液态金属可以呈现出几乎所有形态的变形和运动方式,依据于特殊设置的电场,液态金属会发生可控的自旋转动及定向运动。除了作为构筑机器人的基本单元外,相应技术在液态金属收集以及液体或其他物体的操控方面也颇具应用价值。若将液态机器单元予以分组编程,将为可控型柔性智能机器人的实现建立起十分现实可行的技术途径,这将一改传统机器人的面貌。应该说,这些特殊变形功能采用刚性材料或传统的流体物质几乎无法做到。

　　以上基础发现为可变形体特别是液体机器的设计和制造开辟了全新途径,初步确立了新一代可变形机器的理论基础,具有前沿科学意义和深刻的应用前景。本章简要展示相关发现和技术进展。

14.3　科幻电影中的液态金属终结者机器人掠影

在《终结者》系列电影第二部出现的液态金属机器人,可以随意变形且很难被杀死,这个机器人的出现不仅给观众留下极为深刻的印象,而且也为后来相关先进机器人的提供了某种启示。在这部电影中,液态金属机器人的变形极为有趣,其中一个重要的变形场景是这个液态金属机器人在液氮的冷冻下凝固,电影中通过枪击让这个凝固的机器人破碎了,但是随着温度的上升,这些碎片又转而融化为很多液态金属液滴,然后这些液滴逐步融合从而再度形成了一个完整的液态金属机器人。图 14.1 所示为电影中液态金属机器人破碎后融合的场景。

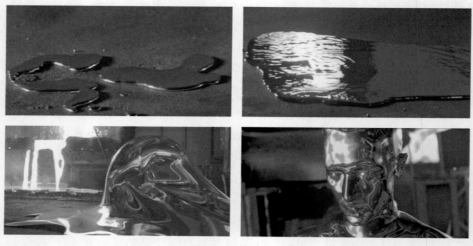

图 14.1　电影中液态金属机器人破碎后融合的场景(图片来自《终结者》电影资料)

然而,上述场景并不仅仅出现在好莱坞的科幻电影中。一幕幕的科学画卷正被逐步打开。以下介绍若干典型的液态金属可变形机器效应及应用。

14.4　电场控制下的液态金属多变形现象及柔性机器效应

笔者实验室 Sheng 等[1],首次发现电场控制下液态金属与水的复合体可在各种形态及运动模式之间发生转换的基本现象。实验揭示,常温液态金属具有可在不同形态和运动模式之间转换的普适变形能力。比如,浸没于水中的液态金属对象可在低电压作用下呈现出大尺度变形(图 14.2)、自旋、定向运动,乃至发生液球之间的自动融合、断裂-再合并等行为,且不受液态金属对象大小的限制。较为独特的是,一块很大的金属液膜可在数秒内收缩为单颗金属液球,变形过程十分快速,而表面积改变幅度可高达上千倍。此外,在外电场作用下,大量彼此分离的金属液球可发生相互粘连及合并,直至融合成单一的液态金属球;依据于电场控制,液态金属极易实现高速的自旋运动,并在周围水体中诱发出同样处于快速旋转状态下的漩涡对;若适当调整电极和流道,还可将液态金属的运动方式转为单一的快速定向移动。研究表明,造成这些变形与运动的机制之一在于液态金属与水体交界面上的双电层效应。以上丰富的物理学图景革新了人们对于自然界复杂流体、软物质,特别是液态金属材料行为的基本认识。应该说,这些超越常规的物体构象转换能力很难通过传统的刚性材料或流体介质实现,它们事实上成为用以构筑可变形智能机器的基本要素,为可变形体特别是液体机器的设计和制造开辟了全新途径。

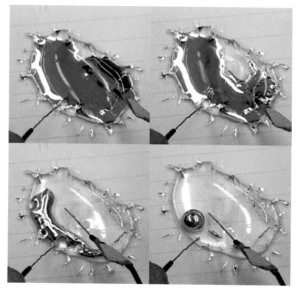

**图 14.2　电场控制下的液态金属大尺度变形以及
液态金属球之间的粘连与融合现象**[1]

　　由于上述发现的科学突破性和实际应用价值,其先期成果以"液态金属变形体"为题公布于物理学预印本网站 arXiv 时,很快就在国际上引起广泛热烈的讨论,一度被多达上百个科学或专业网站予以专题报道和评介。业界普遍认为,这一"液体机器预示着柔性机器人的新时代","这些先驱性工作或让液态金属'终结者'成真",有关军事网站还以"中国正在测试自我打印机器人"为题进行了报道。而 *Advanced Materials* 的几位审稿人在评阅论文时,认为所揭示的现象"令人着迷","注定会成为重要的研究领域"。

迄今,机器人大多仍是作为一种刚体机器发挥作用,这与自然界中人或动物有着平滑柔软的外表以及无缝连接方式完全不同。柔性机器作为新的发展前沿,已促成多类型机器人的发明,但离理想中的高级机器所应拥有的柔软和普适变形能力还有很大距离。中国小组的发现,为可变形材料特别是液体机器的设计和制造迈出了关键性的一步,一定程度上从理论和技术的层面论证了实现液态金属机器人的可能性;事实上,该研究已打开了系列已趋现实的应用范畴,如制造柔性执行器,控制目标流体或传感器的定向运动、金属液体回收,以及用作微流体阀、泵或更多人工机器等。若采用空间架构的电极控制,还可望将这种智能液态金属单元扩展到三维,以组装出具有特殊造型和可编程能力的仿生物或人形机器;甚至,在外太空探索中的微重力或无重力环境下,也可发展对应的机器来执行相应任务。

14.5 电场控制下的液态金属薄膜超大尺度收缩形变效应

笔者实验室发现[1],液态金属的变形现象可通过结合溶液后采用电场实现,即浸没于水中的液态金属对象可在低电压作用下呈现大尺度变形。较为独特的是,一块很大的金属液膜可在数秒内即收缩为单颗金属液球,变形过程十分快速,而表面积改变幅度可高达上千倍[1]。在实验室中发现的液态金属变形过程如图 14.3 所示,其具体的实施步骤为:首先,滴一滴液态金属 $Ga_{67}In_{20.5}Sn_{12.5}$ 在塑料板上,此时由于重力的作用,这滴液态金属在塑料板上形成一个平坦且呈椭圆形状的液态金属薄膜,这个椭圆的长径约为 2 cm;之后在这个液态金属薄膜上滴上一些水,直到水完全淹没这层液态金属薄膜;然后将电极的阳极浸没在水中,将电极的阴极接触液态金属,此时用的电极为铜丝;最后这些装置设置好之后,当向两个电极供电,发现此时的液态金属薄膜在电场的作用下,迅速形成一个液态金属球,表明液态金属的表面张力发生了巨大的改变。为了进一步验证这种转换能力,Sheng 等[1]将整个培养皿的底部铺满液态金属薄膜,按着相同的实验步骤,得到了类似的实验结果。整个实验过程中典型的变化行为如图 14.3 所示。

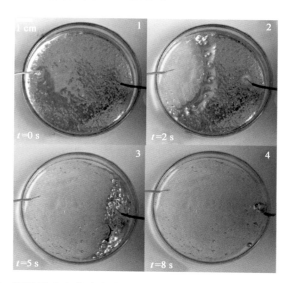

图 14.3　浸没于水中的液态金属在低电压作用下呈现出大尺度变形[1]

镓基液态金属中,金属 Ga 为其主要原料成分。由于金属 Ga 的存在,液态金属表面易生产一层很薄的氧化膜,可防止液态金属内部被氧化,氧化膜厚度不再增加。表面氧化膜使液态金属表面存在一定的刚性,故液态金属可保持一定的形状。当液态金属在氧化膜作用下保持一定形态后,当需要改变形态时,通常所使用的方法是引入外部机械力作用,而通过外加电场的方式同样可以控制液态金属的形态使其发生收缩。

向培养皿中滴加一滴液态金属 EGaIn 合金(体积约为 50 μL),左右前后晃动培养皿,使其铺满整个培养皿。EGaIn 合金在培养皿中由球变成一块金属薄膜后,由于表面形成了一层薄氧化膜,会始终保持平铺状态。向培养皿中加入 10 mL 中性或弱酸弱碱的水溶液。随后,当在铺展开的 EGaIn 液态金属薄膜上加电源负极,水溶液里加电源正极,正负电极间加一定的电压时,EGaIn 合金便会很快向负极收缩,最终在负极处形成一个 EGaIn 小球。图 14.4 所示为通过高速摄像机拍摄的 EGaIn 合金收缩过程[2],从所得的视频文件中提取 EGaIn 合金收缩的瞬时速度以及平均速度,可以看出,在 10 s 的时间内,EGaIn 合金的表面积迅速减小,最终收缩成球。

实验还观察到,阳极对液态金属具有排斥作用,而阴极对液态金属具有吸

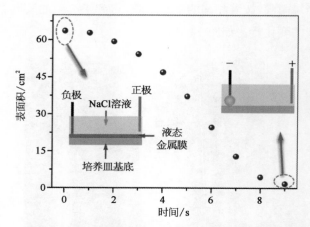

图 14.4 EGaIn 机器在 0.1 mol/L NaCl 溶液中，加电后表面积随时间变化不断减小[2]

引作用。在通电之后，在阳极和阴极之间形成了液态金属运动的波，这种流动的液态金属波最先出现在阳极，然后逐渐向阴极移动，最终包围了阴极，在阴极形成一个液态金属球。为了更进一步研究这种变形行为，作者在培养皿中放置两片液态金属膜片并通过桥连接[1]。当通电之后，两块液态金属膜片最终收缩成液态金属球体。实验过程中左边的液态金属膜片收缩成球，然后这些金属通过连接两个膜片的液态金属桥（图 14.5），之后右边的液态金属膜片开始收缩，并最终形成一个大的液态金属球。通过液态金属桥的变形过程如图 14.5 所示。液态金属在水中的形状完全取决于液态金属的表面张力，在实验中，液态金属的形状取决于其表面张力和外加电场的大小，由于液态金属的表面张力是固定的，所以这些变形主要取决于外加电场的大小。

一个值得注意的事实就是，引起这些变形及运动现象所采用的驱动电压很低，在 2～20 V 甚至更低，这会显著扩大液态金属电控收缩形变效应的应用范围。具体来说，对于液态金属的变形，其变形速度一方面受到施加电压大小的影响，另一方面也与溶液中的导电离子有关，施加的电压越大、溶液中的导电离子越多，这种变形速度就越快，同时可以实现变形的面积也就越大。这一最新发现开辟了利用电压调控液态金属变形的全新途径。因为具有很好的可控性，此类人工控制的液态金属变形体可以有许多潜在的应用。

作为一大类新兴的功能材料，常温液态金属具备各种常规材料无法拥有的属性，蕴藏着诸多以往从未被认识的新奇物理特性，为若干新兴的科学和技

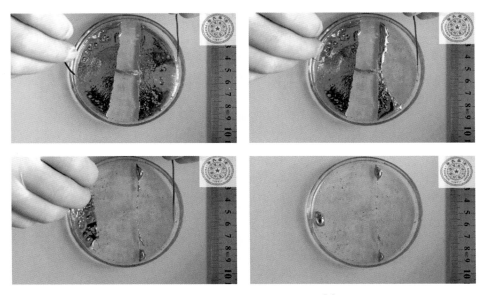

图 14.5　液态金属桥的变形过程[1]

术前沿提供了极为丰富的研究空间。

14.6　电场作用下的液态金属液滴合并行为

在上一节中,我们叙述了电场控制下的液态金属大尺度形变的特性,这种形变对于收集滴落于各处的液态金属薄膜十分有用。当需要收集散落于各处的液态金属的时候,可以利用电场形成几个液态金属球或液滴。更进一步,在实验中发现,利用电场可以很容易合并这些分散的液态金属球。为此,Sheng 等进一步进行了实验确认[1]。首先在培养皿中形成几个形状不同的液态金属,当其距离比较靠近时,通过电场可让这些液态金属球融合。实验观察到,当液态金属球的距离足够近的时候,具有较大尺度的液态金属球会逐渐吞噬尺度较小的液态金属球。两个尺度相近的液态金属球会相互吸引,然后慢慢地融合成一个液态金属球。图 14.6 展示了两个分散的液态金属球,在电极的驱动下逐渐靠近,当接触后,在电场的作用下,这两个球逐渐合并[1]。

液态金属球之间的距离对于球体的合并十分重要,只有两个液态金属球之间的距离足够近的时候,这些液态金属球才会在电场的控制下合并。从理论上来说,将两种导电的液体置于电场当中时,电场会在两种液体的表面形成

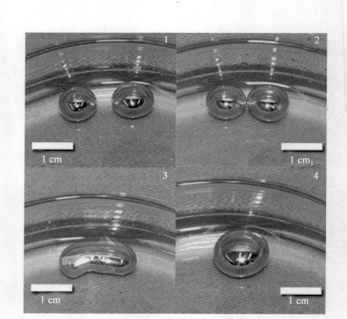

图 14.6   电场控制下的液态金属球合并行为[1]

一个跳跃,即电场从一个介质到另外一个介质过渡的改变,这种不连续性的电力会在两类液体的接触面形成双电层效应,会改变液体表面的张力,继而驱动液态金属实现合并。

14.7   液态金属球高速自旋及诱发周围流体漩涡对现象

除了液态金属的各种变形行为外,液态金属对周围溶液的作用行为也被发现。通过实验可以观察到[1],在液态金属和水组成的小系统里,由于双流体的存在,当在液态金属球两端的水溶液施加电场时,可以观察到在水中会出现两个高速旋转的漩涡对。在这里,液态金属液滴浸入水中,两个电极放置的相对位置如图 14.7a 所示。当向两个电极施加电场的时候,可以观察到液态金属球出现了高速自旋,如图 14.7b 所示。同时,在液态金属的溶液中可以观察到有两个漩涡产生[1],漩涡对出现在靠近阴极的一侧。图片上箭头指示的方向是水中旋涡运动的方向。为了使水中漩涡的运动方向更易于观察,可向水中添加些许黑色的悬浮物,通过悬浮物能够明显地看到液态金属所诱发的流体漩涡对行为。

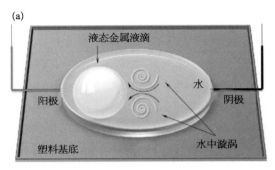
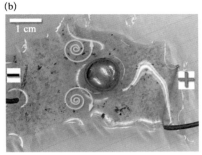

图 14.7　电场控制下的液态金属球高速自旋运动(a)以及
由此诱发的周边流体涡漩现象(b)[1]

实验还进一步揭示出,这些漩涡的旋转是比较固定的,原因在于,引发旋涡的液态金属球两侧的高速自旋是固定的。之所以诱发旋涡对,是由于液态金属的黏性作用,带动自旋处下方的水向上运动,由于自旋处的水被液态金属自旋带往高处,自旋处周围的水随机及时补充过来,由于速度过快,于是形成了漩涡对。实验中,当把电极的正负极换位,可以看到漩涡对也跟着换位,总是出现在靠阴极的位置。值得指出的时,液态金属的这种自旋行为及其引发的漩涡对,采用刚体材料很难实现,同时这个发现也简化了制作泵的工艺,可由此快速制造大量的柔性可变形流体驱动泵。

对于液态金属这些不寻常的流体行为,其发生的主要原因是液态金属相关的各种性能,如高导电性和流动性。本质上,运动是由于液态金属球的表面张力在电诱导的作用下其界面张力梯度发生改变。当高速自旋时,可以有效地减少液态金属球与接触面的摩擦力,所以可以在很低的电压下诱导金属球向目的地移动。

14.8　电场作用下的液态金属定向水平运动行为

通过一系列的概念性实验发现,布置不同的通道可以实现液态金属颗粒单方向的水平运动[1]。实验中,将液态金属颗粒半淹没于电解质溶液中,电解质溶液按着流道铺在塑料板上。在与通道垂直的两端放置电极,两电极之间采用直流电时,液态金属会受到一系列外力的作用。颗粒运动的驱动力包括液态不平衡的金属表面张力梯度力和水的旋转力,这种驱动力要大于液态金属颗粒与塑料板接触的摩擦力和电解质的黏性摩擦力。在这些不平衡力的综合作用下,液态金属颗粒会产生平动。

　　液态金属球平动行为如图 14.8 左所示。液态金属颗粒的移动速度大约是每秒 2 个液态金属直径长度,移动方向是从阴极向阳极移动,移动方式呈现加速移动[1]。对于液态金属平动的量化结果如图 14.8 右所示,在图中有两个液态金属球,其大小是不一样的。实验可知,液态金属越大,其移动的速度也就越快。在实验中进一步观察,可以观测到液态金属这种运动方式是一种自我驱动方式,而非简单的滚动,在液态金属运动相反的方向形成一个尾巴,所以可以看出一方面运动速度很快,另一方面并非简单的球体滚动运动。液态金属的这种电控定向运动方式可通过设置特定结构予以调控,比如微型毛细管、环形腔道以及更多复杂图案的空间结构,按需实现程序控制下的运动。

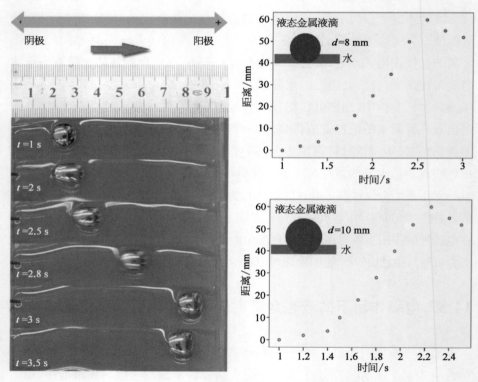

图 14.8　液态金属颗粒在电场的驱动下实现平动[1]

　　如前所述,液态金属球的两侧在高速旋转,就像液态金属球的两个轮子推动液态金属颗粒向前运动一样。这种运动形式可以理解为局部的液态金属高速运动导致整体的运动,这是一种全新的运动形式。在以往的研究中,这种液态金属颗粒高速运动的实现主要是通过在液态金属球表面涂覆大量纳米材料,再借助这种材料与溶液中液体的电化学反应驱动液态金属前行,其运动机制与运动形式与本节中所描述的形式完全不同。

14.9 电控液态金属机器泵送周围流体及药物行为

液态金属机器在运动过程中,由于柔性与流动性,其自身两侧局部液态金属也在不断运动。将置于充满溶液的环形回路中,液态金属机器卡住后,一定条件下驱动机器运动,机器无法产生位移,但会泵送回路中的溶液。当溶液中加入某些药物成分时,则可实现药物的输运[2]。

由图 14.9 可见,当向药池中添加一滴墨水,EGaIn 机器两端加直流电压时,溶液不断定向流动[2]。可以看出,在外加电压作用下,EGaIn 机器开始定向泵送药液,药液的流动方向为由正极流向负极(就含 EGaIn 机器的线路而言),药液的流动可以通过墨水的定向流动进行标识。加不同的电压会直接影响药液的泵送速度。图中 26 V 电压作用时,药液流动比 18 V 电压作用时快

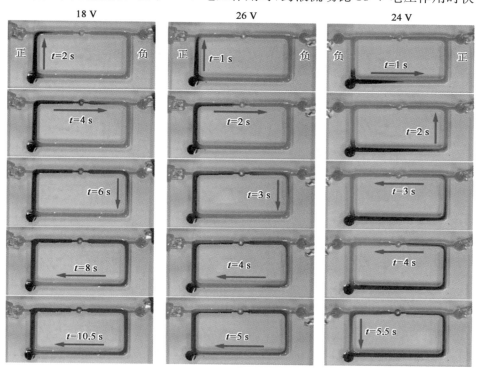

图 14.9 不同电压作用下 EGaIn 机器泵送药液随时间变化图[2]

一倍多。需要指出的是,墨水在回路中的自由扩散很缓慢,故在泵送过程中自由扩散对墨水的流动的影响可以忽略不计。

外电压作用下液态金属机器泵送溶液,其本质是电场驱动液态金属机器运动,而其运动在位移方向上受阻,引起药液的定向流动。前已述及电驱动液态金属机器的运动与电场强度、溶液成分、浓度等有关。图 14.10 所示为不同电压条件下 EGaIn 机器泵送药液运动一个回路所需的时间[2]。

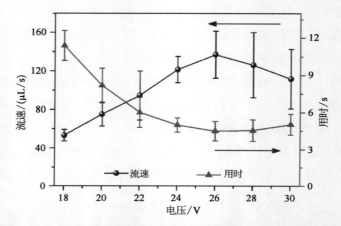

图 14.10 不同电压条件下 EGaIn 机器泵送药液流动一回路平均流速与所需时间(每组统计数据至少测量 5 次)[2]

液态金属机器作为柔性泵泵送药液时,可通过电驱动 EGaIn 机器泵送药液,也可通过 Al/EGaIn 机器自驱动运动泵送药液,还可借助外加电压提升 Al/EGaIn 机器泵送药液性能,可在对微观条件的需求日益精细的现代医学中,发挥至关重要的作用。

14.10 液态金属大尺度可逆变形的电化学协同控制机制

前面介绍的液态金属变形过程尚不能实现可逆。笔者实验室 Zhang 等发现[3],通过结合化学和电控机制,可以实现液态金属的可控可逆变形,他们将此机制定义为 SCHEME(synthetically chemical-electrical mechanism)。相比于此前的单一性电学控制,SCHEME 方法成功实现了液态金属材料的大尺度可逆变形,使得向柔性智能机器的研制又迈进了关键一步。

基于 SCHEME 机制,Zhang 等[3]引入了酸、碱类电解质溶液,揭示了结合电场控制下的液态金属镓在球体和非球体之间的各种可逆转换行为（图 14.11），探明了其中的 SCHEME 机制及影响因素。研究表明，由于纯镓表面张力极大（约 700 mN/m），可在平坦表面上保持球体形态；而氧化镓表面张力则趋近 0，因而可因重力和电学的双重作用而沿水平方向大幅展开。在酸或碱类电解液中，通过加电作用，镓球表面会迅速产生一层氧化镓薄膜，这使其表面张力发生突降，由此实现展开乃至分裂效应；一旦切断电压，之前形成的氧化镓层随即被电解液溶解，从而将纯镓再度暴露于化学溶液中，液态金属物体的表面张力于是自动恢复，变形体随即收缩成最初的球体形状，分裂的液态金属则自动融合。如此，通过变换电压大小和电解液浓度，可以调控液态金属镓的表面张力，进而实现对应的变形和离散幅度，这些基础发现为研制液态金属类柔性机器提供了关键技术支持。

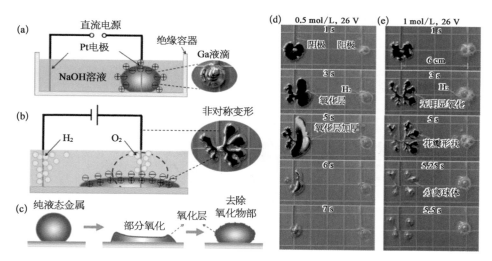

图 14.11　基于 SCHEME 原理的液态金属在 NaOH 溶液中的可逆变形机制与响应行为[3]

　　a. 实验装置：Ga 液滴置于 NaOH 溶液，无外部电源；b. Ga 液滴表面电荷再分布示意图；c. 表面张力主导液态金属变形；d. 0.5 mol/L,26 V 情况；e. 1 mol/L,26 V 情况。

　　研究还揭示出，在通电过程中若同时改变电极位置，则液态金属会朝向电极生长和移动（图 14.12）。该小组的研究曾表明，虽然通过单一的电场控制（如溶液为纯水情况），也可借助电极极性的切换（对应液态金属表面氧化、还原反应过程）实现可逆变形，但变形幅度偏弱。与此不同的是，基于 SCHEME 机制的液态金属则在响应速度和变形幅度上展示出显著优势。此外，若调整电场的时空特性如采用正弦电压供电,还易于实现类似于心脏搏动那样的液态金属往复式可逆变形行为[3],已可直接作为泵来使用;而借助电极响应,还能制作出对应的阀。系列实验也表明,这些变形并不仅限于单质液态金属镓,二元、三元乃至更复杂组分合金如镓铟、镓铟锡、镓铟锡锌等也易呈现对应的可逆变形行为,而单质金属试验可更清晰地揭示其中最根本的 SCHEME 机制。从技术角度而言,若借助电脑编程来调控电压大小与供电方式、电极间距与排列组合方式、液态金属体积及流道材料与形状,乃至电解质溶液类型与浓度等,则可以获得千奇百怪的变形行为,这在很大程度上印证了科幻电影《终结者》中所演绎的那种液态金属机器人的超级变形能力。

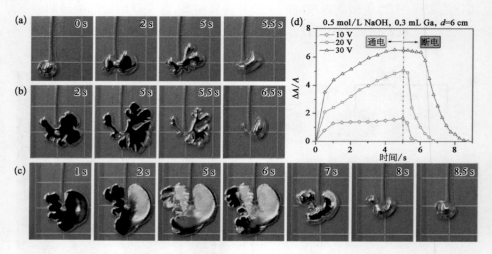

图 14.12   32℃下,0.3 mL Ga 机器在 0.5 mol/L NaOH 溶液中可逆变形情况[3]

(电极间距为 6 cm,通电时长为 5 s。)a. 通电电压为 10 V;b. 通电电压为 20 V;c. 通电电压为 30 V;d. Ga 机器表面积相对变化率随时间变化。

由图 14.12 可以看出[3],随着通电时间的增加,Ga 机器不断呈非对称扩展(大部分朝向电源负极)。断开电源时,扩展开的 Ga 机器立马恢复成球状。因而 Ga 机器随着电源的开关发生可逆形变。在不同电压条件下,其形变的大小及可逆形变的速度是不一样的(图 14.12d)。由 10 V、20 V 和 30 V 电压作用对比可以看出,电压越高,Ga 机器形变越大,其恢复成球形所需的时间也越长,说明所需溶解 Ga 机器表面氧化物的时间也越长。此外,在 30 V 电压条件下,可以看到 Ga 机器表面的光泽发生变化,失去了原有的金属光泽,这是由于 Ga 机器表面形成氧化物引起的。通过金属失去光泽优先开始的位置可知,Ga

机器在靠近电源负极处优先变形（电源负极位于正极右侧），并且优先出现氧化物积累现象，论证了前面对扩展变形不对称性的解释。在 10 V 电压条件下，没有明显的氧化物积累现象，说明较低电压引起的电化学反应过程中，表面氧化物形成的速度与其溶解速度差别不大，故只能发生较小的形变，且 Ga 机器恢复成球状的速度也很快。不同电压下实验对比可知，Ga 机器大尺度可逆变形的实现关键在于其表面氧化物的生成与溶解，使其表面张力出现动态变化。

　　由此可见，液态金属不仅可以进行电控下的形变及可逆形变，还可以通过对输入参数的调整来控制形变的大小和速度。上述两类优越的机械性质可以使液态金属在研制可编程柔性机器中发挥关键作用[3]。

　　当前，软体机器人作为新一代机器类型，相应研究正处于如火如荼的起步阶段，寻找其中的活性物质和控制机制至为关键。液态金属作为一大类全新功能材料，在通向高性能柔性执行器的道路上已展示内在优势。以上液态金属可逆、可控变形效应的发现，以及对 SCHEME 机制的阐明，有着重要的科学意义和实用价值，为今后发展软体机器人技术指出了新的方向。研究首次系统地阐明了通过多场效应的协同作用机制，可精确调节液态金属的表面张力继而实现灵巧操控，由此奠定了实现大尺度可逆变形液态金属物体的理论基础，将大大加速柔性智能机器的研制进程。若将这类可逆变形单元采用柔性材料予以封装，并将特定微电子芯片嵌入特殊设计的分布式阵列中，则可望研制出基于液态金属材料及 SCHEME 机制的柔性机器人。特别地，结合未来的人机接口技术，这类软体机器人在医疗健康领域也会大有作为。

14.11　液态金属在石墨表面的自发铺展效应

　　液态金属由于表面张力巨大，在液体环境中，通常会形成一个类似球形的液滴状。笔者实验室 Hu 等发现[4]，当液态金属置于浸没在碱性溶液的石墨材料表面，液滴状的液态金属会铺展开来，形成一个扁平状的金属圆饼，表面还形成一层薄薄的氧化膜（图 14.13）。在这个新奇的发现中，液态金属的表面张力大大降低，因此可以从球状形态变成扁平状。

　　造成表面张力降低的原因，主要是由于液态金属表面形成氧化膜的结果。在碱性溶液中，由于化学反应，液态金属表面会带一层负电荷，而石墨则会在表面带上一层正电荷。当液态金属和石墨两种良好的导体接触时，为了达到相同的电位，液态金属的负电荷会流向石墨表面，使得液态金属出现氧化，在

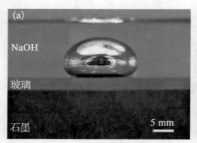

图 14.13   不同基底上的液态金属[4]

a. 在玻璃基底上呈液滴状；b. 在石墨基底表面铺展成扁平状。

溶液中含有氧气的情况下，很容易形成氧化膜。氧化膜类似于表面活性剂，会
大大降低液态金属的表面张力，因此球状的液态金属随即铺展成扁平状。基
于这个效应，液态金属可以被制作成多种平面结构，如条形、三角形、长方形
（图 14.14），降温冻结后可以获得对应的固体结构[4]，这在以往的普通玻璃或
塑料基底上是很难实现的。

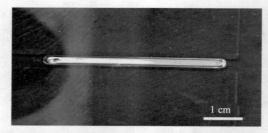

图 14.14   在石墨平面上制作的液态金属基本形状[4]

在碱性溶液中，球形液态金属可以在石墨表面铺展成扁平状。研究人员
进一步的实验发现[4]，对铺展在石墨表面的扁平状液态金属施加电场时，液态

金属会不断延伸拉长,平移向电场的阴极。这个效应被称之为液态金属在石墨表面的平移拉伸效应(图 14.15)。通常,在绝缘的基底上,受电场力的驱动,液态金属表面的电荷分布形成梯度,在液态金属界面形成压力差,引发液态金属定向运动。而在该实验现象中,液态金属被显著拉长,主要原因是液态金属的表面张力降低,在相同的作用力下,表面张力更低的液态金属,可以产生更大的界面压力差,形成更大的形变。该效应对于液态金属与界面材料相互作用的机械特性研究具有重要意义,同时对软体机器人的设计研制提供了新的理论元素。

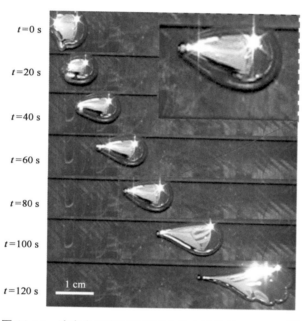

图 14.15　液态金属在石墨平面上的电控拉伸平移效应[4]

14.12　电场作用下液态金属在石墨表面的逆重力蠕动爬坡

上节提到,碱性溶液中,在电场作用下,液态金属在石墨表面会延长拉伸着在水平面上运动。而如果把平面换成斜坡呢,液态金属会有怎样的行为,能否克服重力向上攀爬? 笔者实验室发现[4],在石墨斜坡上,液态金属可以像蠕虫一样,逆着重力方向伸缩蠕动着爬向电场的负极(图 14.16)。

在此运动中,除了电场引发的表面张力驱动力,液态金属自身重力及电源

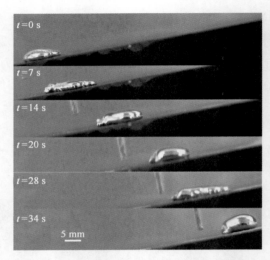

图 14.16 液态金属在石墨基底上的电控蠕动爬坡效应[4]

的正极产生了重要作用。首先,沿斜坡方向的电场驱动力,需要克服重力的分力[4],才能引起液滴上坡(图 14.17)。其次,在此现象中,电源正极靠近液态金属的尾端,可以还原尾端氧化膜,使尾端表面张力增加,迅速回缩向前,促进了液滴的向前运动;当然,在坡度大到一定程度时,液态金属不再能向上爬动。这个有趣的现象,揭示了液态金属在较低表面张力状态下克服重力的行为,对于发掘液态金属机器人的能力具有重要意义。

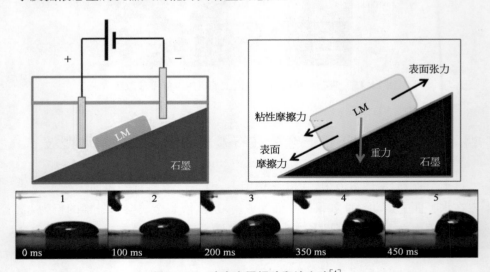

图 14.17 液态金属蠕动爬坡实验[4]

14. 13　自驱动液态金属软体动物

2015 年 3 月，笔者实验室 Zhang 等[5]，在 *Advanced Materials* 上发表了题为"仿生型自驱动液态金属软体动物"的研究论文，迅速被 *New Scientist*、*Nature*、*Science* 等上百个知名科学杂志或专业网站专题报道，在国际上引起重大反响和热议。

此项研究于世界上首次发现了一种异常独特的现象和机制，即液态金属可在吞食少量物质后以可变形机器形态长时间高速运动（图 14.18），实现了无需外部电力的自主运动[5]，从而为研制实用化智能马达、血管机器人、流体泵送系统、柔性执行器乃至更为复杂的液态金属机器人奠定了理论和技术基础。这是继首次发现电控可变形液态金属基本现象之后，该小组的又一突破性发现。这种液态金属机器完全摆脱了庞杂的外部电力系统，从而向研制自主独立的柔性机器迈出了关键的一步。

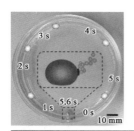
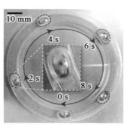
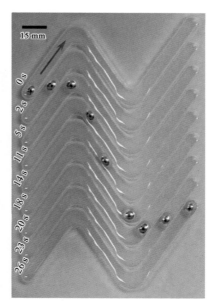
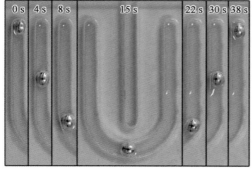

图 14. 18　可变形液态金属机器在内含电解液的容器或各种槽道中的自主运动情形[5]

研究揭示[5]，置于电解液中的镓基液态合金可通过"摄入"铝，实现高速、高效的长时运转，一小片铝即可驱动直径约 5 mm 的液态金属球实现长达 1

个多小时的持续运动,速度高达 5 cm/s。这种柔性机器既可在自由空间运动,又能于各种结构槽道中蜿蜒前行(图 14.18)。令人惊讶的是,它还可随沿程槽道的宽窄自行作出变形调整,遇到拐弯时则有所停顿,好似略作思索后继续行进,整个过程仿佛科幻电影中的终结者机器人现身一般。应该说,液态金属机器一系列非同寻常的习性已相当接近一些自然界简单的软体生物,比如能"吃"食物(燃料),自主运动,可变形,具备一定代谢功能(化学反应),因此作者们将其命名为液态金属软体动物。这一人工机器的发明同时也引申出"如何定义生命"的问题。目前,实验室根据上述原理已能制成不同大小的液态金属机器,尺度从数十微米到数厘米,且可在不同电解液环境如碱性、酸性乃至中性溶液中运动。试验和理论分析表明,此种自主型液态金属机器的动力机制来自两方面:一是发生在液态合金、金属燃料及电解液间的 Galvanic 电池效应会形成内生电场,从而诱发液态金属表面的高表面张力发生不对称响应[5],继而对易于变形的液态金属机器造成强大推力(图 14.19);与此同时,上述电化学反应过程中产生的氢气也进一步提升了推力。正是这种双重作用产生了超常的液态金属马达行为,这种能量转换机制对于发展特殊形态的能源动力系统也具重要启示意义。

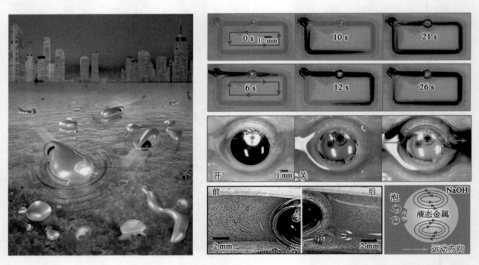

图 14.19 自主型液态金属机器所展示的人工软体动物、实物马达及其驱动流体情形[5]

应该说,在迄今所发展的各种柔性机器中,自主型液态金属机器所表现出的变形能力、运转速度与寿命水平等均较为罕见,这为其平添了诸多重要用途。作为具体应用器件之一,Zhang 等还特别展示了首个无需外界电力的液态金属泵[5],通过将其限定于阀座内,可达到自行旋转并泵送流体的目的(图 14.19),据此可快速制造出大量微泵,满足诸如药液、阵列式微流体的输运等,成本极低;若将此类柔型泵用作降温,还可实现高度集成化的微芯片冷却器;进一步的应用可发展成血管或腔道机器人甚至是可自我组装的液态金属智能机器等。

　　总的说来,自驱动液态金属机器的问世引申出了全新的可变形机器概念,将显著提速柔性智能机器的研制进程。当前,全球围绕先进机器人的研发活动正处于如火如荼的阶段,若能充分发挥液态金属所展示出的各种巨大潜力,并结合相关技术,将引发诸多超越传统的机器变革。液态金属自驱动效应和相应机器形态的发现,为今后发展高级的柔性智能机器人技术开辟了全新途径,具有十分重要的科学意义和实际应用价值。

14.14　液态金属机器自驱动运动的动力发生方式

　　可自驱动运动的微纳米合成型医疗机器,在运动方面与生物体有许多类似之处,如自行运动,对运动路径看似有自己的意识,按照自己的轨迹前行,在药物运输、智能传感等诸多领域开辟了全新道路。将机器设计为不对称结构,可实现机器在溶液环境中自驱动运动[2]。当下,微观尺度下的自驱动机器已有大量的研究,并取得很大进步。

　　基于柔性材料的机器可以进行变形,从而可在一些特别条件下执行特殊任务。现有的自驱动柔性机器多采用有机溶液制成。自然界中生物体通过消耗自身能量进行自主运动很普遍。与此相似,以下案例表明[2],通过给液态金属机器摄入一定量的物质,可实现液态金属机器自驱动运动,不依赖任何外部能量的供应。

　　实验选用不同量的液态金属 EGaIn 合金,将其放入一个装有水溶液的培养皿或槽道中。剪取小块铝片,用镊子夹取铝片,使铝片与 EGaIn 合金接触。接触几秒钟后,铝片一部分进入 EGaIn 合金内部,与 EGaIn 合金紧密黏附,另一部分与溶液接触,不断产生气泡。2 min 后,气泡从 Al-EGaIn 接触位置快速释放,盘旋离开 EGaIn 小球(图 14.20),随后形成的 Al/EGaIn 机器便开始自驱动运动,运动方向始终与 Al 所在位置相反。

　　该现象发生的原因是因为[2],NaOH 溶液中,铝片与 EGaIn 合金相接触

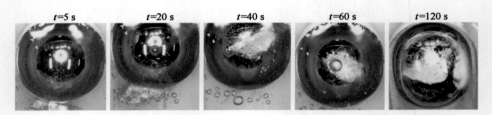

图 14.20　NaOH 溶液中 EGaIn 与铝片接触后反应产生气泡[2]

一段时间后,由于铝容易与 EGaIn 发生金属间的腐蚀,因而铝片会牢牢贴附在 EGaIn 上。根据 Rebinder 效应,EGaIn 合金可以穿透铝片,破坏铝片表面的氧化层,使铝活化,易与溶液发生化学反应。在 NaOH 溶液中,铝片可以化学溶解,产生氢气。气泡离开方向与自驱动运动方向相反,看似是气泡的离开推动 Al/EGaIn 机器运动。如图 14.21 所示,将铝球表面一部分粘贴透明胶带,置于 NaOH 溶液中,观察到铝球未粘贴透明胶带的部分有气泡产生,但铝球没有运动;增加 NaOH 溶液的浓度,气泡产生速率加快,但铝球仍未运动。实验表明气泡的离开产生的力不足以驱动固体球的运动。

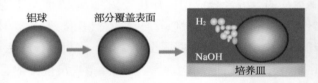

图 14.21　铝球表面部分覆盖后与 NaOH 溶液反应[2]

影响液态金属机器自驱动运动性能的因素很多,如机器的体积、铝的用量、运动基底与槽道环境、溶液成分与浓度、溶液温度等[2]。图 14.22a 为 Al/EGaIn 机器自驱动运动过程中受力示意。理论上,Al/EGaIn 机器自驱动运动的动力来源于气泡释放产生的反冲力 f_b,电化学反应产生的驱动力 f_p,运动阻力主要来自溶液的阻力 f_v 以及摩擦阻力 f_s。其中,反冲力 f_b 与气泡释放的速度有关,而气泡产生释放速度与溶液浓度及温度有关。一定范围内,溶液浓度和温度越高,化学反应越快,气泡产生与释放也越快。驱动力 f_p 与电化学反应速度有关,本质上受溶液浓度与温度的影响,溶液浓度和温度越高,电化学反应越快,则驱动力越大。阻力 f_v 与机器的运动速度、溶液黏度和机器体积有关。当机器运动速度、溶液黏度及机器体积越大,则阻力 f_v 越大。摩擦阻力 f_s 与机器的质量(或体积)及槽道的粗糙度有关。

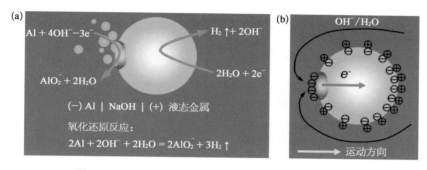

图 14.22　NaOH 溶液中 EGaIn 与 Al 的电化学反应[2]

a. Al 与 EGaIn 组成原电池发生反应；b. 反应引起 OH^-/H_2O 向 Al 所在的位置流动。

液态金属机器的自驱动运动仅通过 Al 与液态金属及溶液间的电化学反应提供能量，简单高效。此外，机器也可在 NaCl 和 Na_2CO_3 溶液中自驱动运动，运动受溶液成分、溶液浓度、运动空间及机器体积等因素的影响。液态金属机器自驱动运动的实现，使之向柔性医疗机器迈进一大步。

14.15　自驱动液态金属机器的分离与融合效应

Zhang 等证实了自驱动柔性液态金属车辆之间可发生自主融合与分离的效应[6]，展示了在轨(槽)道上独立运行的液态金属机器在相遇过程中自动融合实现无缝连接的能力。这种合成的柔性机器以铝片为燃料，可在内含 NaOH 溶液的环形无盖槽道中如同不断前进的车辆一样自主运动。试验发现，如果将大的液态金属车辆分割成几个小的独立运行车辆时，则每个小车辆均可沿原来轨道保持运动状态并相互追逐(图 14.23)；如果分离的多个车辆的体积相差不大且在槽道中均处于被挤压状态时，则车辆会以同步振荡方式协同前进[6]；否则，这种自主运动就不再同步，且彼此间距离会逐渐缩小；若各自的体积相差较大，且较小车辆在槽道中并未受到挤压时，那么行驶快的车辆有可能追上行驶较慢者，从而发生相互碰撞而实现完全无缝的连接融合。由于液态金属的流动性及高表面张力，在无缝融合后，液态金属的表面积减小，使得其表面能降低。减少的表面能会部分转化为动能，在一段时间内加快液态金属的运动。因此，合并后自组装成的车辆可随着速度的变化而发生变形。

传统上，由刚性材料制成的运动机器，甚至是自然界中的生物体，一般均

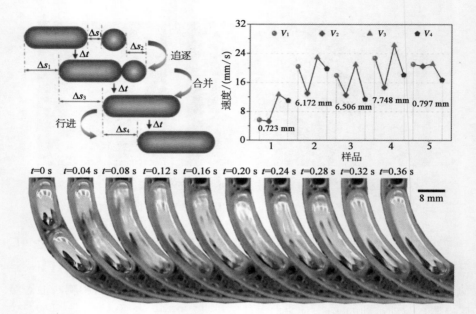

图 14. 23 轨道上运行的液态金属车辆相互追逐、碰撞及融合情形[6]

不具备自动融合或分离的能力。可自动组装的机器,一般需在设计机器时就将其加以模块化。一旦需要执行各模块间的组装合并时,往往需借助人为手动来实现拼接;而要将大块机器分散为独立的小机器运行时,则需要对每个模块单独提供动力,以确保其运动功能。无疑,这样的系统会显得复杂且不够自主。可自动组装并能随意变形的机器会为此提供新的关键突破口。从材料学观点看,该项发现会对未来的智能材料设计,以及流体力学及软物质研究起到一定的启示作用;从机器发展的角度看,该研究揭示了实现大体积自驱动液态金属机器的可行性,有助于推动柔性执行机构的研究;此外,这项工作也为未来构建可自行组装重构的智能机器人提供了新的契机。

14. 16 自驱动液态金属微小马达的宏观布朗运动现象

自驱动的小马达在药物传输、检测、环境污染治理等方面有潜在应用。笔者实验室发现,液态金属在吞食铝之后能在碱性溶液中自发运动的基础现象。在此基础上的实验进一步发现,将含铝的液态金属分散成小液滴后,各自也能自发运动,这种运动液滴也可称为液态金属马达,其运动速度和方向显示出无规律性[7]。

　　将液态金属与铝箔事先按大约 100 ∶ 1 的质量比腐蚀溶解,而后将溶解完的液态金属用注射器注射入一个装有 NaOH 溶液的玻璃培养皿中,可形成了毫米级的小液滴。这些小液滴在短暂停顿一会之后开始迅速移动,速度达到 4 cm/s 左右,并在液滴尾部留下长长的气泡线。这些液滴在运动过程中互相碰撞、融合,最终又合并为一个大的自驱动液滴。

　　Yuan 等[7]揭示了自驱动液态金属马达的宏观布朗运动现象,澄清了由内在动力驱动的碱性溶液中液态金属马达群的类布朗运动现象及其固-液界面接触产氢机制,并指出其实际上提供了一种高效获取清洁能源氢气的简捷途径。

　　迄今,大部分关于布朗运动的研究均着重于微观的分子间作用,而鲜少有工作从宏观角度加以研究,且颗粒运动大多受周围液体分子无规运动撞击所致。该项研究发现[7],加入铝的液态金属镓铟合金小马达在碱性水溶液中也呈现出类似布朗运动的无规则运动现象(图 14.24)。不同于经典的布朗运动,这种随机运动行为的主要动力受马达自身铝原子与溶液作用产生的氢气泡驱动,而非由周围流体分子碰撞所致。并且,这一机制与大尺寸液态金属机器主

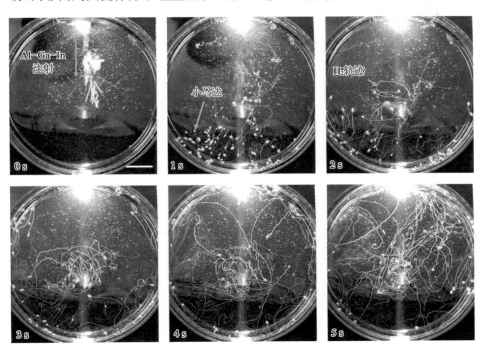

**图 14.24　用注射器喷出的液态金属小马达在 NaOH 溶液中的
类布朗运动与氢气泡运动轨迹[7]**

要受电化学诱发表面张力驱动的原理不同。此外,该研究还设计了类似于威尔逊云室的光学对比试验平台,利用氢气与周围溶液对光的散射差异,清晰显示了液态金属马达运动过程中产生并留下的氢气流轨迹。这一研究丰富了经典布朗运动的内涵,具有重要的基础科学价值。

液态金属马达自驱动运动现象的机理可由含铝液态金属与玻璃基底接触产氢机制来解释。如图 14.25 所示,一开始液态金属被注入溶液后,液滴与基底之间间隔着溶液层。随着重力的作用,液滴逐渐下降,把溶液挤出来从而与粗糙的基底表面接触。这些接触点诱发了小马达中的铝与碱性溶液反应,生成大量氢气,从而推动了液态金属小液滴的运动[7]。由于接触面的粗糙度不一,因此小马达的运动方向也显示出无规则性。这个现象非常类似于微观尺度下的布朗运动,不同的是,液滴马达尺寸远远大于微观粒子,且其自身拥有动力,因此我们命名该现象为液态金属小马达的宏观类布朗运动。

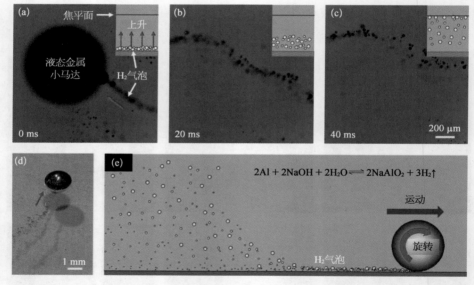

$$2Al + 2NaOH + 2H_2O \rightleftharpoons 2NaAlO_2 + 3H_2\uparrow$$

图 14.25　液态金属马达所产生氢气流的运动轨迹图及驱动颗粒运动情形[7]

a—c. 液态金属液滴在 NaOH 溶液中运动的显微图像;d. 照相机拍摄图像,显示来自液滴底部的氢气泡;e. 液态金属微型马达示意图。

14.17　液态金属过渡态机器变形与运动效应

通过融合,自驱动液态金属机器可大可小。Sheng 等[8]揭开了一类基于

自主运动型液态金属马达群的碰撞和融合行为的过渡态机器效应(图 14.26),
展示了这种崭新的机器形态-过渡态机器的有趣行为。相应实验发现了一种
快速制造大量运动马达的方法,当这些马达被制造出来之后,它们会在溶液里
面快速运动,每一个小马达均具备快速运动的能力。这些小的马达在运动过
程中,可以相互合并继而形成一个较大的马达,而这个大的马达依然具有小马
达的功能,即可以快速运动。由于这些马达既可以作为一个独立的个体运动,
也可以作为一群小马达独立运动,而这些小的马达群还可以由大的马达分身
而来,在分身后,通过马达群中小马达的碰撞和合并,又可以再度合并成一个
大的马达。这意味着,它们可以在各种形态中转换和过渡。Sheng 等[8]由此
定义了一种全新概念的机器,即过渡态机器,其既可以自行运动,也可以分身
运动。

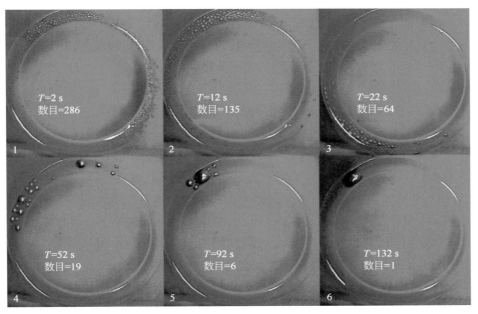

图 14.26　液态金属马达机器群过渡形态[8]

此前,笔者实验室曾首次发现并证实"仿生型自驱动液态金属软体动物",
以及无槽道式制备金属微粒的方法,结合了上述特殊性质,我们提出了可以快
速制备大量液态金属机器群的方法[8],并发现这些处于 NaOH 溶液中的微小
"软体动物"之间具有碰撞、吸引、融合、反弹等一系列有趣行为。较为独特的
是,一个较大的"软体动物"可以再外力辅助下瞬间分身为众多四处奔跑的微

小马达,它们经过一段时间的融合,最终又可归并成最初的大个"软体动物",在此过程中无论体积大小,这些"软体动物"均保持相同属性。这一发现为未来研制可自我组装和分身的软体机器人提供了一种重要启示。

这种自主型液态金属机器的动力机制来自两方面[8]:一方面发生在液态合金、金属燃料及电解液间的伽伐尼电池效应会形成内生电场,从而诱发液态金属表面的高表面张力发生不对称响应,继而对易于变形的液态金属机器造成强大推力;另一方面,上述电化学反应过程中产生的氢气也进一步提升了推力。正是由于这些液态金属机器群自身带电,在 NaOH 溶液中他们才相互吸引、碰撞,并排列出不同的组合,在这一过程中不同的液态金属机器通过离子交换信息,最终达到平衡后再度融合到了一起。进一步的研究表明,这些液态金属机器在融合的过程中不断运动,在环形槽道中如果有两群液态金属机器,它们并不是朝着单一的方向运动,而会以圆环的某一位置为中心做有规律的摆动。

液态金属机器的工作方式相当宽泛,机器的大小可以或大或小,机器的形状可以是不规则或固定的形状,运动速度可以或快或慢,可以装配成一个机器也可以部分成为一个新机器等[8]。这种机器可以以圆柱体的形状工作,液态金属机器工作的时候会遵从这样的形状。我们也可以把原来的大机器分拆为几个独立的较小的机器,然后把机器的形状改成圆柱体、球体,或椭球体等。通常对于一个自由空间的情况下,由于液态金属具有较高的表面张力,这种机器通常会以一个球形方式运行。这种液态金属机器也可以分为几个独立的较小的球形液态金属机器。如果将液态金属迅速注入电解液中,可以产生大量的微型马达,如图 14.34b 所示,这种大量的微型马达可以组装成特定形状的机器。

这种机器即可以作为一个独立的个体执行任务,也可以通过分身为许多小的机器单独执行任务,当任务完成之后,这些机器可以合并为一个大的机器,这种转换是可逆而且可以是多次的。过渡态机器的三种不同状态可按如下途径实现[8]:准备好液态金属合金材料,之后将这种合金材料存储在注射器中,如果采用较粗的针头且将液态金属合金材料缓慢的注射到 NaOH 溶液中,即可形成一个单独运动的液态金属马达,同时这个大的独立运动的液态金属马达可以通过注射器回收。如果采用较细的注射器针头且将这种合金迅速地注入 NaOH 溶液中,可以瞬间制造出大量独立运动的液态金属小马达。随着时间的推移,这些小的液态金属马达之间开始产生碰撞与合并,最终组装成为一个大的独立的液态金属马达。

这里展示的新概念型过渡态机器,既可以作为一个单一的大尺寸机器运行,也可以作为大量的离散的小机器存在,可以根据需要改变其数量和形状,所以具有变形即过渡态的性质[8]。实际上这种机器可以工作在不同尺寸、形状及数目,而且可以改变机器的工作模式,这样的概念与之前的机器的概念是完全不同的。这些机器的制造及运动完全是因为液态金属具有特殊的属性,而且可以和其他金属一起形成原电池效应,通过电池产生的电场和与溶液反应产生的气体,共同推动了这个机器的运动及各种表现。过渡态机器实际上打开了一种新型机器的设计之路,这种机器无论在宏观还是微观,均具有较大的实用价值和灵活性。

在中国古典名著《西游记》中,孙悟空具有 72 变,其拔出汗毛变出无数小猴,之后再将其一一收回的情景给世人留下了极为深刻的印象。过渡态机器效应的发现,一定程度上从现实的角度再现了中国古人创想的孙悟空的分身行为和现代西方科幻的液态金属人的变形行为,印证了魔幻、科幻与现实世界的交相辉映,也为今后发展高级的柔性智能机器人技术指出了具体途径。

14.18　自驱动液态金属马达的规则排列

为了让液态金属颗粒集结过程能清楚地被观察到,笔者实验室采用常温下的 NaOH 溶液,此时由于温度降低,这些小颗粒的运动速度变得相对较慢,如图 14.27 所示[8],这些颗粒具有很强的金属光泽,说明此时没有氧化层。在初始状况下用注射器生成两组大量的液态金属小颗粒,在集结过程中,它们中的一些排列成三角形,一些排列成线形。由于其中的一些颗粒相互吸引,会形成一个不规则的排列。伴随着每个颗粒自身产生的原电池效应和高速自旋转,这些接触的液滴之间为寻求平衡,会出现各种排列结构[8]。

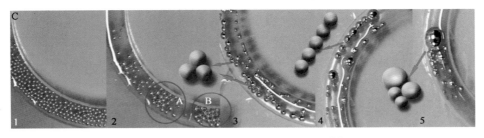

图 14.27　液态金属颗粒的规则排列[8]

值得指出的是,以上现象目前尚未建立相应的理论模型,对其中蕴含的机理也并未得到完全充分的认识。事实上,溶液环境、流道结构,金属液滴大小以及彼此间距等因素,均会改变对应的排列规律。此方面的研究有待进一步的理论和试验探索。

14.19 自驱动液态金属马达之间的碰撞与合并行为

液态金属表面张力的大小主要由其表面氧化物的含量决定,如果液态金属液滴的表面没有氧化物,那么液态金属液滴由于其巨大的表面张力作用会维持球状。由于在 NaOH 溶液中,液态金属表面的氧化物会逐渐溶解到溶液中,所以液态金属液滴在 NaOH 溶液中逐渐转变成球形。液态金属合金注入电解质中会形成许多微小的液态金属马达[8],每一个液态金属小马达沿其原有的轨道保持独立运行。然而,随着时间的推移,这些小马达的运行轨道会出现偏差,由于这种偏差的存在,导致这些小马达运动的方向与速度都不一致,之后这些小马达之间会发生相互作用。由于每一个液态金属小马达都带有电荷且表面没有氧化层,所以一些相邻的液态金属马达之间会发生碰撞反弹或聚合。这群金属马达在以随机的方式运行。如果持续的时间足够长,这些小马达最终会合并成一个单一的大型马达,而且仍然保持运行状态。所有这些非同寻常的行为刷新了人们对微型马达的认识。图 14.26 中,在初始时刻,有大约 300 个液态金属马达在通道中奔跑[8]。经过大约 2 min 的碰撞和聚结,最终形成一个大的液态金属马达,且随着时间的延续,这些马达之间的聚结速度逐渐变缓。

为什么这些液态金属马达之间会发生反弹行为?我们熟知的反弹如球体落地的弹起,这是由于惯性和物体的弹性造成的。但是大量的液态金属马达在溶液中形成各种类型的排列组合表明,在这里惯性和弹性并不起主要作用。这些反弹行为主要是由于每个马达带有较大的电量,在接触的时候其反弹的主要驱动力来自于电荷的转移。因每个液态金属马达都是一个原电池,而由于颗粒的大小不同,每个颗粒带的电量也不相同,所以在每次反弹必定会有电荷转移,这种转移是发生在每次颗粒接近及反弹的过程中的。

14.20 电场控制下液态金属马达的定向加速运动

液态金属(镓铟合金)在加载微量的铝之后,将其打散成小液滴后,在碱性溶液中会呈现自主运动的奇妙现象[7]。这种马达表面实际上带有电荷。这就引申出一个基础问题,将这种马达置于电场中,会出现什么现象呢? 实验工作表明,电场作用下的液态金属马达会出现显著的加速行为[9],如同微观电子在电场中的运动行为。不同的是,电子运动无法在肉眼下观察,而液态金属马达的电场加速运动清晰可见,这在很大程度上也提供了研究电子行为的一种重要渠道。

以下描述的是这种自驱动的液态金属液滴在电场下发生的运动变化行为[9]。如图 14.28 所示,当这些含铝金属液滴处于碱性、酸性或中性溶液中的时候,会发生自主的无规则运动,留下的气泡形成运动轨迹在灯光照耀下显出白色。当电场加上去的时候,这些液滴会以很快的速度飞向正极。在 20 V 电压下,其速度会达到 15 cm/s 左右。

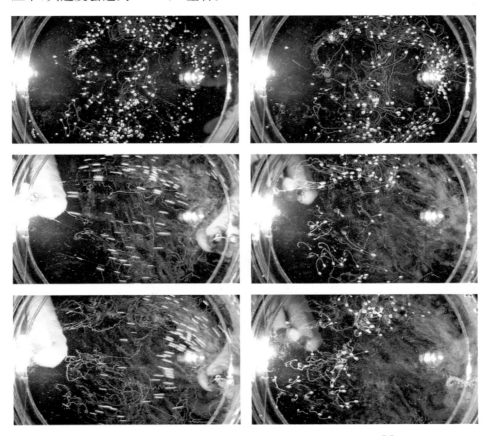

图 14.28 液态金属马达在电场控制下的飞速运动行为[9]

若将这些液滴马达的运动轨迹予以量化,会发现呈弧形[9],如图 14.28 所示。这是因为在每一点,液滴受力是指向电场方向的,在每一点,溶液中电场方向并不是直接指向正极的。所以这些液态金属马达在电场下的运动间接地反映了溶液中电场的分布规律。

我们来分析这些液滴的运动机理。首先,根据 Yuan 等[7]的研究发现,这些液态金属液滴的自驱动是由于添入其中微量的铝与溶液反应产生的气泡所推动的。而电场对其作用是通过改变了液态金属的表面张力,造成表面张力的不平衡从而产生的驱动力。

这里可详细解释该过程:液态金属的表面由于化学反应会带上电荷,这些电荷与其表面张力是密切相关的,其关系可以由 Lippman 方程描述。当外加电场改变了液态金属的表面电荷分布之后,两侧的表面张力出现不平衡,于是就产生了朝向正极的驱动力。

14.21 自驱动液态金属马达的磁陷阱效应

我们知道,用注射器在 NaOH 溶液中注射产生具有一定初速的含铝的镓铟液态金属小马达时,这些小马达会像一群精灵一般在溶液中随机跑动。如果再在盛放有 NaOH 溶液的培养皿底部下方,加一块永久磁铁来提供磁场,这群小马达的运动轨迹就会发生改变,尤其明显的现象是,会有一部分马达一直在磁铁内部区域打转,如图 14.29 所示。

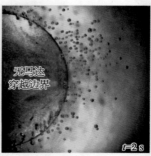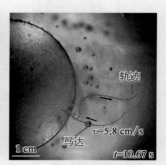

图 14.29　液态金属马达的磁阱效应[10]

Tan 等[10]发现了一种有趣的现象,即外界磁场可充当容器中在铝驱动下液态金属马达群的陷阱和壁垒,从而以非接触的方式在无形中阻止了其跨越永久磁体形成的边界。研究发现,对于直径在 1 mm 一下的液滴马达,一定强度的磁阱效应就足以将它们从隐形的边界上弹回。作者们将其机制归结为电磁学效应。由于洛伦兹力对自身带电荷金属液滴马达的作用,高磁场会切断马达的定向运动。金属液滴中铝燃料添加越多,则磁陷阱效应越强。这一发现提供了一种控制液态金属马达行为的重要方法。

那磁场是如何影响马达运动的呢? 下面我们来阐述这种影响机制[10]。原本,镓铟合金的液态金属滴本身在 NaOH 溶液中就会发生反应,形成 $[Ga(OH)_4]^-$ 等一系列离子团,从而导致液滴表面带负电。而这种表面带负电的液态金属滴,又会吸引溶液中的正离子,从而形成一种双电层结构。如果在液态金属中添加 Al 并将其置于 NaOH 溶液中,液态金属滴与培养皿底面接触的地方就会不断渗出 Al,并与 NaOH 发生另一个化学反应,并形成原电池。其中,原电池的正极是镓铟合金,其反应为:$6H_2O + 6e^- \longrightarrow 3H_2\uparrow + 6OH^-$,而负极是不断渗出的铝,其反应为 $2Al + 8OH^- - 6e^- \longrightarrow 2AlO_2^- + 4H_2O$。由于这个原电池反应,导致液态金属滴和底面接触的地方负电荷聚集,液态金属滴表面电荷分布如图 14.30b 所示。应当说明的一点是,根据原电池的反应机理,本来氢气应当从镓铟表面上冒出来,而不是铝上,但此处不同于一般原电池,正极的镓铟和负极的 Al 发生了短路,铝从液态金属里面渗出来接触到

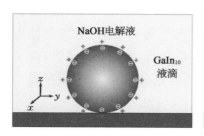
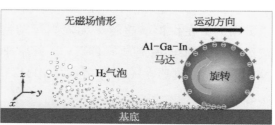
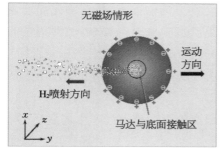
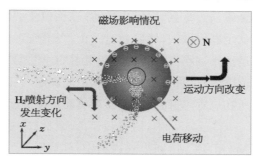

图 14.30　液态金属马达表面电荷分布[10]

NaOH，所以氢气喷出的地方就是负电荷聚集的地方。在没有磁场的情况下，小马达就会在所产生氢气的推动下随机而连续地运动。但是，如果我们再额外地在培养皿的底部添加磁场的时候，这个马达的运动就会发生一定的改变。这是因为，当马达们在磁场下运动时，其表面的电荷也在磁场中运动，运动的电荷在磁场中会受到洛伦兹力的作用[10]，根据公式 $F = QvB$。磁场会导致液态金属马达表面上的电荷聚集区发生变化，电荷聚集处的变化导致氢气喷出的方向发生了变化，如图 14.30c 所示。这就破坏了之前马达连续运动的机理，从而不能使铝连续地在底面接触处反应生成气泡，推动马达不断滚动。

14.22 镀有磁性功能层的自驱动液态金属机器的电磁调控效应

前面研究的 Al/EGaIn 机器可以在溶液中自驱动运动。然而，当用 Al 接触 EGaIn 触发其自驱动运动后，Al/EGaIn 机器会保持运动状态，直到受阻或者燃料消耗殆尽才会停止运动，其运动并不受控制。当机器缺乏可靠的运动控制性时，其实际执行任务的能力将大打折扣。为此，需要在 Al/EGaIn 机器中引入磁性。

Zhang 等[11]通过电镀方法在液态金属表面镶嵌铁磁性镍层，实现了机器在外部磁场或电场作用下的灵活控制（图 14.31），并验证了其在药物递送方面的潜在价值。超越于无规则运动型液态金属机器的是，该磁性固液组合机器可实现运动起停、转向和加速等复杂行为。这也说明，此类 Ni/Al/EGaIn 机器在人体腔道内工作时，可以通过外加磁场控制其运动状态。

由图 14.32 可以看出[11]，磁铁位于机器运动方向的后方，机器先减速后退至磁铁边缘，然后停止运动；磁铁位于机器运动方向的前方，机器则先加速运动至靠近磁铁，然后减速停止；当磁铁离机器较远时，磁场较微弱，故对机器的运动影响不大。磁铁引起机器的速度增加可达 7 cm/s 左右，表明在一定距离范围内，尽管机器具体位置不能确定，但磁铁可以将机器快速精准定位至磁铁所在位置，进而控制机器自驱动运动的起止。

图 14.32 中，磁铁位于 Y 型岔口一段距离处可在槽道处产生弱磁场[11]。Ni/Al/EGaIn 机器在槽道中自驱动运动至岔口处时，由于弱磁场作用机器向置有磁铁的一侧偏移，在路口处选择靠近磁铁方向的槽道分支运动，因而磁场

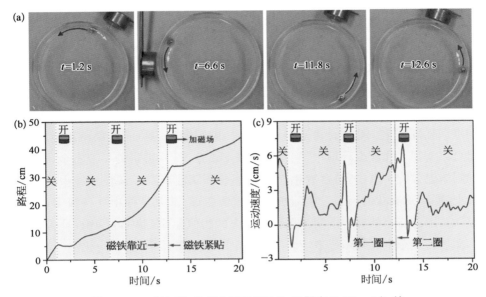

图 14.31　磁控 50 μL 的 Ni/Al/EGaIn 机器在 0.15 mol/L 的
NaOH 溶液中自驱动运动的起止[11]

a. 机器自驱动运动过程中外加磁铁时间与运动位置，其中实线箭头和虚线箭头分别为加磁铁前后机器的运动方向；图 b、c 分别为图 a 中机器运动的路程和速度变化。

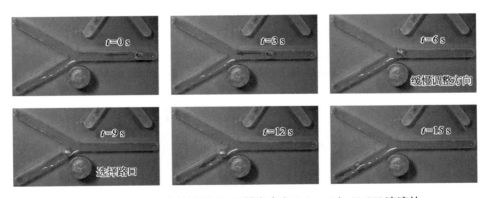

图 14.32　50 μL Ni/Al/EGaIn 机器在含有 0.1 mol/L NaOH 溶液的
Y 形槽道中自驱动运动时磁铁控制其方向选择[11]

作用下机器可选择运动路径。当将磁铁在岔口处靠近槽道时，岔口处的磁场较强，则会引起机器运动至岔口处停止。

综上，磁场控制的金属机器驱动运动，使机器的自驱动运动具有很好的可控性，为使液态金属作为未来机器人核心制作材料打下了一定基础。

14.23　液态金属阿米巴变形虫效应

在自然界中,阿米巴是一类生长在水中,可任意改变身体形状的真核生物。由于其特殊的细胞结构,阿米巴身体表面可生出无定型的指状、叶状或针状的突起,称为"伪足",身体也借此而移动。身体的形状轮廓也会随着伪足的伸缩而出现变化。此类行为采用人工方法很难模拟。然而,借助液态金属,仍然可以实现。在液态环境中,笔者实验室 Hu 等[12,13],观察到了液态金属液滴的阿米巴效应。其中,将含有铝颗粒的液态金属液滴置于碱性环境中的石墨板上,圆形液滴状的液态金属随机发生扭转变形,甚至延伸出一条或多条"伪足",其形态与自然界中的阿米巴存在惊人的相似性(图 14.33),因此研究者将其命名为液态金属阿米巴效应。

在这个有趣的现象背后,液态金属机器的表面张力变化是主要的驱动原因[12,13]。在碱性环境中,液态金属与石墨接触,由于表面电荷差异,液态金属会被石墨氧化,表面形成氧化膜,表面张力继而降低。而铝在电解质中反应,会还原和溶解液态金属表面的氧化膜,增加表面张力。由于铝漂浮在液态金属顶部,而石墨位于液态金属底部,因此在液态金属表面形成表面张力梯度,在液态金属外部和内部形成环流。而内部液态金属由于重力和表面张力的联合作用,会从表面张力低的部位冲出来,由此形成"伪足"。液态金属由于表面不均衡的表面张力推动,也能进行移动,由此在形态变化上产生了和阿米巴相似的现象。这个发现,对于设计自主驱动的软体机器人具有重要启示和现实意义。

14.24　酸性溶液中铜离子激发的可自发生长的液态金属蛇形运动

Chen 等[14]首次发现,在酸性铜盐溶液中,一团液态金属可以自发长出大量细条状的伪足并像蛇一样运动(图 14.34)。这种新奇的现象不同于以往发现的系列液态金属效应,丰富了液态金属世界的物理图景。一团液态金属自发的以蛇形运动方式分散成大量的细条,这不同于整体型的液态金属运动(比如液态金属对流和滚动等),更新了液态金属的运动和变形的方式。铜离子激发的液态金属运动可以简便的实现仿生型的蛇形运动,这将为未来多功能性

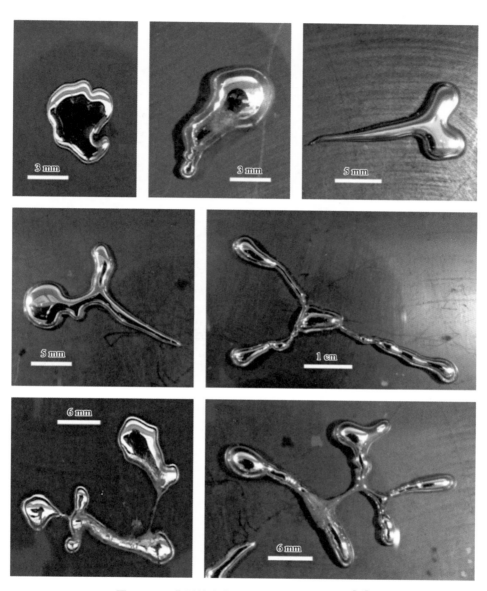

图 14.33 典型的液态金属阿米巴变形虫效应[12]

的复杂柔性机器人的发展提供了新的策略。

研究发现,铜离子激发的液态金属蛇形运动背后的机理,主要在于液态金属和溶液界面形成的无数个微小的 Cu-Ga 原电池[14]。因为标准电极电势的不同,铜离子和镓会发生置换反应,析出的铜颗粒覆盖在液态金属表面,从而

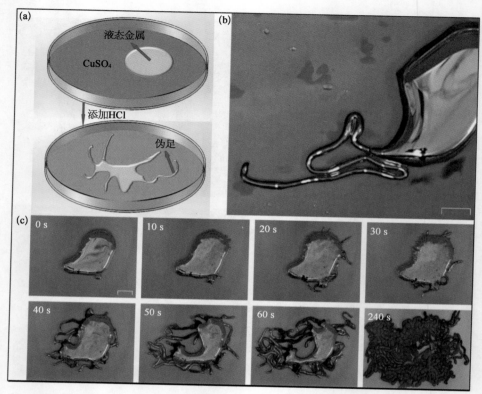

图 14.34   酸性溶液中铜离子激发的可自发生长的液态金属蛇形运动情形[14]

a. 实验示意图；b. 蛇状突出伪足；c. 蛇形运动图像。

形成无数的 Cu-Ga 原电池。原电池的形成改变了液态金属的表面张力，不平衡的表面张力导致了蛇形运动的发生。同时，溶液的酸性会对这个实验产生巨大的影响，过强或者过弱的酸性都会使得现象无法产生。同样重要的是，在合适的酸性条件下，可以通过调节酸性的强弱去调节液态金属蛇形运动的速度。并且，这种蛇形运动可以被多次激发，大大增加了运动的持久性。

研究进一步揭示，酸性铜盐溶液和液态金属所形成的独一无二的体系是蛇形运动现象得以产生的深层次原因[14]。酸性铜盐溶液这一独特的环境保证了无数的铜颗粒可以被稳定的析出和吞噬，这一动态平衡是液态金属蛇形运动的重要原因。铜颗粒的稳定析出所构成的无数个微小的原电池改变了表面张力，同时酸性条件下液态金属对铜颗粒的吞噬则保证了析出的铜颗粒不会在表面富集，使得蛇形运动得以持续进行(图 14.35)。这背后独特的机理在以往的体系中没有被发现，就目前的情况而言，在其他体系中也很难被实现。

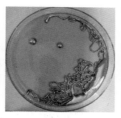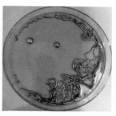

图 14.35　不断生成的液态金属离散性蛇形体[14]

新发现扩展了近年来兴起的液态金属柔性机器的理论与技术内涵,在不定形柔性电子器件、可变形智能机器的设计乃至先进制造方面都有重要价值。

14.25　金属丝在液态金属机器本体上的自激振荡效应

周期运动现象在自然界非常普遍,如水波、声波、电磁波等都是一种周期运动,广义来说,自然界就处于一种周期性更替当中,如日夜交替、四季更迭。而周期性运动的部件在工业上也有重要的应用,如汽车发动机活塞,纺织机等。

笔者实验室 Yuan 等[15],首次发现了一种异常独特的由液态金属驱动的金属丝振荡效应。此前,液态金属机器均以纯液态方式出现,固液组合机器效应的发现和技术突破,使得液态金属机器自此有了功能性内外骨骼,将提速柔性机器的研制进程。

液态金属固液组合机器的自激振荡效应是这样实现的[15]:将处理过的铜丝触及含铝的液态金属时,铜丝会被液态金属迅速吞入,并随后在液态金属机体上作长时间往复穿梭运动,如同演奏音乐中的小提琴琴弦一般(图 14.36)。此外,用不锈钢丝触碰液态金属,还可对铜丝的振荡行为加以调频调幅操控。造成上述现象的机制主要在于,铝与碱溶液反应引发液态金属与铜丝两端出现浸润力差异所致,这里,铜丝、液态金属、电解液及氢气之间多相界面的动态耦合产生了节律性牵引力。这一突破性发现革新了传统的界面科学认识,也为柔性智能机器的研制打开了新思路,还可发展出流体、电学、机械、光学等系统的控制开关。

如图 14.36 所示,含铝的液态金属放置于一个橡胶 O 形圈中固定,直径大约为 1 cm,整个装置都浸泡在 NaOH 溶液中。而后,用一根浸润了液态金属

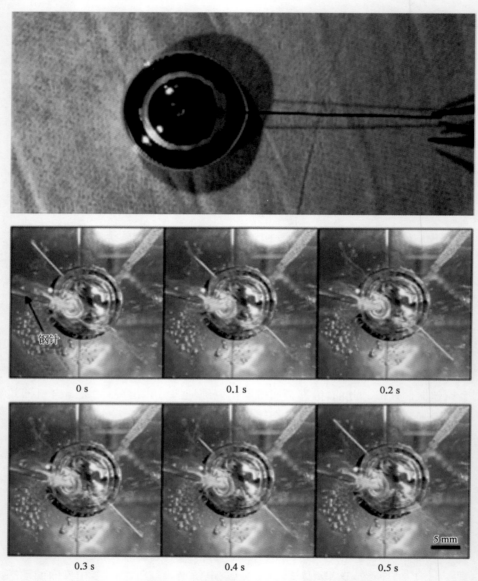

图 14.36 液态金属机器驱动铜丝浸润与自激振荡现象[15]

的细铜丝水平插入液滴内,来回拖动几次之后释放,便可发现铜丝开始自发地振动起来,该振动过程可以持续 20 多分钟,在铜丝与溶液接触部分会不断产生氢气。此外,我们发现用不锈钢丝接触液态金属表面可以显著加快铜丝的振动频率。

　　该现象的产生可以由铜丝与液态金属之间的浸润力差异解释[15]。铜丝浸润液态金属,同时液态金属内分散的铝颗粒会黏附在铜丝表面。当铜丝从一端进入液态金属内部时会带入部分溶液,这些溶液会和铝反应产生大量氢气,所产生氢气的体积是反应溶液体积的 1 000 多倍,因此导致铜丝与液态金属的浸润力急剧减小。相对而言,进入液态金属内部的铜丝段溶液还未反应,而出液态金属的铜丝段已经反应产生大量氢气,因此铜丝会持续向一端运动。而运动到端点之后,两边的过程又会反过来进行,于是就导致了这种周期性运动。该现象的发现不仅给界面科学带来了启示,而且为后续柔性液态金属机器的发明提供了具体思路。

14.26　溶液中金属微颗粒触发的液态金属跳跃现象

　　笔者实验室 Tang 等[16]发现了一类有趣的液态金属跳跃行为:向放有金属液滴的溶液体系中加入固体金属颗粒(镍、铁等)后,原本静止的金属液滴开始跳动起来,并在容器底留下一串饼状"脚印"。

　　首先镓铟合金用注射器注入水中。由于表面张力的作用,从针尖快速挤出的液态金属会形成一系列微米尺度的液态金属小液滴。实验前需要将金属镍粉(或铁粉)与去离子水混合制成悬浮液待用。然后用移液器将金属液滴移入 NaOH 溶液中,随后滴入几滴镍粉悬浮液,观察现象。

　　当加入的镍粉与液态金属液滴发生点接触后,液态金属-溶液体系的平衡被打破,显微镜下的液态金属液滴在一小段时间后变得"活跃"起来。首先观察到的是一系列微小的气泡不断产生并沿着液滴表面不断升入溶液上方。随后,原本静止的液滴开始在铺满镍粉的容器地面上间歇性跳跃起来。更有趣的是,每当液滴从一个位置跳跃到另一个位置时,都会留下一个"脚印"[16]。液体的间歇性跳跃通常会经历一个先加快、后减弱的过程。经过一段时间后,随着气泡产生速度的明显变慢,液态金属液滴也最终停止下来。而容器底面上则留下了一串液态金属跳跃所经过的"脚印",如图 14.37 所示。

　　研究揭示,金属颗粒与液态金属表面发生点接触时,交界面处电场强度显著增强,以至会在溶液内电解产氢,氢气泡在基底不断吸附长大形成"气体弹簧"[16],这就为液滴跳跃提供了推力。导致电场极化的因素之一来自液态金属与固体金属颗粒之间的电势差即原电池效应(图 14.38)。另一原因则在于,固-液材料界面微观形貌差异会导致电荷累积,继而引发尖端放电效应。

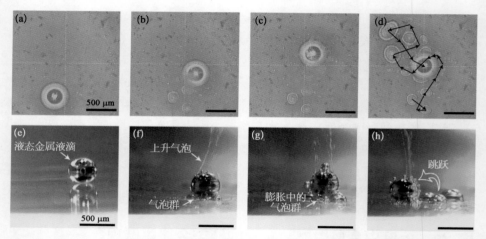

图 14.37　NaOH 溶液中的液态金属液滴在镍粉的触发下发生间歇性跳跃[16]

a—d. 俯视图；e—h. 侧视图。

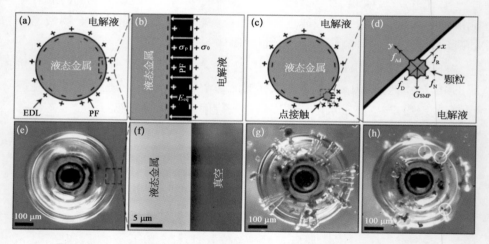

图 14.38　金属液滴与固体金属颗粒发生点接触后界面电场出现极化[16]

a—d. 原理分析图；e—h. 实物图。

　　这一现象背后更深层次的原因来源于液态金属/溶液界面处双电层结构的改变和电场的极化。固体金属颗粒与液态金属表面发生点接触后，接触部位的电场强度明显增强，以至于溶液发生电解产生氢气。进一步研究分析表明，导致电场极化的效应之一是由于液态金属与固体金属颗粒两种材料本质的不同而带来的电势差异，体现为原电池效应；促使反应发生的另一种原因则是因两种材料由于状态不同（固-液）而存在的表面微观形貌差异所导致的电荷累积,体现为尖端效应[16]。值得指出的是,该跳跃现象的产生还与气泡与基底的作用,气泡与液态金属液滴表面的作用以及固体金属颗粒在液滴表面的吸附等界面作用有密切联系。

参 考 文 献

[1] Sheng L,Zhang J,Liu J. Diverse transformation effects of liquid metal among different morphologies. Advanced Materials,2014,26:6036-6042.

[2] 张洁. 柔性可变形液态金属微型医疗机器的理论与实验研究(博士学位论文). 北京:清华大学,2016.

[3] Zhang J,Sheng L,Liu J. Synthetically chemical-electrical mechanism for controlling large scale reversible deformation of liquid metal objects. Scientific Reports,2014,4:7116.

[4] Hu L,Wang L,Ding Y,Zhan S,Liu J. Manipulation of liquid metals on a graphite surface. Advanced Materials,2016,28(41):9210-9217.

[5] Zhang J,Yao Y Y,Sheng L,Liu J. Self-fueled biomimetic liquid metal mollusk. Advanced Materials,2015,27:2648-2655.

[6] Zhang J,Yao Y Y,Liu J. Autonomous convergence and divergence of the self-powered soft liquid metal vehicles. Science Bulletin,2015,60:943-951.

[7] Yuan B,Tan S C,Zhou Y X,and Liu J. Self-powered macroscopic Brownian motion of spontaneously running liquid metal motors. Science Bulletin,2015,60:1203-1210.

[8] Sheng L,He Z,Yao Y,Liu J. Transient state machine enabled from the colliding and coalescence of a swarm of autonomously running liquid metal motors. Small,2015,11(39):5253-5261.

[9] Tan S C,Yuan B,Liu J. Electrical method to control the running direction and speed of self-powered tiny liquid metal motors. Proceedings of The Royal Society A Mathematical Physical and Engineering Sciences,2016,41:22663-22667.

[10] Tan S C,Gui H,Yuan B,Liu J. Magnetic trap effect to restrict motion of self-powered tiny liquid metal motors. Applied Physics Letters,2015,107:071904.

[11] Zhang J,Guo R,Liu J. Self-propelled liquid metal motors steered by a magnetic or electrical field for drug delivery. J Mater Chem B,2016,4:5349-5357.

[12] Hu L,Yuan B,Liu J. Liquid metal amoeba with spontaneous pseudopodia formation and motion capability. Scientific Reports,2017,7:7256.

[13] Hu L,Li J,Tang J,Liu J. Surface effects of liquid metal amoeba. Science Bulletin,2017,62(10):700-706.

[14] Chen S,Yang X,Cui Y,Liu J. Self-growing and serpentine locomotion of liquid metal induced by copper ions. ACS Applied Materials & Interfaces,2018,10(27):22889-22895.

[15] Yuan B,Wang L,Yang X,Ding Y,Tan S,Yi L,He Z,Liu J. Liquid metal machine

triggered violin-like wire oscillator. Advanced Science，2016，3：1600212.

[16] Tang J，Wang J，Liu J，Zhou Y. Jumping liquid metal droplet in electrolyte triggered by solid metal particles. Applied Physics Letters，2016，108：223901.

第15章
液态金属生物医学应用相关效应

15.1 引言

在生物医学与健康技术领域,独特的液态金属带来了观念性变革。针对若干世界性重大医学难题和技术挑战,近年来学术界逐步构建了液态金属生物材料学全新领域,相应努力颠覆了传统医学理念,开辟了新的医疗技术前沿,预示着一个全新生物医学科学领域的崛起。液态金属正显著扩展常规生物医用材料的内在属性和用途,但其在生物医学领域的重大价值以往鲜为人知。本章介绍一些典型的液态金属生物医学应用问题与所涉及的基础效应,如基于防辐射效应实现的液态金属CT造影效应及高清晰血管网络成像、基于电学效应的液态金属神经连接与修复技术、借助可注射性实现的无定形液态金属电极、植入式医疗电子在体3D打印成型技术,以及基于液固相态转换效应的可注射型液态金属骨骼等。在此基础上,可望发现更多新型生物医学材料,为发展未来的液态金属生物医学产业打下基础。

15.2 前景广阔的液态金属生物医学材料学

近年来,液态金属的发展逐步渗透到多个领域,其在生物医学上的应用价值正日益显现。液态金属生物医学材料学的引入,为一系列重大医学瓶颈的解决提供了富有前景的全新思路和途径,可望催生变革性医疗技术体系的建立。

在题为"液态金属生物材料学:应对当代生物医学挑战的新领域"的论文中,Yi和Liu总结了液态金属作为生物医用材料所呈现的独特优势和应用特点[1]，对学术界在液态金属生物材料学方面的研究概况与典型进展进行了系统归纳和综合评述，并剖析了这一新兴领域所面临的科学技术挑战及未来发展方向。可以看出，液态金属生物材料学的研究大幕已然拉开。

由于液态金属自身独特的价值，从理论上讲，这一大类材料在人体的健康维护上可望发挥潜在价值。在解决一系列重大生物医学难题的道路上，液态金属可以说带来了相应医学技术的观念性变革。比如，液态金属神经连接与修复技术，被认为是"令人震惊的医学突破"；液态金属血管造影术、液态金属栓塞血管治疗肿瘤技术、碱金属流体热化学消融治疗肿瘤法、注射式固液相转换型低熔点金属骨水泥、液态金属柔性外骨骼技术、印刷式液态金属柔性防辐射技术、注射式可植入医疗电子技术，以及人体皮表电子电路液态金属直接打印成型技术等，也均以其崭新的学术理念和技术突破性，引起业界广泛重视。大量工作被众多国际知名科学杂志、专业网站及电视新闻专题报道，说明这一领域蕴藏着勃勃生机。本章概要介绍几类有一定典型性的液态金属生物医学材料学问题。

15.3 液态金属 CT 造影效应及高清晰血管网络成像

血管网络作为遍布全身的血液循环通道，其尺寸大小、空间分布及走向等对机体代谢、营养和药物的输运至关重要，同时血管自身也面临着诸多病变威胁，无论在健康检测还是疾病诊治中，细微血管的异常生长与变化均是衡量病理状况与疾病发生发展的重要指标。为此，获取高质量的血管图像具有十分重要的医学和生理学意义。早期，由于技术限制，研究人员大多通过解剖、冷冻切片、染色、数字化重建等方法获得血管分布信息，程序繁琐复杂，且操作过程易于破坏血管结构及走向，导致结果与实际存在偏离。随着影像学的发展，血管造影成为一种重要的成像方法，但无论是常用的碘化合物增敏剂还是当前颇受关注的纳米材料，其血管造影能力仍然有限，尤其对于一些复杂的微细血管，成像质量尚不十分理想，这使得超高清晰度血管图像的获取长期成为挑战。

针对这一关键需求，Wang 等[2]基于在液态金属材料与生物医学工程学两个领域的长期研究积累，引入并证实了有别于传统的液态金属血管造影方法的高效性。研究表明，以镓为代表的一系列合金材料在常温下呈液态，可在不破坏组织结构的情况下灌注到血管网络中，同时其自身拥有的高密度会对 X 射线造成很强的吸收作用,因而在 X 光拍摄或 CT 扫描中,充填有液态金属的血管会与周围组织形成鲜明对比,由此达到优异的成像效果,而液态金属的流动性和顺应性甚至可以让极细微的毛细血管也能在图像中以高清晰度的方式显现出来。实验发现[2],将常温液态金属镓分别灌注到离体猪的心脏冠状动脉(图 15.1)和肾脏动脉(图 15.2)中时,重建出的血管网络异常清晰,造影效果远优于临床上常用的碘海醇增敏剂,图像对比度呈数量级提升,揭示的血管细节更加丰富,且造影效果不会如传统增敏剂那样随时间逐步衰减。

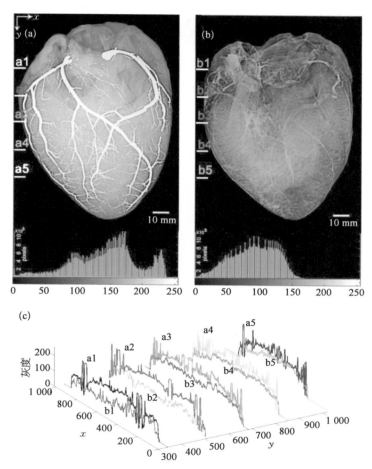

图 15.1　液态金属镓造影剂[2](a)与传统碘海醇造影剂(b)的猪心脏冠状
　　　　　动脉毛细管成像情况对比及灰度差(c)

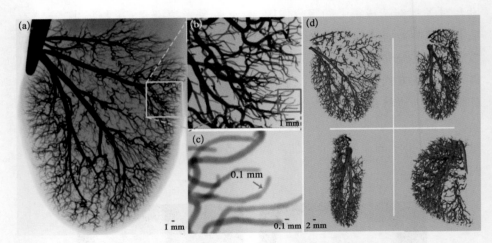

图 15.2　灌注有液态金属镓的猪肾动脉造影重建图像[2]

　　a. 猪肾动脉图像,分辨率 0.078 mm/pixel;b. 图 a 局部的更高分辨率图像,分辨率 0.013 mm/pixel;c. 图 b 局部的放大图;d. 各个视角的肾动脉液态金属造影重建图像。

　　在猪的心脏成像体外实验中,与传统造影剂碘试剂相比,液态金属造影可以达到更强的对比度,并且能够分辨宽度为 0.1 mm 的小血管,也就是说,在液态金属造影的情况下,毛细血管得以足够清晰地显现出来。图 15.3 即为液态金属造影与传统碘试剂造影结果的对比[2],左图为液态金属造影剂造影,右图为传统碘试剂造影效果。可见,液态金属血管造影的优势是极为显著的。以往,在国际上投入大量精力推进的旨在获取人体精细解剖结构的虚拟人研究中,此类血管重建工作往往需要大量繁琐复杂的程序,如组织冷冻、血管图片获取、计算机重建等环节,费用和时间成本极大,且破坏性较大,而注射式液态金属血管造影较好解决了相关问题,因此我们也将其称为血管软重建方法。

　　液态金属造影,整体图像会随着 X 射线能量增高而对比度增强,但局部结果的对比度会随着能量增加而降低(图 15.3)。这可能是因为整个图像的主要部分是不同厚度的软组织,X 射线能量越高,就更容易穿透,因此所有部分灰度都类似;而局部区域部分,有液态金属的部分有更高的穿透率,更高能量的 X 射线就会增加血管与组织部分的灰度差,对比度就更强。

　　为了更清楚看到液态金属在血管造影中的贡献,Wang 等[2]还进行了猪肾脏的液态金属血管造影实验。结果表明,对于肾脏血管的成像,液态金属可以让 X 光图像看到最细 0.1 mm 直径的血管。除了用于平面造影,借助液态金属 X 光图像的 3D 血管重建也得到了很好的结果,图 15.4 即为肾脏血管结构

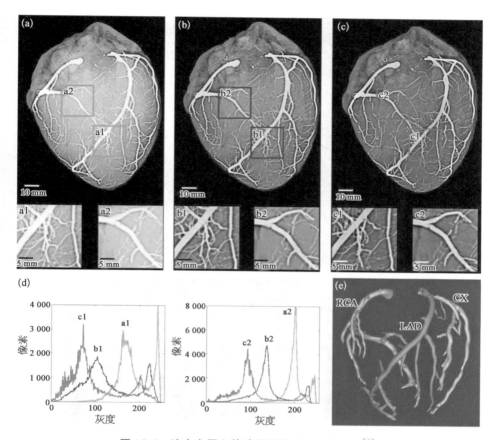

图 15.3　液态金属血管造影的优化及血管重建[2]

a. 80 kV 下的心脏图像；b. 100 kV 下的心脏图像；c. 120 kV 下的心脏图像；d. 图 a、图 b、图 c 中标记部位的对比；e. 液态金属血管造影的优化。

的 3D 重建图像[2]。

在医学影像中，造影剂在很多情况下都是必不可少的辅助制剂，它可以有效增强影像观察效果，增加对比度。X 射线的常用造影剂为碘制剂、硫酸钡等。这些造影剂虽然能大大提高图像对比度，但对一些细小血管，造影剂还无法将其清晰显现。Wang 等[2]首次引入常温液态金属作为 X 射线图像的造影剂，尤其是镓基合金液态金属，在体外实验中取得了良好的效果。研究人员还就离体动物器官进行了多种测试，获得了丰富的数据，而针对小鼠全身血管的重建工作则促成了对有关动物生理学的深入认识。

液态金属高清晰血管造影术，为生理学、病理学研究提供了一种软成像工

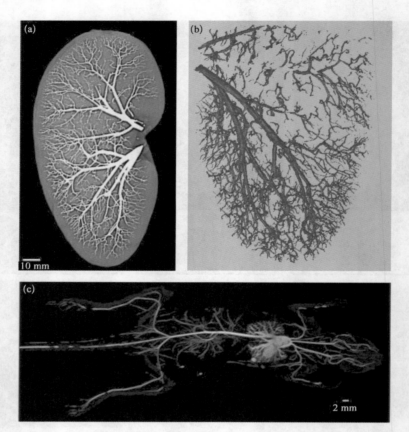

图 15.4 液态金属造影肾脏血管的 3D 重建情形[2]（a,b）及小鼠全身血管造影（c）

具,对于探索有关动物器官的复杂血管微细结构尤有价值,比如研究肿瘤血管的生长规律,以非破坏方式快速重建虚拟人或动物的血管网络数据,以及评估由于外伤导致的体内血管破裂及出血状况等。值得一提的是,这一基础方法并不仅限于血管成像,同样的原理在其他科学或工程学涉及的微/纳米管道三维重建过程中也有较好的应用前景,在影像仪器分辨率足够的前提下,可以获得较高的成像精度,甚至达到纳米量级。

2013 年 11 月,该研究小组在将上述工作的有关成果公布于物理学预印本网站 arXiv 时,很快就在国际上引起较大反响,相继为 *Medium*、*Gizmodo*、*Slashdot* 等科技网站重视并广泛评介,纷纷以"第一张灌注液态金属的心脏图像"等为题对这一工作进行了深度报道,认为新技术提供了"前所未有的细节","采用相对简单的方法解决了无比复杂的问题","这一有望显著提升器官

3D 成像的工作令人印象深刻"，并指出其进一步发展将可能"革新我们对于自身的认识"。在国内，上述研究作为前沿科技资讯也为大量门户网站所重视，纷纷在其科技频道栏目中对此进行了翻译和转载。迄今，这项原理独特的血管成像方法为国内外广泛讨论，相应技术为生理学、病理学研究提供了一种软成像工具，对于探索有关动物器官的复杂血管微细结构尤有价值。

总的说来，液态金属的造影特性是独特而显著的，在血管结构的可视化方面有着非凡的意义，对以后的 CT 诊断、3D 血管快速重建起到重要支撑作用。此类特性也可作为辐射防护[3]。

15.4　无定形液态金属电极

在疾病的治疗中，电学疗法也是不可或缺的一部分，有时甚至是针对某种疾病的最佳方法。这主要是因为，人本身的生命活动离不开电，人自身产生的电也叫生物电。例如，人体心脏周而复始的跳动，就是由于心肌细胞膜产生节律性的电位变化，去极化、复极化、超极化，如此往复，从而带动心肌细胞有节律的收缩继而促使全身的血液循环流动。人体的消化系统也是一样，由于平滑肌细胞膜有节律的兴奋收缩，使消化系统蠕动帮助我们粉碎食物促进吸收。胰腺胰岛素的分泌，脑内多巴胺，五羟色胺等各种神经递质的释放更是离不开胰岛细胞和各类神经元的兴奋。因此，人为地通过电学方法干预体内的生物电是临床中的重要治疗方法。例如，通过在脑内植入电极，借助高频电刺激可以治疗帕金森，明显改善抑郁症患者的精神情况。通直流电的利用电化学的方式能够治疗肿瘤，适中频率的电刺激在近期也被证明能够明显的抑制肿瘤生长，而对正常细胞没有明显影响的研究也开辟了肿瘤治疗的方向[4]。

电刺激的治疗离不开生物电极的引入。而液态金属不仅是热和电的良导体，在常温下呈液态的状态赋予它很好的柔顺性，是作为新一代可注射电极和生物材料的新星。而在电的作用下，液态金属发生表面张力变化而产生各种形变的状态不仅有趣而且也是它作为生物电极的研究基础。

当仅把直流电的阴极加在液态金属上时，液态金属会收缩成一个球（图 15.5），这主要是由于当阴极接触液态金属时，金属表面的双电层被破坏[4]，大量的阳离子聚集在液态金属表面，增加了液态金属的表面张力，使液态金属聚集成球，这种方法能够让一滩液态金属瞬间增加表面张力发生形变，

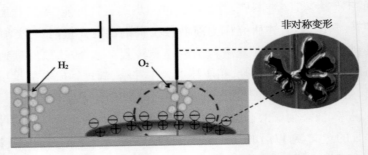

图 15.5　电学作用下液态金属表面张力减小

是未来金属机器人的可能研究方向。

　　而当仅把直流电的阳极加在液态金属上时,液态金属会散开去,这主要是由于当阳极接触液态金属时,金属表面的双电层被破坏,大量的阴离子聚集在液态金属表面,减小了液态金属的表面张力,使液态金属发生形变。

　　那么如果同时将阴极和阳极都接触液态金属,会发生什么现象呢? 当然,阴阳极的液态金属间一定要充满生理溶液或缓冲溶液,以避免发生短路现象。若此时外部通上直流电,就构成了一个电化学的治疗系统。若此时的溶液是生理盐水,大量的阴离子(氯离子)聚集在阳极,发生氧化反应,并在阳极生成大量氢离子,阳极的 pH 降低。大量的阳离子(钠离子)聚集在阴极,发生还原反应,生成大量氢氧根离子,阴极的 pH 升高。这个系统中引入液态金属作为电极,可以加快阴阳极的离子反应速率,为治疗肿瘤提高效率[4]。

　　柔顺性是液态金属非常重要的一个特点。也使其在肿瘤治疗和生物电的应用方面,占有极其重要的作用。例如,肿瘤热疗是治疗局部肿瘤的微创疗法,但目前作为参考电极的往往都是刚性的金属板,病人使用起来很不舒适。利用液态金属柔顺性的特点,可做成浴池式电极,患者只需将身体部位浸入液态金属中,就可以非常舒适的达到完全的适形化的治疗效果。而不用考虑刚性电极所引入噪声的副作用和不舒适性。做成了浴池电极后,也完全可以针对身体的部位进行适形化的电刺激治疗。而这样的治疗是完全适形化和个性医疗的。Sun 等[5]为此提出了水浴式液态金属射频电极,可将形状复杂的治疗部位浸泡于其中并由此输入电流,从而实现预期的适形化射频消融治疗。

　　图 15.6 所示为液态金属浴池电极治疗老鼠肿瘤的示意[5]。可见,浴池电极可以完全包裹小鼠的外部肿瘤,改变肿瘤内部的电流分布,并通过通射频热疗达到杀死肿瘤细胞的效果。

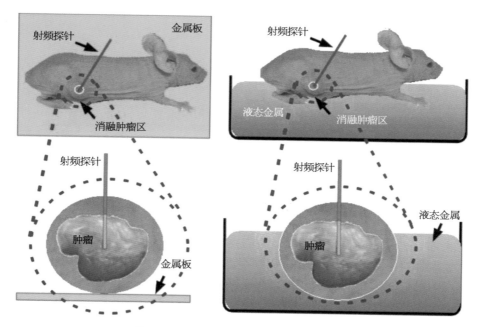

图 15.6　液态金属浴池电极治疗肿瘤[5]

15.5　植入式医疗电子在体 3D 打印成型技术

　　液态金属由于具有柔顺性，可以像水一样被针头吸入和排出。未来的液态金属电极，尤其是植入电极可以避免外科手术所带来的感染，副作用等的风险，而仅用针头的注入，当然，也可以是多点液态金属电极的微创注入的形式，应用在深部脑刺激，深部电疗等方面。液态金属可注射电极的微创治疗不仅方便、副作用少，而且移出电极容易（仅需要用针头析出），是未来生物电极材料的重要研究方向。

　　Jin 等[6]建立了一种基于液态金属的可植入式生物医学电子器件体内 3D 打印成型技术。在此项研究中，科研人员首次提出了一种以微创方式直接在生物体内目标组织处喷墨注射成型的医疗电子器件在体制造方法（图 15.7），并通过系列实验证明了新方法的高效性。这种方法的原理在于[6]：将生物相容的封装材料注射于体内固化形成特定结构（图 15.8），在此区域内进一步将导电性金属墨水、绝缘型墨水乃至配套的微/纳尺度器件等顺次注射后形成目

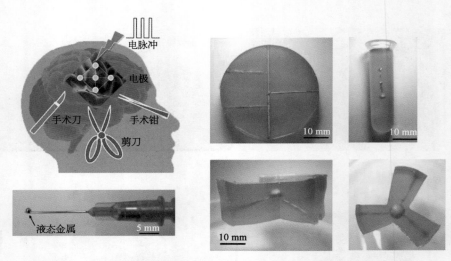

图 15.7　可注射式医疗器械体内 3D 打印成型技术及所实现的空间电极[6]

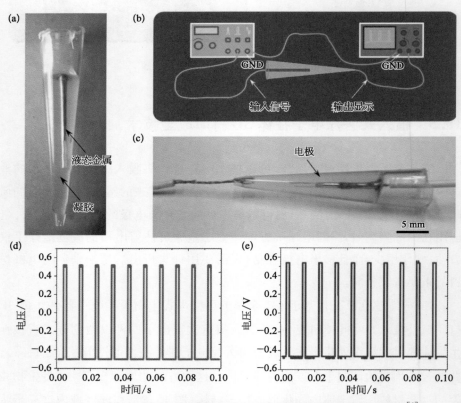

图 15.8　封装于固化成型的透明介质中的液态金属电极及其性能实验[6]

a. 1 mL 移液管尖端中形成的电极；b、c. 电极的电子试验；d. 试验结果；e. 输入信号。

标电子装置,通过控制微注射器的进针方向、注射部位、注射量、针头移位及速度这样的 3D 打印步骤,可在目标组织处按预定形状及功能构建出终端器械(图 15.9)。由于全部器件及单元均采用基于微针的液相注射方式实现,因而整个手术过程达到了高度的微创性,动物实验证实了相应的技术思想(图 15.10)。若进一步采用手术机器人,还可将此步骤大大简化并提升自动化程度。新方法为生物医用柔性电子植入技术开辟了一条全新途径。

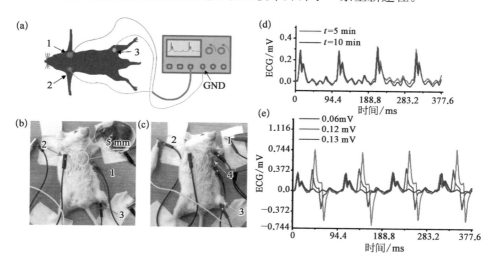

图 15.9　借助于注入体内的液态金属电极实现小鼠 ECG 信号高信噪比测量及电学刺激[6]

a—c. 使用注入电极测量小鼠 ECG 信号;d—e. 记录下的 ECG 信号。

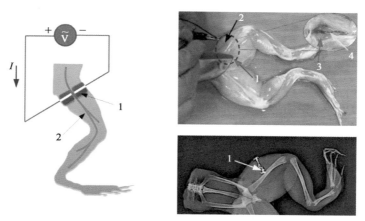

图 15.10　基于注射的液态金属电极对牛蛙腿中坐骨神经进行刺激[6]

临床上常用的植入式医疗器械,如脑起搏器、心脏起搏器、神经刺激器等,为广大脑中风、心血管疾病与糖尿病患者的生理功能保障提供了不可或缺的支撑,但其缺点也十分鲜明。比如,此类设备植入过程手术繁琐、创伤大,患者常常要接受开颅、开胸手术、设备植入、伤口缝合等一系列复杂程序。这样一方面会给患者造成身心痛苦,创口过大还易于引起手术并发症及感染风险,同时手术与设备运行支持等无形中也给患者带来物质上的压力。此外,传统的刚性设备植入体内后会不时带给应用对象不舒适感。为此,若能实现一种方便快捷的体内柔性电子装置直接打印制造方法,则将在大大缓解患者负担的同时也有助于推进灵巧型植入式医疗电子技术的进步。

15.6 液态金属神经连接与修复技术中的电学生物学效应

笔者实验室首次提出了一种全新原理的液态金属神经连接与修复技术[7],在国际上引发持续广泛的影响,被大量国际知名科学杂志与新闻媒体,如 *New Scientist*, *MIT Technology Review*, *IEEE Spectrum*, *Physics Today*, *Newsweek*, *Daily Mail*, *Discovery*, *Geek*, *Fox News* 等予以专题报道和评介。

神经网络遍布于人体全身,因而神经损伤与断裂在医学上极为普遍。据统计,有多达 100 种以上的因素均可造成神经破损。生理学上,神经再生是一个极为缓慢的过程,有时甚至需要长达数年的时间才能恢复切断神经末梢的互连。因此,尽管神经损伤一定程度上可通过某种手术或物理方式加以治疗,然而神经纤维一旦被彻底切断或破坏,唯一的希望只能是将这些分隔的末梢尽快连通。这是因为,神经信号一旦持续中断,患者对应的肌肉功能即会随之减退、萎缩,直至造成永久性的功能缺失乃至截瘫。当前,治疗周围神经损伤的"金标准"在于自体神经移植,但却受到供区神经来源不足、供区神经功能丧失,以及供区神经结构和尺寸不匹配等限制。因此,寻找合适的神经移植替代物长期以来成为神经修复领域中的重大挑战。近年来,显微外科和纳米材料学的发展为断裂神经修复带来了新希望,但仍受到诸如导通能力不足,神经功能恢复不畅等制约。

迄今,临床医学上逐步得到广泛认同的是,如能将恢复期的肌肉神经信号持续高效地传达至目标,则将大大加速神经的修复过程并促成其保持原有功能。而神经功能主要是通过电信号的传输和响应来实现的。正是出于这一考虑,研究小组基于 10 余年来在液态金属材料学与生物医学工程学领域的长期积累和实践,首次提出了具有突破性意义的液态金属神经连接与修复技术[7],

旨在迅速建立切断神经之间的信号通路及生长空间（图 15.11），从而提高神经再生效率并降低肌肉功能丧失的风险。

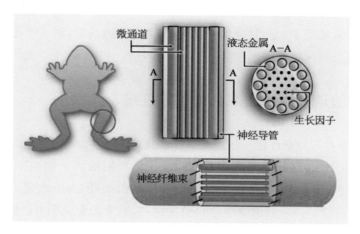

图 15.11　由液态金属构成的神经连接与修复导管示意[7]

研究小组首次证实了以液态金属作为高传导性神经信号通路的可行性。通过建立牛蛙腓肠肌模型，采用液态金属连接剪断的神经组织，借助微弱电刺激实验探明了液态金属神经传导的优势。结果表明，利用液态金属连接的神经模型能很好地传递刺激信号，与剪断前的正常神经组织在信号传导方面具有高度的一致性和保真度[7]，显著优于传统的林格氏液（图 15.12）。与此同时，由于液态金属在 X 射线下具有很强的显影性，因而在完成神经修复之后很

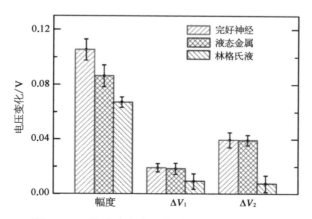

图 15.12　借助液态金属或林格氏液连接的切断神经与正常神经的电响应信号对比[7]

容易通过注射器取出体外,从而避免了复杂的二次手术。这一方法为神经连接与修复开辟了全新方向。国际上诸多科学媒体纷纷对此加以评介,认为是"极令人震惊的医学突破"。

此项探索革新了人们对神经连接与修复问题的认识,对于今后该领域的研究和应用具有重要的启示意义。

15.7 实验动物小鼠液态金属神经连接

近期,笔者实验室还进一步推进了相应技术的进步。Liu 等将实验对象从之前的水生动物牛蛙拓展至更接近实际应用情形的哺乳动物小鼠上[8],将封装有液态金属的硅胶管与小鼠受损的坐骨神经两端缝合,由此建立了信号传导通路(图 15.13)。系列的电生理实验发现[8],经液态金属手术治疗后的小鼠与对照组相比,肌肉萎缩现象延迟两个月。这项工作进一步验证了液态金属在神经修复方面的价值和潜力。

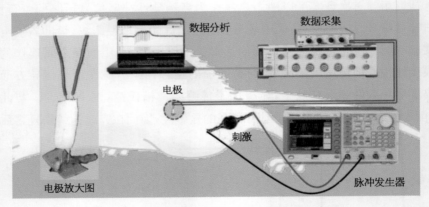

图 15.13 实验动物小鼠液态金属神经连接实验[8]

液态金属简单来说就是形态像液体的金属,常温下和普通的金银铜铁没太大区别,但其独特的非结晶分子结构使它在一定条件下具有高强度、塑性、热传导和耐磨性等特性。人体全身遍布神经网络,出个什么意外,神经很容易损伤甚至断裂。现在的科技和医疗水平已经可以将断裂的神经重新连接,但这项技术并不完美。神经接上后,自身的修复十分缓慢,有时候甚至长达 10 年以上。在这期间,没有神经信号控制的肌肉会慢慢萎缩,即使等到神经末端连好了,肌肉也可能早已瘫痪了。实验室利用毛细硅胶管包裹的液态金属镓充当完美的临时"桥",让大脑发出的电信号能传递到肌肉并返回大脑,电生理测试表明效果与未受伤的神经几乎一样,在神经细胞缓慢的恢复过程中,让断线的肌肉持续收到神经的信号刺激,不至于萎缩。这项研究为解决神经修复的难题开辟了新方向,如果后续研究和应用顺利,业界认为,对于全球每年数百万的末梢神经损伤病人来说,是一个可预期的福音。

神经系统是有机体的调节系统,调节生物体的行为和内环境的稳定,对于人类来说,记忆、思维等高级智能活动也是神经系统活动的产物。神经系统包括中枢神经和周围神经,其基本结构和功能单位是神经细胞,即神经元,由细胞体和从细胞延伸的突起所组成。神经信号是以生物电的形式沿神经传导轴突方向传递,在某种化学物质(主要为 Ca^{2+}、K^+、Na^+ 等离子),即神经递质的参与下,在神经递质与突触后膜上的受体结合后,突触后神经才能去极化而发生兴奋。各种离子在离子通道中浓度的变化可以产生相应的浓度电势,具体表现为:当神经冲动从轴突传导到末端时,突触前膜透性发生变化,使 Ca^{2+} 从膜上的 Ca^{2+} 通道大量进入突触前膜。此时,含递质的突触囊泡可能是由于 Ca^{2+} 的作用而移向突触前膜,突触囊泡的膜与突触前膜融合而将递质排出至突触间隙。突触后膜表面上有递质的受体,递质和受体结合而使介质中的 Na^+ 大量涌入细胞,于是静息电位变为动作电位,神经冲动发生,并沿着这一神经元的轴突传导出去。这就是通过神经递质的作用,使神经冲动通过突触而传导到另一神经元的机制。神经损伤通常是因为生理病变或物理损伤使神经轴突发生器质性损伤,从而导致神经信号无法传递,进而发生相应肌肉或肌肉群萎缩。液态金属具有良好的柔软性和导电性,因此当毛细硅胶管包裹的液态金属连接受损的坐骨神经两端时[8],实验用的兔子、牛蛙及小鼠等动物均恢复了运动功能。

15.8 液态金属连通破损神经驱动死亡动物躯体运动实验

液态金属不仅作为肿瘤治疗电极,其在更多挑战性医学问题的解决上同样体现出显著优势。Guo 和 Liu[9] 尝试用可植入式液态金属柔性神经微电极阵列修复动物的运动功能。该小组制备出了液态金属神经电极阵列,借助其自身独特的机械性能和电学性能,解决了植入式神经电极所面临的与周围组织力学性能不匹配的难题。

该项工作表明,液态金属可以作为连接生物体与电子设备的中间材料,充当生物体与非生物体的良好接口。生理学上,遍布人体全身的外周神经系统是连接大脑与身体的通道,可将来自大脑的神经电信号传送给四肢,从而控制肢体运动。然而,外周神经损伤会造成运动障碍甚至瘫痪。传统的神经缝合和神经移植技术难以实现神经的完全修复,需要复杂的手术治疗以及漫长的术后恢复过程,存在肢体功能丧失的风险。神经植入电刺激技术为外周神经损伤修复提供了一条关键途径。断裂的神经在植入电极的电刺激作用下可在短时间内恢复肢体的运动功能,从而防止肌肉萎缩。然而,将电极植入人体短时间内虽有很好效果,但随着时间的推移,其作用会逐渐失去。一个重要原因是植入材料与生物组织之间不协调的力学特性所致,另一原因则来自电极植入过程中对神经组织的机械损伤。

在此项研究中,镓铟合金作为电极材料,使用 PDMS 作为电极封装材料,借助液态金属喷涂技术对液态金属电极进行图案化处理,制备出了不同形状的电极(图 15.14)。对该电极进行的系列功能测试和动物实验,获得了

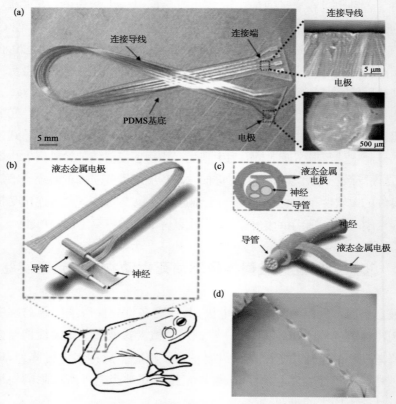

图 15.14　液态金属神经电极阵列及其制备与封装方式[9]

a. 液态金属电极的光学图像;b. 液态金属神经电极示意图;c. 硅胶管将电极固定在神经上;d. 液态金属神经电极图像。

对其机械性能、电学特性以及生物相容性的完整认识[9]。不同于传统神经植入式电极的是,这种液态金属电极具有良好的可拉伸性能,且能保持一定的电学稳定性、化学稳定性,其在生理盐水中只产生微量的金属镓溶解物,对细胞没有明显的毒性。作为典型的应用展示,作者们将液态金属神经电极植入到一只死亡牛蛙的坐骨神经处,通过外加电刺激迅速恢复了牛蛙下肢肌肉群的收缩运动功能。可以看到,应用植入的液态金属神经电极代替断裂的坐骨神经,可直接将神经电信号传递给受损神经的远端,甚至让死亡的牛蛙恢复其肢体的运动功能(图 15.15),其在水中依据控制方式游动的情形,如同活体一般[9]。

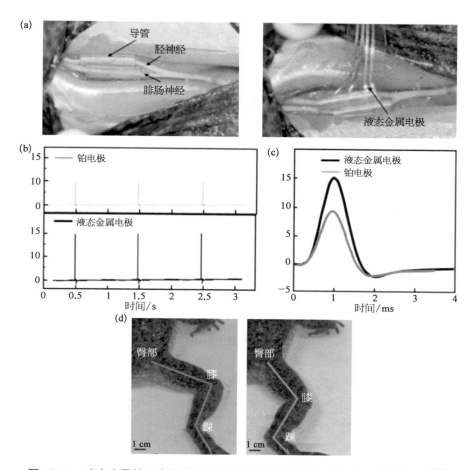

图 15.15　液态金属神经电极阵列激发死亡牛蛙肌肉群使之恢复运动功能实验[9]

　　a. 用于牛蛙腓肠神经、胫神经的植入液态金属电极;b、c. 铂电极和液态金属电极刺激下的坐骨神经电位及电位幅;d. 植入液态金属神经电极使死亡牛蛙运动。

15.9　用于治疗皮表黑色素瘤的液态金属低压电学生物学效应

　　清华大学与北京协和医院联合小组的 Li 等[10]，首次证实基于皮表液态金属电路传导的低压电学效应可有效治疗恶性黑色素瘤。研究中，作者们将液态金属喷涂于荷瘤小鼠的皮表上，作为一种适形性较高的电极来施加电场。这种半液态化电极与传统刚性电极不同，材料制备及喷印过程十分快捷，且能更紧密地贴合于皮表以及更精准地将电场导往目标肿瘤部位。系列动物实验及病理切片结果显示(图 15.16)，经适当频率和持续时间电学作用后的黑色素瘤体积显著缩小。新方法促成了一种液态金属柔性电子学治疗肿瘤模式的建立，未来可据此制造创可贴式的黑色素瘤电子治疗贴片。

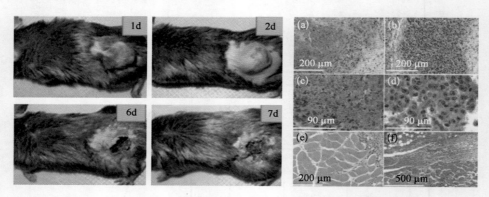

图 15.16　基于液态金属的低压电学效应治疗黑色素瘤实验效果[10]

a. 大多数肿瘤细胞死亡；b. 基于液态金属的低压学效应治疗后，大多数肿瘤细胞凋亡；c. 肿瘤旁的正常肌肉组织；d. 细胞凋亡的放大图；e. 细胞死亡的放大图；f. 无肿瘤细胞的切片。

　　无独有偶的是，在上述工作发表不久，美国 FDA 批准了采用电场治疗肺癌的临床应用，彰显电学方法的医学价值。液态金属作为天然的柔性电子材料，在未来生物医学电子学应用方面价值独特，作者实验室为此提出了有一定普遍意义的电学生物学思想，旨在充分发挥电学效应应对各种疾病的挑战。相关的理论与试验研究有待全面展开。

15.10　生物皮表液态金属受电场触发的变形效应

　　作为生理测量或者电刺激治疗的电子元件应用时，液态金属在皮肤上

的电学性能会表现出某些非常规的行为。生理学上，皮肤本身也是一个兼
具有电阻和电容特性的导体，液态金属和皮肤将会构成一个十分复杂的电
化学系统，所以液态金属和皮肤构成的电路系统和绝缘体上液态金属构成
的电路系统是有很大差别的。Guo 等在实验中偶然发现了一组不同于常规
情形的皮表液态金属电极变形与重构效应[11]。实验观察到，涂敷于离体组
织皮肤表面的电极图案，会在一定外电场的诱导作用下出现变形和自重构
现象（图 15.17），这会对相应的医学监测与治疗带来不便。不过，有趣的是，
这一重构效应在活体组织皮肤表面却微弱许多，因而并不影响相应的生物
医学应用。造成离体与在体效应存在差异的原因来自组织内血液输运及活
体细胞电学传递能力的显著不同。这类液态金属自重构效应，可用于构筑
体表电学开关。

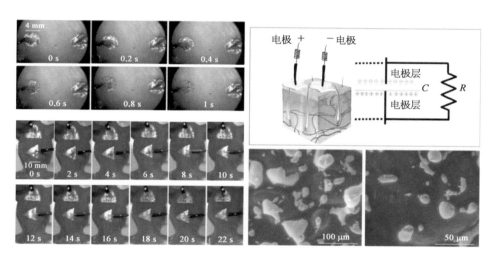

图 15.17　电刺激下，离体（左上）与活体裸鼠（左下）皮表
液态金属电极的变形重构现象及机理[11]

研究表明，当外部电场施加到皮肤上的液态金属电子元件时，液态金属会
在不同形态之间转换。一种情况是液态金属会从一个不同形状的液态金属薄
膜转变成一个个小球体。另一种情况是液态金属扁平电极在施加电场后收缩
成球形。为了全面理解该实验现象，研究小组从液态金属电极的大小、厚度、
施加电压大小、施加电压方向的等相关因素对液态金属电诱导重组效应进行
了实验，发现在体和离体皮肤组织两种情况下的结果有很大不同。

在相应研究中，将液态金属 EGaIn 作为实验材料，采用猪皮作为离体实验

对象,而在体实验则选用八周龄雄性裸小鼠 CD-1 NU 的皮肤作为研究对象。利用喷印法在皮肤上制备液态金属薄膜电极,使用掩膜板在皮肤上制作出薄膜电极,然后利用注射器加厚薄膜电极,使其形成具有一定厚度的扁平电极。实验制作了四种不同形状(三角形、圆形、正方形和六角形)的扁平电极,为了进行对比实验,每种形状的电极制作了四个,其中两个采用不同的电场进行实验,其他两个作为比较。通过实验可以比较评价形状因子对液态金属电极的重组行为的影响。每个形状的电极的实验过程分为 5 帧。在每一帧的分别记录每种形状电极横截面积的变化与原始横截面积之比。利用数显直流稳压电源,对后 2 对电极施加 5 V 电压。可以看出,方形电极在整个收缩过程中都是收缩面积变化比都是在减少。六角电极的收缩速度交替增大或减小,从上面的结构可以看出,液态金属的收缩速度没有呈很强的规律性,这是主要因为皮肤表面的凹凸不平而产生的摩擦力决定,但是发现不同形状的电极对收缩速度的影响还是较大的。

为了观测液态金属受电场作用时在体内皮肤上和离体猪皮的收缩现象差异,实验采用裸鼠作为实验对象。考虑到本实验需要施加较大电压,所以采用年龄偏大、生命力旺盛的裸鼠,所以裸鼠购入后先饲养了 8 周。实验前先配制麻醉剂,即质量分数为 1‰ 的戊巴比妥钠溶液。然后按照 50 mg/kg(小鼠体重)的剂量将麻醉剂注射入八周龄的雄性裸鼠 CD-1 NU 腹腔内,将裸鼠基本上全身麻醉。采用液态金属喷印法在裸鼠皮肤上喷涂了外接圆直径为 5 mm的三角形电极。如图 15.17 所示,液态金属电极喷印在裸鼠的腰部区域。在印刷液态金属电极上通过数显直流稳压电压施加 5 V 电压对裸鼠皮肤持续30 s,令人惊讶的是,液态金属的收缩现象并不明显,继续加长时间到 10 min,收缩现象仍然不是很明显。但当电压施加到 10 V 后,液态金属收缩现象发生,如图 15.17 所示。然而,液态金属的收缩速度远远低于在体外猪皮的情况。

通过上面的一系列实验现象[11],可以看出,皮肤上外加电场可引起液态金属电极发生收缩形变。而且活体皮肤和离体皮肤的收缩情况有所不同。在实验中如果将所加电极的正负两极对调,即将电源正极加在液态金属电极上,电源负极加在皮肤上(不与液态金属机器接触),发现液态金属电极无收缩形变现象。由此可以看出,电场方向决定液态金属电极能否收缩。此外我们知道皮肤组织同时具有电介质和导体的双重性质,所以皮肤组织和液态金属将会形成一个电化学系统。在一定电压作用下,皮肤上电源正负极处液态金属

EGaIn 会发生氧化还原反应。表面氧化膜一经形成,会阻止内部液态金属被氧化,进而会阻止氧化膜厚度进一步的增加。表面金属氧化膜的存在会使液态金属产生一定的刚性,故液态金属可保持一定的形状。

15.11 液态金属适形化电化学肿瘤治疗方法

笔者实验室 Sun 等[4],引入无定形液态金属电极,建立了一种适形化电化学肿瘤治疗方法。电化学疗法是一种具有良好疗效的肿瘤治疗途径,借助电解作用及电极周围生成的产物实施治疗。传统电极大多由刚体金属制成,对于较大体积肿瘤,通常需植入多根电极,但大量刚性电极的引入不仅给患者造成很大痛苦,也增加了感染的风险。

在常温下呈液态的镓及其合金,拥有良好的导电性、柔性和生物相容性,可望成为一种绝佳的液态柔性电极材料。这种高柔顺性金属流体电极可通过注射方式注入肿瘤,甚至如胃、直肠、结肠、血管等传统电极很难到达的部位(图 15.18),又能与周围组织很好贴附,而且通过变换排布方式可有效地减少电极使用数量,这就大大降低了对患者造成的机械创伤[4]。系列离体细胞水平(图 15.19)和荷瘤动物(图 15.20)对比实验,揭示出液态金属电极拥有较之传统惰性铂电极更为优良的肿瘤治疗效果。

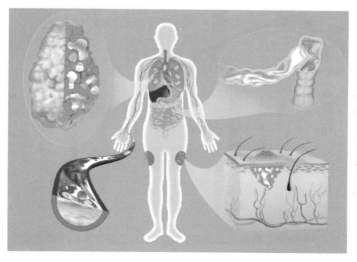

图 15.18 可注射可变形液态金属医疗电极的应用场合[4]

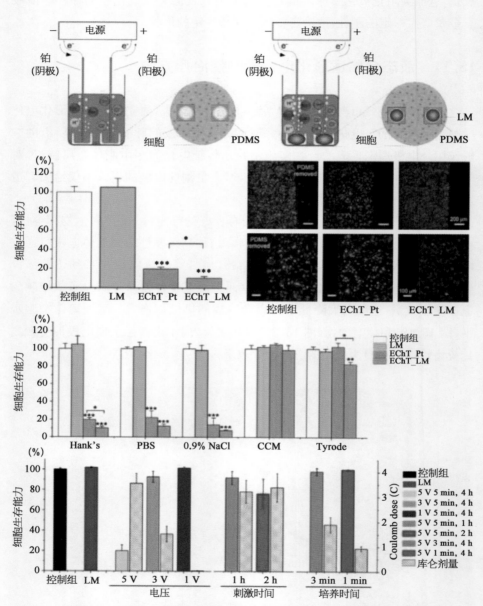

图 15.19 液态金属电极在离体肿瘤细胞上的电化学治疗实验结果[4]

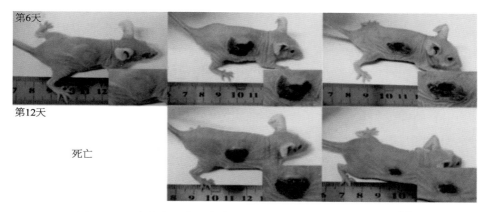

图 15. 20　液态金属电极在荷瘤小鼠上的电化学治疗实验情形[4]

研究揭示[4]，在相同电压下，液态金属电极组的电流是铂电极组的 2 倍左右，且能通过电解作用分别在阴极和阳极产生更多的治疗性产物。而在传输相同量电荷方面，液态金属组所需时间只有普通铂电极组的一半。这主要是由于液态金属在非均一电场作用下，阴极由于表面氧化层的去除，会使得液态金属与周围溶液均产生剧烈的扰动，从而让更多的离子参与到电化学的反应中，这就解释了液态金属电极所展示出的更好肿瘤治疗效果以及导致更多肿瘤细胞死亡的机制。

15. 12　钠钾液态金属的抗肿瘤效应

Rao 等[12-14]首次尝试将一种可与水发生剧烈反应的液态金属钠钾合金，用于肿瘤热化学消融治疗，实现了令人满意的结果。钠钾合金在与水反应过程中会释放大量的热量，同时会改变生物体内的 pH 值。通过选取一定比例的钠钾合金，将其注射到目标肿瘤部位，则可借助于这些物质之间或与组织内环境发生的化学反应，释放足够热量来达到消融肿瘤的目的。由此思路出发，研究者提出了系列具有高强度释热效应的钠钾液态金属热消融法，能确保只在目标部位定向释放高强度热量，而对周边组织无加热及机械穿刺损伤，从而有效地避免了传统热疗设备昂贵复杂的问题，为实现肿瘤的高效低成本治疗提供了较大可能。特别是，钠钾合金在热疗过程的反应产物如钠离子、钾离子均是生物体内正常生理环境下的典型组成元素，易于为组织所吸收，不会对组织造成持续性毒性;而 OH⁻ 与肿瘤组织中的蛋白质反应而消耗掉;由反应引起的弱碱性环境,则有助于抑制可能残留的肿瘤细胞增殖。因而,从这种意义上讲,钠钾液态金属具有热疗和化疗的双重效果,这在治疗上是十分有益的。

与传统的热疗设备如激光、微波、射频相比,注射式碱金属利用与组织间质水的化学反应实现了高密度及高能量热流,这是普通的热疗难以达到的。0.1 mL 钠钾合金可使靶区内温升瞬间达到 80℃,靶区内细胞蛋白迅速发生坏死,而靶区与周围组织之间的界线十分清晰。高强度的短脉冲热量在肿瘤组织间产生了尖锐的能量梯度,这一结论通过活体动物实验得到了进一步的证实。

图 15.21 反映的是移植 EMT6 乳腺癌小鼠在肿瘤长径为 1.5 cm 时,经麻醉后在瘤组织中注射钠钾合金后得到的病理分析结果。切片损伤区的大小约为 10 mm×4 mm(图 15.21a),肉眼可见切片损伤区与周围正常组织有明显的

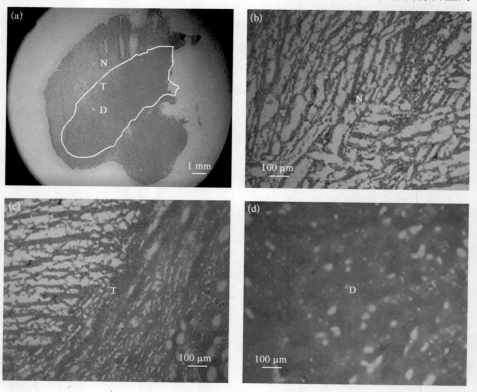

图 15.21 钠钾消融后的病理切片[14]

a. 苏木素/伊红染色切片;b. N 指正常肿瘤组织,200 倍;c. T 指过渡区组织,200 倍;d. D 指损伤组织,200 倍。

分界线,如图 4a 标识所示,沿分界线取三个典型区进一步观察可见,N 为正常未被破坏肿瘤组织,处于分界线外围,细胞结构完整。D 为完全坏死组织,处于边界线内部,细胞核完全溶解;T 处于分界线,分界左上方病理显示与正常肿瘤细胞相同,而右下方细胞则呈现完全坏死。

　　碱金属尺寸及插入部位可根据需要进行设置,因此使用十分灵活;同时,研究中还将引入配套的影像监护方法,以使整个治疗过程达到精确化、数字化、可视化、微创化和高效化的程度。新方法有利于显著降低设备制造和维护成本,减轻对患者的创伤,缩短康复时间;而且,这种热消融途径大大简化了手术过程,医院也得以缓解医务人员负担。所以,通过技术跨越,可以实现先进设备的普及化。

15.13　基于液固相转换的可注射型液态金属骨骼

　　基于液态金属液-固相转换原理,Yi 等[15] 提出了一种全新概念的低熔点液态合金骨水泥,能以可逆方式实现快速成型,便于及时加固和修复受损骨骼,这种可注射型金属骨骼技术(图 15.22)打破了传统非金属骨水泥的范畴,在应用方式上较为灵活。

　　迄今,医学界发展出的骨水泥全部为非金属类材料,主要包括丙烯酸和磷酸钙两大类,通常由粉末和液体两相物质组成,使用前需预先混合,通过化学反应实现固化。以丙烯酸骨水泥为例,其聚合反应放出的高热量会对周围骨组织造成损伤,而未反应的单体一旦释放到体内,会导致组织出现化学坏死。此外,传统材料因自身并不具备放射显影性,往往需要添加硫酸钡类造影剂来提升图像对比度。

　　在多年研究中,Yi 等[15] 注意到,电子工业上常采用某些合金作为焊料来连接母材和焊件,这与骨水泥充填于假体和骨腔之间的功能相似,而更低一些熔点的合金材料在有关属性上与骨水泥的要求相匹配,于是创造性地将这种材料引入到骨修复领域。经过近 1 年半左右时间的系统研究和持续测评,研究小组揭示了选定低熔点金属骨骼材料的力学性质、热学性质、腐蚀性质、生物相容性及放射显影等诸多特性,初步证实了这一技术在应用上的巨大潜力和综合优势。比如,金属骨水泥免去了传统材料需要预混以完成化学反应的繁琐过程,而其低熔点特性避免了对周围骨组织的热损伤;操作方面,液态金属由于流动性好,采用医用注射器即可完成骨腔灌注,并能快速固化

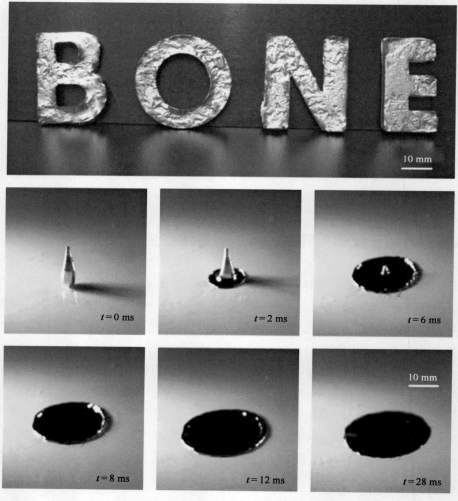

图 15.22 低熔点合金骨水泥的可塑性和流动性特点[15]

（图 15.22）；而且，合金骨水泥在体内甚至是骨内具有优异的放射显影性（图 15.23），便于术中、术后监控。值得指出的是，临床上的骨水泥在使用多年后会发生一定比例的翻修率，翻修过程涉及器械多，对医生技能要求较高，且翻修手术会对患处残留骨造成再次损伤；合金骨水泥的固液相灵活转换特点在此方面发挥了优势，使翻修过程仅通过加热、吸出即能实现可逆操作。此外，虽然金属假体在临床上应用已有数十年，但由于传统金属材料熔点极高，只能在体外加工后植入，类似于科幻影片《金刚狼》中那样的可注射型液态金属骨骼的提出打破了这一限制,实现了原位固化模式的适形修复;而基于这种合金的导电性,还可将其用于某些骨组织的电刺激生长和病灶治疗。这些独特性质表明,综合了金属及非金属材料优势的液态金属骨水泥,有望成为一种重要的生物医用骨科材料。

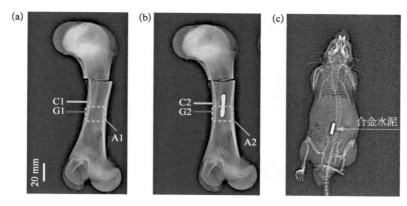

图 15.23　液态合金骨水泥填充于猪骨(a,b)和小鼠皮下的 X 射线影像(c)[15]

15.14　液态金属皮肤电子

基于液态金属印刷电子学概念,Guo 等[16] 建立了一种独特的人体皮肤电子电路成型方法——常温液态金属模板喷印技术。

皮肤电子又俗称电子文身,是近期兴起的热门研究领域,主要用于通过皮肤无创检测生理信号[17],是柔性电子技术的集中体现(图 15.24)。但传统的皮肤电子制造技术不易将电子电路直接沉积到皮肤上形成功能器件。Guo 等[16] 的工作成功避免了这些不利,他们深入研究了液态金属在皮肤上的黏附性、导电性和传感应用等相关问题。结果表明,液态金属通过喷印途径可实现理想的黏附性,并且还具备较好的可拉伸电子特性。依据于印制模板的精度,所实现的皮肤电子器件可以达到微米量级。该小组曾在一项液态金属普适打印技术研究论文中展示了在布料、玻璃、塑料、纸张乃至树叶等多种介质上的电路打印[18],立即被 *MIT Technology Review* 予以专题报道,并一度入选知名网站 *Week's Top IT Stories*,国际上对此配发的评论是:"围绕不同表面打印电路的追逐可以终结了"。本项研究正是前期方法在皮肤电子上的重要推进,开启了在体生物医学电子学的新方向。

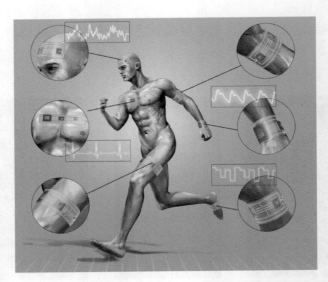

图 15.24 在人体健康维护方面日益重要的液态金属皮表电子学[17]

15.15 纳米液态金属颗粒的细胞内融合效应

无机纳米颗粒在工程设计上的灵活性使其可以按照需要设计形状、大小、表面配体,从而为发展集成药物递送系统提高肿瘤治疗效率提供可能。传统无机纳米颗粒经过数十年的实验研究证实其在精准控释药物时仍存在设计瓶颈,阻碍了基于无机载体肿瘤治疗的临床应用。

研究人员发现,基于液态镓铟合金($GaIn_{25}$)发展的纳米药物递送系统可以克服这一瓶颈[19]。这种新型纳米药物具有制作简单方面的优点,在温和的酸性环境,显示出自主融合能力。$GaIn_{25}$ 合金在常温下是低黏度液体,与汞金属不同的是,它具有较低的毒性,因此在微流体、柔性机器人应用中受到重视。为获取 $GaIn_{25}$ 纳米药物载体,可在常温下将 $GaIn_{25}$ 合金与两种高分子聚合物巯基(2-羟丙基)-β-环糊精(MUA-CD)及巯基化透明质酸(m-HA)混合并予以超声处理,最后获取的纳米药物载体(LM-NPs/L)包括三个功能成分:一个载药连接体(MUA-CD)、靶向配体(m-HA)和液态金属核心($GaIn_{25}$)(图 15.25a)。其中,七元糖环的 MUA-CD 提供了广谱化疗药物阿霉素(DOX)稳定加载位点,m-HA 支持主动靶向受体包括 CD44 受体,其高表达于多种肿瘤细胞表面,包括宫颈癌和乳腺癌。而液态金属在被细胞内吞后,则发生相互融合,在肿瘤内酸性微环境下,导致阿霉素的配体解离和促进药物的释放(图 15.25a)。

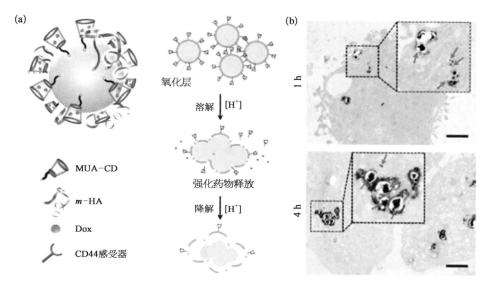

图 15.25　纳米液态金属颗粒细胞融合示意[19]

a. 纳米液态金属的组成;b. TEM 图像显示纳米液态金属药物在细胞内的融合现象。

　　为进一步观察纳米药物细胞内融合效应,研究人员将其与宫颈癌细胞 HeLa 细胞孵育,通过透射电镜进行可视化观察。实验发现,培养 1 h 后,在酸性内涵体中可清楚地观察到液态金属纳米颗粒的融合;培养 4 h 后,更多的融合现象被检测到。元素表面散射分析结果显示,Ga 的散射信号在细胞内孵育 5 min 后由于表面氧化即收到干扰。在细胞中培养 1 h 后,元素硫及氧信号的增强表明硫基表明配体的解离,由此进一步证实纳米药物在细胞内的初始融合现象。

　　以上实验证实,基于纳米液态金属的融合变形可以在肿瘤细胞内实现精准的药物释放。

15.16　纳米液态金属材料的生物降解效应

　　过去几十年间,科学家在发展无机纳米药物递送系统方向进行了无数的努力,然而大部分制剂由于其全身毒性往往无法应用于临床。比如,在肿瘤靶向治疗中,传统无机纳米颗粒往往在体内循环系统或组织器官停留很长一段时间,因为这些材料缺乏有效的生物降解机制。到目前为止,很少有研究表明,无机纳米粒子的物理化学性质能够在治疗之后自主进行高效降解。

基于此困境,研究人员发展出一种镓铟合金液态金属纳米机器人(图 15.26a)[19],在肿瘤的弱酸性微环境下,可以自主地慢慢降解。图 15.26b显示了液态金属纳米颗粒在 pH=5 的酸性环境下从完整颗粒逐渐降解离散的过程。经过细胞内孵育 72 h,材料已基本消解殆尽(图 15.26b)。通过大样本量的检测,进一步证实了纳米液态金属颗粒在酸性 PBS 缓冲液中逐步离解,表征纳米颗粒均一性的指标 PDI 在酸性环境下骤升,说明材料被分散消解成尺度不同的碎片(图 15.26c)。定量化的检测也证实镓浓度随降解时间增长而逐渐升高(图 15.26d)。在更细致的考察中,将纳米液态金属颗粒放于肿瘤细胞中,发现镓与铟在细胞中逐渐降解,浓度随时间升高(图 15.26f)。

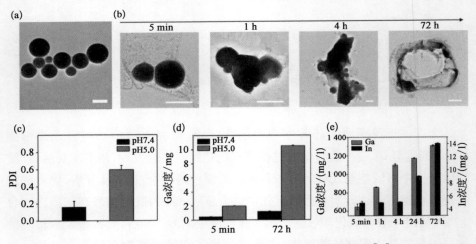

图 15.26　纳米液态金属颗粒在酸性环境中可自主降解[19]

　　a. 纳米液态金属颗粒,标尺为 100 nm;b. 纳米液态金属颗粒在 pH=5 的酸性环境下逐渐降解的过程;c. 纳米液态金属颗粒在中性和酸性 PBS 缓冲液中的多分散性;d. 镓浓度在酸性环境下由于降解而逐渐升高;e. 镓与铟在细胞中逐渐降解,浓度随时间升高。

就临床医生更为关心的生物材料全身系统毒性问题,研究人员也给予了相应考察[19]。将液态金属纳米材料通过尾静脉注射到小鼠体内,通过三个月的观测,发现小鼠肝、脾、肾等主要器官病理检测并未出现异常,与无任何治疗的正常小鼠对比,无明显病理改变。

　　对纳米液态金属材料的毒理学系统调查表明,其在正常治疗剂量下无明显毒性,显示了在生物医学中的广泛应用前景。

参 考 文 献

[1] Yi L, Liu J. Liquid metal biomaterials: A newly emerging area to tackle modern biomedical challenges. International Materials Reviews, 2017, 62: 415 - 440.

[2] Wang Q, Yu Y, Pan K, and Liu J. Liquid metal angiography for mega contrast X-ray visualization of vascular network in reconstructing in-vitro organ anatomy. IEEE Transactions on Biomedical Engineering, 2014, 61(7): 2161 - 2166.

[3] Deng Y G, Liu J. Liquid metal based stretchable radiation-shielding film. ASME Journal of Medical Devices, 2015, 9(1): 014502.

[4] Sun X, Yuan B, Rao W, Liu J. Amorphous liquid metal electrodes enabled conformable electrochemical therapy of tumors. Biomaterials, 2017, 146: 156 - 167.

[5] Sun X, He Z Z, Deng Z S, Zhou Y X, Liu J. Liquid metal bath as conformable soft electrodes for target tissue ablation in radio-frequency ablation therapy. Minim Invasive Ther Allied Technol, 2017. doi: 10. 1080/13645706. 2017. 1393437.

[6] Jin C, Zhang J, Li X K, Yang X Y, Li J J, Liu J. Injectable 3 – D fabrication of medical electronics at the target biological tissues. Scientific Reports, 2013, 3: 3442.

[7] Zhang J, Sheng L, Liu J. Liquid metal as connecting or functional recovery channel for the transected sciatic nerve. arXiv: 1404. 5931, 2014.

[8] Liu F, Yu Y, Yi L, Liu J. Liquid metal as reconnection agent for peripheral nerve injury. Science Bulletin, 2016, 61 (12): 939 - 947.

[9] Guo R, Liu J. Implantable liquid metal-based flexible neural microelectrode array and its application in recovering animal locomotion functions. J Micromech Microeng, 2017, 27: 104002.

[10] Li J, Guo C, Wang Z, Gao K, Shi X, Liu J. Electrical stimulation towards melanoma therapy via liquid metal printed electronics on skin. Clin Trans Med, 2016, 5: 21.

[11] Guo C, Yi L, Yu Y, Liu J. Electrically induced reorganization phenomena of liquid metal film printed on biological skin. Appl Phys A, 2016, 122: 1070.

[12] Rao W, Liu J. Tumor thermal ablation therapy using alkali metals as powerful self heating seeds. Minimally Invasive Therapy and Allied Technologies, 2008, 17: 43 - 49.

[13] Rao W, Liu J, Zhou Y X, Yang Y, Zhang H. Anti-tumor effect of sodium-induced thermochemical ablation therapy. International Journal of Hyperthermia, 2008, 24: 675 - 681.

[14] Rao W, Liu J. Injectable liquid alkali alloy based tumor thermal ablation therapy. Minimally Invasive Therapy and Allied Technologies, 2009, 18(1): 30 - 35.

[15] Yi L T, Jin C, Wang L, Liu J. Liquid-solid phase transition alloy as reversible and rapid molding bone cement. Biomaterials, 2014, 35(37): 9789 – 9801.

[16] Guo C, Yu Y, Liu J. Rapidly patterning conductive components on skin substrates as physiological testing devices via liquid metal spraying and pre-designed mask. Journal of Materials Chemistry B, 2014, 2: 5739 – 5745.

[17] Guo R, Wang X, Yu W, Tang J, Liu J. A highly conductive and stretchable wearable liquid metal electronic skin for long-term conformable health monitoring. Science China Technology Sciences, 2018. doi: 10. 1007/s11431 – 018 – 9253 – 9.

[18] Zhang Q, Gao Y X, Liu J. Atomized spraying of liquid metal droplets on desired substrate surfaces as a generalized way for ubiquitous printed electronics. Applied Physics A, 2013, 116: 1091 – 1097.

[19] Lu Y, Hu Q, Lin Y, Pacardo D B, Wang C, Sun W, Ligler F S, Dickey M D, Gu Z. Transformable liquid-metal nanomedicine. Nature Communications, 2015, 6: 10066.

索　引